全国高等医药院校药学类专业第五轮规划教材

制药工程制图

（附习题集）

第2版

（供制药工程、生物工程、中药制药、生物制药、药物制剂、应用化学、生物技术、葡萄酒工程、环境工程等专业使用）

主　编　韩　静
副主编　赵宇明　苏　慧
编　者　（以姓氏笔画为序）
刘长波（沈阳药科大学）
李方娟（牡丹江医学院）
李坤平（广东药科大学）
李瑞海（辽宁中医药大学）
苏　慧（黑龙江中医药大学）
吴宏宇（沈阳药科大学）
张大勇（沈阳药科大学）
赵宇明（沈阳药科大学）
韩　静（沈阳药科大学）

中国健康传媒集团
中国医药科技出版社

内容提要

本教材是“全国高等医药院校药学类专业第五轮规划教材”之一。本教材系统地介绍了制图基本知识、点线面的投影、立体和组合体的三视图、轴测图、机件常用表达方法、标准件和常用件、零件图和装配图、药厂车间工艺设计图、制药设备简介等内容。本书既包含了制图的基本知识，也融合了制药行业的特色，在保证知识覆盖面完整的基础上，充分考虑了制药行业所需工程人才的特点，目的性、针对性强。本教材为书网融合教材。即纸质教材有机融合电子教材、教学配套资源（PPT、微课、视频、图片等）、题库系统、数字化教学服务（在线教学、在线作业、在线考试）。

本教材适合作为普通高等院校制药工程、生物工程、中药制药、生物制药、药物制剂、应用化学、生物技术、葡萄酒工程、环境工程等专业，以及与制药相关其他专业学生的制图课程教材，也可供其他专业师生和相关工程技术人员参考。

图书在版编目（CIP）数据

制药工程制图：附习题集/韩静主编．—2版．—北京：中国医药科技出版社，2019.12

全国高等医药院校药学类专业第五轮规划教材

ISBN 978－7－5214－1507－0

Ⅰ.①制…　Ⅱ.①韩…　Ⅲ.①制药工业－工程制图－医学院校－教材　Ⅳ.①TQ46

中国版本图书馆CIP数据核字（2020）第000678号

美术编辑　陈君杞

版式设计　友全图文

出版　**中国健康传媒集团**｜中国医药科技出版社

地址　北京市海淀区文慧园北路甲22号

邮编　100082

电话　发行：010－62227427　邮购：010－62236938

网址　www.cmstp.com

规格　889×1194 mm $^{1}/_{16}$

印张　16 $^{1}/_{4}$

字数　253千字

初版　2011年3月第1版

版次　2019年12月第2版

印次　2023年1月第3次印刷

印刷　三河市万龙印装有限公司

经销　全国各地新华书店

书号　ISBN 978－7－5214－1507－0

定价　45.00元

版权所有　盗版必究

举报电话：010－62228771

本社图书如存在印装质量问题请与本社联系调换

获取新书信息、投稿、为图书纠错，请扫码联系我们。

过去未曾处理过的新问题。前者（常规任务决策）基本上可以利用已有的认识去制订方案，后者（非常规任务决策）则需要有新的经验认识、新的理论认识、新的实践认识。大体上沿用别国模式来建立本国的体制和发展经济，相对比较容易；而在我们这样一个经济文化落后又有10多亿人口的国家中，制定创新的路线、措施，不应当也不可能作为常规任务决策对待。

社会领域中的常规决策本来就少些。在工程技术方面，无论在哪个国家（乃至不同年代），炼钢铁、造汽车、建楼房，其基本原理和决策方案可大同小异，更不用说自然过程的重复性了。而社会生活不仅随历史推移有巨大的区别，还有经济的、政治的、文化的、民族的、地域的明显差异。再者，社会决策与有利益、思维和意志的人直接相关，这更增加了决策的复杂性。

对于复杂的、非常规任务的决策，人们总是想尽力做得更周到一些，尽力发挥理论的指导作用。尽管如此，仍不可避免要在决策中摸索，在摸索中决策，或者说要在过河中摸石头，摸着石头过河。医生遇到一般感冒患者，开个服用阿司匹林的药方就行。一位或一些精通病理学理论又有多年临床经验的名医，遇到病情复杂又前所未见此病的患者，恐怕也只能先以其知识和才能开出有一定试探性的药方，在治疗中诊断，在诊断中治疗。对“社会病”的治疗（克服社会中的弊端），对社会机体发展的谋划，与此亦有相通之处。

在社会决策中讲摸着石头过河，与按正确理论预见指导行动岂不矛盾，难道不是要容忍盲目的实践吗？能完全按正确理论做出正确的决策，又按正确的实践认识去行动固然很好。然而，在解决新的、复杂的社会问题时，按正确理论指导行动并不是完全能做到的，实践中的某种盲目性是不能完全避免的，这或许是决策的最大困难。

决策面向未来，对昨天和以前发生过的事情，我们只能去研究，不能对它们采取行动。亡羊补牢不是以已经亡的羊为目标，而是为了以后不再亡羊。可以说，经验认识是过去认识（经验只反映已经发生的东西），实践认识是未来认识（目标和如何达到目标），理论认识是一般认识（过去、现在、未来的普遍规律）。在理论认识指导下的决策有预见性，而且可以在行动之前就从逻辑分析上判明所提出的实践观念的正确程度，但这种正确预见终究是不完全的，有时是相对模糊的。越是具体的决策，其不确定性越大，罕有毫无任何风险的决策。司令员无需为过去的军事行动制定作战方案，在为下一步作战制订计划时，应当而且可能按军事理论、已有经验、手中情报和部队实力等，辨认出部队是进攻还是退却才正确。然而，究竟何者为宜，在实行之前则不能充分断定。司令部也不可能先按进攻试试，又按退却试试，再以被证明为正确的方案发号施令。一定要以被实践检验为正确的观念去指导实践，人们就无法前进，至少是不能采取新的行动。

军事指挥员总得在边作战中边侦察，随时估计敌我双方力量对比，及时调整部署。企业领导者可以大致估计到新产品生产的前景，但很难一下子做出新产品生产的长期规划和正确计划，而只能有一种初步的设想，在试生产中不断了解市场信息、库存和原材料情况，不断修正原来的打算。走一条新路，需要光明的指引，又必须摸索着前进。

三、理论与决策

决策、实践认识本身不等于理论认识，正确决策离不开科学理论。决策过程和实践认识的实现难免要摸着石头过河，却不能总是摸着走。对于全局性、长远性行为目标和行为方式的决策，有重大意义的战略决策，尤其如此。

在实践认识中，纲领、路线、计划、措施等与理论认识的联系各有不同。纲领、路线与理论的联系更为直接，计划、措施等则间接些，它们通常是为实现纲领、路线服务，经过纲领、路线的中介同理论联系。具体的计划、政策因时间、地点条件而异，更具有实践性，也更需要摸着石头过河。同时，又应当在摸索中及时地总结经验教训，不断完善原来的实践观念，使之日益科学化，不能老是摸而不思，老是看一步走一步。

战略和战略性的方案决策，重大的方针政策的决策，不能只是摸着石头过河，必须以理论研究为先导，以科学理论为指导。头痛医头，脚痛医脚，在一些情况下是必要的，这样做终究强于讳疾忌医。但作为战略、方针则不可只求治标，不讲治本，要治本就得抓住事物的根本，就要有科学的理论认识，解决基本的理论问题。经济过热导致通货膨胀，为控制物价，采取压缩基建规模的决策，应当如此。然而，为什么会一再发生经济过热，为什么可能出现基建规模过大的计划，为什么这种计划得以实施，更是值得探讨的问题。只在基建投资上采取措施减少若干个百分点，不从根本上研究经济过热现象的本质和根源，通货膨胀一时有所控制，过不久又会旧病复发。

基本理论问题的解决，总体指导思想的明确，影响到实践观念的各个方面，影响到多方面的实践行为。从“无产阶级专政下继续革命的理论”出发，必然导致方针政策上的一系列重大失误。以有计划的商品经济的理论为指导，才会有新的经济体制改革方案、并使国民经济计划、价格政策、税收政策乃至购买汽车办法，以新的面貌出现。与之相关，经济、文化生活中出现的一些混乱，又与对生产力标准的不同理解分不开。如果在理论上搞不清生产力标准同为人民服务的准则的关系，生产力标准同精神文明建设的关系，生产力标准同党政机关、学校、医院、部队工作的关系，生产力标准同共产党员标准和干部职责的关系，人

数字化教材编委会

主　编　韩　静

副主编　赵宇明

编　者　（以姓氏笔画为序）

于　巍（沈阳药科大学）

王　翠（沈阳药科大学）

刘长波（沈阳药科大学）

李方娟（牡丹江医学院）

李坤平（广东药科大学）

李瑞海（辽宁中医药大学）

苏　慧（黑龙江中医药大学）

吴宏宇（沈阳药科大学）

张大勇（沈阳药科大学）

赵宇明（沈阳药科大学）

韩　静（沈阳药科大学）

常务编委会

名誉主任委员　邵明立　林蕙青

主 任 委 员　吴晓明（中国药科大学）

副主任委员　（以姓氏笔画为序）

叶　敏（北京大学药学院）

匡海学（黑龙江中医药大学）

朱依谆（复旦大学药学院）

吴春福（沈阳药科大学）

宋少江（沈阳药科大学）

张志荣（四川大学华西药学院）

姚文兵（中国药科大学）

宫　平（沈阳药科大学）

郭　姣（广东药科大学）

彭　成（成都中医药大学）

委　　员　（以姓氏笔画为序）

田景振（山东中医药大学）

朱卫丰（江西中医药大学）

李　高（华中科技大学同济医学院药学院）

李元建（中南大学药学院）

李青山（山西医科大学药学院）

杨　波（浙江大学药学院）

杨世民（西安交通大学药学院）

陈燕忠（广东药科大学）

侯爱君（复旦大学药学院）

祝晨蔯（广州中医药大学）

夏焕章（沈阳药科大学）

柴逸峰（第二军医大学药学院）

黄　园（四川大学华西药学院）

秘　　书　夏焕章（沈阳药科大学）

唐伟方（中国药科大学）

李晓菁（广东药科大学）

出版说明

“全国高等医药院校药学类规划教材”，于20世纪90年代启动建设，是在教育部、国家药品监督管理局的领导和指导下，由中国医药科技出版社组织中国药科大学、沈阳药科大学、北京大学药学院、复旦大学药学院、四川大学华西药学院、广东药科大学等20余所院校和医疗单位的领导和权威专家成立教材常务委员会共同规划而成。

本套教材坚持“紧密结合药学类专业培养目标以及行业对人才的需求，借鉴国内外药学教育、教学的经验和成果”的编写思路，近30年来历经四轮编写修订，逐渐完善，形成了一套行业特色鲜明、课程门类齐全、学科系统优化、内容衔接合理的高质量精品教材，深受广大师生的欢迎，其中多数教材入选普通高等教育“十一五”“十二五”国家级规划教材，为药学本科教育和药学人才培养做出了积极贡献。

为进一步提升教材质量，紧跟学科发展，建设符合教育部相关教学标准和要求，以及可更好地服务于院校教学的教材，我们在广泛调研和充分论证的基础上，于2019年5月对第三轮和第四轮规划教材的品种进行整合修订，启动“全国高等医药院校药学类专业第五轮规划教材”的编写工作，本套教材共56门，主要供全国高等院校药学类、中药学类专业教学使用。

全国高等医药院校药学类专业第五轮规划教材，是在深入贯彻落实教育部高等教育教学改革精神，依据高等药学教育培养目标及满足新时期医药行业高素质技术型、复合型、创新型人才需求，紧密结合《中国药典》《药品生产质量管理规范》（GMP）、《药品经营质量管理规范》（GSP）等新版国家药品标准、法律法规和《国家执业药师资格考试大纲》进行编写，体现医药行业最新要求，更好地服务于各院校药学教学与人才培养的需要。

本套教材定位清晰、特色鲜明，主要体现在以下方面。

1.契合人才需求，体现行业要求 契合新时期药学人才需求的变化，以培养创新型、应用型人才并重为目标，适应医药行业要求，及时体现新版《中国药典》及新版GMP、新版GSP等国家标准、法规和规范以及新版《国家执业药师资格考试大纲》等行业最新要求。

2.充实完善内容，打造教材精品 专家们在上一轮教材基础上进一步优化、精炼和充实内容，坚持“三基、五性、三特定”，注重整套教材的系统科学性、学科的衔接性，精炼教材内容，突出重点，强调理论与实际需求相结合，进一步提升教材质量。

3.创新编写形式，便于学生学习 本轮教材设有“学习目标”“知识拓展”“重点小结”“复习题”等模块，以增强教材的可读性及学生学习的主动性，提升学习效率。

4.配套增值服务，丰富教学资源 本套教材为书网融合教材，即纸质教材有机融合数字教材，配套教学资源、题库系统、数字化教学服务，使教学资源更加多样化、立体化，满足信息化教学的需求。通过“一书一码”的强关联，为读者提供免费增值服务。按教材封底的提示激活教材后，读者可通过PC、手机阅读电子教材和配套课程资源（PPT、微课、视频、图片等），并可在线进行同步练习，实时反馈答案和解析。同时，读者也可以直接扫描书中二维码，阅读与教材内容关联的课程资源（“扫码学一学”，轻松学习PPT课件；“扫码看一看”，即可浏览微课、视频等教学资源；“扫码练一练”，随时做题检测学习效果），从而丰富学习体验，使学习更便捷。

编写出版本套高质量的全国本科药学类专业规划教材，得到了药学专家的精心指导，以及全国各有关院校领导和编者的大力支持，在此一并表示衷心感谢。希望本套教材的出版，能受到广大师生的欢迎，为促进我国药学类专业教育教学改革和人才培养做出积极贡献。希望广大师生在教学中积极使用本套教材，并提出宝贵意见，以便修订完善，共同打造精品教材。

中国医药科技出版社

2019年9月

前言

《制药工程制图》是一门药学类工科学生所必修的专业基础课，是工科入门课程。如药学类的制药工程、生物工程、药剂、生物技术、应用化学等专业都开设此课程。目前《制药工程制图》课程所应用的教材多是针对非机类学生的《机械制图》、《工程制图》或《化工制图》，这几类教材主要针对的是所有的非机械专业学生或化工类的学生，其中许多内容是药学类学生不必要掌握的，而药学类学生急需的具有药学特色与药厂生产实际紧密相关的内容恰恰是欠缺的。这正是出版此书的目的，所以适合用于药学类各专业制图课的教材。

《制药工程制图》沈阳药科大学内部教材于2005年就已经出版，经多年实际应用和再版，其内容得到了不断地更新和充实，已经初步形成了以药学类学生为对象、紧紧围绕制药生产各环节、基础理论与实践相结合、脉络明晰体系健全的一本相对成熟的教材。

本版教材理论内容的编写，主要依据中华人民共和国质量监督检验检疫总局发布的《机械制图》国家标准、中华人民共和国质量监督检验检疫总局与中国国家标准化管理委员会联合发布的《技术制图》国家标准，也适当引入了一些由中华人民共和国工业和信息化部颁布的部颁标准（HG），及中华人民共和国国家发展和改革委员会颁布的部颁标准（JB）。为帮助理解我国国家及部颁标准的特点，还适当参考了英国国家标准（BS）和美国国家标准（ASME）的内容，以期在对比中深化对理论知识的认识。

本教材在讲解过程中应用了大量的例题，既有经多部教材使用后证明是经典范例的，又有参与编写教师在实际教学实践中总结归纳的，因此，在这里深深地感谢那些在教学中呕心沥血的全国的各位前辈们和同行们，是他们的汗水的结晶，才得以有本书的诞生，没有他们前人的栽树，就不会有我们后人的乘凉，在此，对全国的同行们致以深切的敬意。

本教材根据药学的特点，引入了一些与药学密切相关的零件、设备、仪表、工艺、车间等图纸的内容，以期突出药学的特点，有的放矢、有针对性地安排教学内容。力争在学时不是十分充裕的现实情况下，在保证教学内容的广度和深度的同时，提高教学内容的精炼程度，提高教学效率。

本教材同时配套编写了《制药工程制图习题集》，与教学内容相呼应，难易适中，针对性强，建议与教材配合使用，可以达到事半功倍的效果。本教材为书网融合教材，即纸质教材有机融合电子教材、教学配套资源（PPT、微课、视频、图片等）、题库系统、数字化教学服务（在线教学、在线作业、在线考试）。

由于课时数的限制，书中各章节内容有的较为详细，有的较为简略，而各高校本课程的侧重点又不尽相同，所以，如果在使用过程中为教师和学生带来了一定的不便，我们在此深表歉意。

鉴于编者水平的限制，书中一定会有一些不妥与错误，望广大师生与读者热心指正。为了我国高等教育的发展，希望大家不吝赐教，共同为我们的教育事业而继续努力。

编　者

2019年10月

目录

绪 论

扫码“学一学”

一、工程图学发展史简介

在工程技术中，准确地表达物体的形状、尺寸及其技术要求的图形称为工程图样。

已出土的四千多年前殷商时代的陶器、骨板和铜器上就具有简单的花纹，说明在当时就掌握了画几何图形的技能；在三千多年前春秋时代的技术著作《周礼考工记》中，已谈到了如何使用规矩、墨绳、悬垂等绘图和施工工具；在二千多年前的著名数学著作《周髀算经》中，讲述了用3、4、5定直角三角形的绘图方法，以及固定直角三角形的弦、直角顶点的轨迹就是圆的绘图原理。战国时的《三十二引说苑》、汉书卷《二十五郊祀志》以及晋书卷《三十六列传》等许多著作中，也有很多工程图样。元代王桢的《农书》、明代宋应星的《天工开物》和徐光启的《农政全书》、清代程大位的《算法统筹》等，也收纳了不少器械图样，类似的著作不胜枚举。我国现存最早的机械图保存在北宋天文学家苏颂的《新仪象法要》中，该书中保存有多种机械图样。

世界现存最早的工程图样，是1977年冬在河北省平山县出土的公元前323～309年的战国中山王墓铜版墓域建筑平面图“兆城图”，是在青铜板上用金银线条和文字制成的建筑平面图，用1：500的正投影绘制并标注有尺寸。

成书于1100年并于1103年刊印的，宋代李诫编著的我国最早的一部关于建筑标准和图样的辉煌巨著36卷《营造法式》中，有6卷约570幅图是图样，建筑图基本上符合几何规则，但在当时尚未形成画法的理论。

迄至明朝末年，我国画法几何主要是使用平行投影，我国古代仅有正视图和侧视图等，而西方平行投影和中心投影都有。

公元1500年欧洲文艺复兴时期，国外出现了将平面图和其他多面图画在同一幅画面上的设计图。公元1525年，德国的迪勒已应用互相垂直的三画面画过人脚、人头的正投影图和剖面图。

国外和我国的工程图样发展过程，是既有平行又有交叉和融合的过程。中国古代传统的工程制图技术，于唐代（公元751年后）传到西方。利玛窦是把西方早期画法几何知识传入我国的第一人，克拉维乌斯神父的《论星盘》传入的最多，利玛窦将这些画法几何知识直接传授给了他的中国学生瞿太素、李之藻、徐光启和游文辉等人。李之藻撰写了《浑盖通宪图说》一书，为画法几何知识在我国的传播做出了积极的贡献。清初年希尧于1729年撰写了我国第一部画法几何著作《视学》，其中95幅图形经考察是郎世宁的作品，郎世宁参与此书的编写。此书在英、法图书馆中尚有收藏。

法国加斯帕·蒙日（Gaspard Monge，1746～1818）于1798撰写了《画法几何学》《Descriptive Geometry》一书，提出用多面正投影图表达空间形体，为画法几何奠定了理论基础，创立了画法几何学。自此机械图样中的图形开始严格按照画法几何的投影理论绘制。以后各国学者又在投影变换、轴测图以及其他方面不断提出新的理论和方法，使这门学科日趋完善。1963年美国麻省理工学院 I. E. Sutherland 首次发表了关于人机对话图形系统的论文《SKETCHPAD》，为计算机在画法几何学中的应用打下了基础。

中华人民共和国成立后随着生产的发展，工程制图在科学技术领域里的理论图学、应用图学、计算机图学、制图技术、制图标准、图学教育等各个方面，都得到了相应的发展。在制图标准方面，于1956年发布了第一个部颁标准《机械制图》，1959年发布了第一个国家标准《机械制图》，在其他工程领域里也都分别制定了有关制图的国家标准或部颁标准，同时还制定了各类技术图样共同适用的国家标准《技术制图》。20世纪80年代以来，我国参加了国际标准化组织ISO/TC10，该组织依据我国提供的蓝本发布了国际标准《技术制图简化表示法》。

目前，计算机绘图（CG）与计算机辅助设计（CAD）已广泛应用于机械、航空、冶金、造船、建筑、化工、电子等行业的工程设计中。但是，计算机仍然离不开人的命令和操作，所以，对初学者来讲，必须通过认真学习以掌握画法几何、制图基础（包括CG的操作）和机械制图的内容，才能够真正地实现指挥和操纵计算机，绘出所需要的图样。

在高等工科院校中，研究工程图样的绘制和阅读的课程一般称为《画法几何》《Descriptive Geometry》或者《工程制图》《Engineering Drawing》。

二、课程的研究对象

图样是人类借以表达、构思、分析和交流思想的基本工具之一，工程图样仍是机械制造、土木建筑等工程在设计、制造、使用和维修时的重要技术文件，是“工程界的共同语言”。因此，工程技术人员必须掌握绘制工程图样的基本理论、具有较强的绘图及读图能力，才能适应现在和未来生产发展的需要。

本课程包括画法几何和机械制图两部分内容。画法几何是用投影法的原理和方法来图解和图示空间几何问题，它为机械制图提供原理和方法；机械制图主要研究机械工程图样的绘制和阅读。本课程主要研究绘制和阅读机械图样的基本理论和方法，学习国家标准《机械制图》与《技术制图》的相关内容，并结合制药工程的特点，特别讲述了与制药设备相关的零部件、车间设计以及车间GMP等相关内容，便于药学类学生对药厂及车间的设备、厂房等的了解，具有很强的针对性。

三、课程的性质和任务

本课程是关于绘制和阅读机械图样的理论、方法和技术的一门技术课程，因此它是一门既有系统理论，又有很强实践性的重要的技术基础课。本课程的主要任务有以下几项。

（1）学习和掌握投影法，特别是正投影法的基本理论及其应用。

（2）培养绘制和阅读机械图样的能力。

（3）培养图解空间几何问题的能力。

（4）培养对物体的三维形状与相关位置的空间构思想象能力和形象思维能力。

（5）培养使用仪器、计算机、徒手三种方法绘制机械图样的基本能力。

（6）培养认真负责的工作态度和严谨细致的工作作风。此外，在学习过程中还必须有意识地培养自学能力、分析能力和解决问题的能力。

四、课程的基本要求

（1）掌握用正投影法表达空间几何形体及图解简单几何问题的基本理论和方法；能正确地使用绘图工具和仪器，初步掌握使用仪器和徒手作图的技能。

（2）能阅读和绘制常见的化工制药设备零部件的零件图和装配图。做到：投影正确，视图选择与配置恰当，尺寸完整、清晰，字体工整，图面整洁，并符合《技术制图》与《机械制图》国家标准的规定要求。

（3）初步了解计算机绘图的基本知识，学会简单图形的计算机绘制方法。

五、学习方法

本课程是一门既有理论又重实践的技术基础课，所以，应该从理论和实践两个方面来着重培养空间想象能力与空间思维能力。具体的方法有以下几种。

（1）严格遵守国家标准《技术制图》《机械制图》和有关的技术标准。对于图样的幅面、比例、字体、图线、尺寸注法及其他技术要求等内容，国家标准《技术制图》《机械制图》都有统一的规定，因此，在阅读和绘制图样的实践过程中，要注意逐步熟悉国家标准《技术制图》《机械制图》和有关的技术标准，并严格遵守。

（2）学习投影理论时，必须以初等几何知识为基础，循序渐进、全面准确地掌握基本概念，并做到融会贯通，还要结合大量的由浅入深的绘图和读图实践，不断地进行由平面图形到空间形体、由空间形体到平面图形的反复思维过程，逐步提高空间逻辑思维能力和形象思维能力，从而掌握投影理论、作图方法等知识。

（3）制药工程制图的实践性很强，因此，在正确理解制图基本理论的基础上，还要涉猎一些“工程力学”“金属材料工艺学”“制药设备制造工艺”“制药设备结构设计”“电子与电工学”等方面的知识，通过习题和画图作业的实际训练掌握作图的理论与技能，为后继工程类课程的学习和将来的工作实践打下坚实的基础。

扫码“学一学”

第一章　制图的基本知识

图样是生产过程中的重要技术资料和主要依据。要完整、清晰、准确地绘制出机械图样，要有耐心细致和认真负责的工作态度，还要掌握正确的作图方法、熟练地使用绘图工具，同时还必须遵守国家标准《技术制图》与《机械制图》中的各项规定。本章主要介绍国家标准《技术制图》与《机械制图》中的一般规定，制图工具及仪器的使用，几何作图及平面图形尺寸分析、画图方法等。

第一节　制图的基本规定

制图基本规定是工程图样的最基本的通用性规定，不是画法和注法方面的规定，与投影法无关。本节主要介绍国家标准《技术制图》和《机械制图》中关于图幅、比例、字体、图线、尺寸注法等的基本规定，其他有关标准将在以后相关章节中介绍。

一、图幅及标题栏

扫码“看一看”

（一）图幅

遵照 GB/T 14689—2008《技术制图 图纸幅面及格式》的规定，绘制技术图样时，应优先采用表 1－1 规定的基本幅面尺寸。

表 1－1　图纸幅面及图框尺寸　（单位：mm）

幅面代号		A0	A1	A2	A3	A4
尺寸	$B \times L$	841 × 1189	594 × 841	420 × 594	297 × 420	210 × 297
图框	a	25				
	c	10			5	
	e	20		10		

幅面在必要时可以加长，但应按基本幅面短边的整数倍增加。如图 1－1，粗实线部分为基本幅面，细实线部分为第一选择的加长幅面，虚线为第二选择的加长幅面。加长后幅面代号记作：基本幅面代号 × 倍数，如 A3 × 3，表示按 A3 图幅短边加长为 297mm 的 3 倍，即加长后图纸尺寸为 420mm × 891mm。

图纸上的图框须用粗实线画出，图框有不留装订边和留有装订边的两种格式，如图 1－2 和图 1－3 所示，同一产品中所有图样均应采用同一种格式。加长幅面的图框尺寸，按所选用的基本幅面大一号的周边尺寸确定。具体情况可以查阅 GB/T 14689—2008。

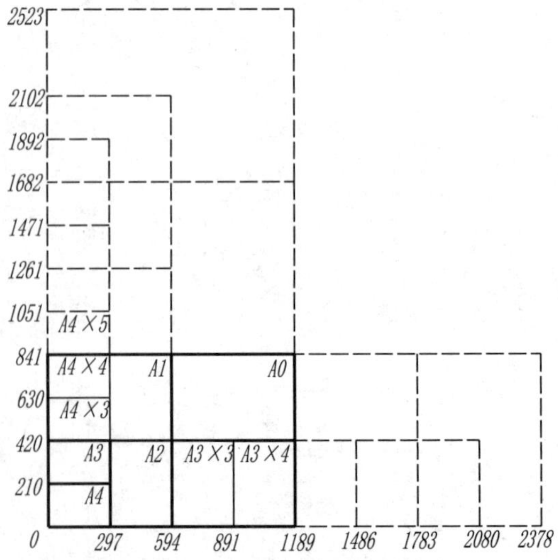

图 1－1　基本幅面和加长幅面

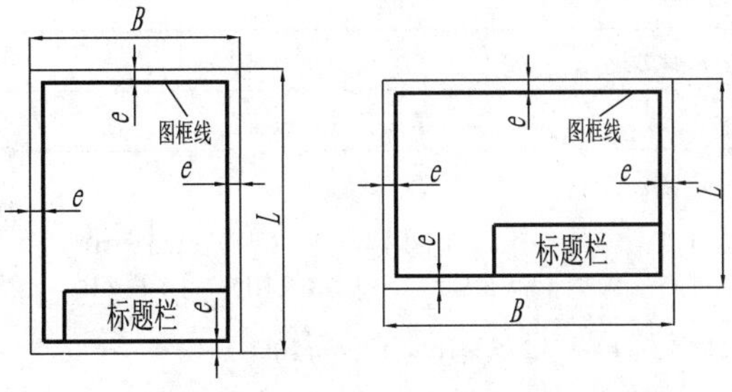

（a）图纸竖放　　（b）图纸横放

图 1－2　不留装订边的图框格式

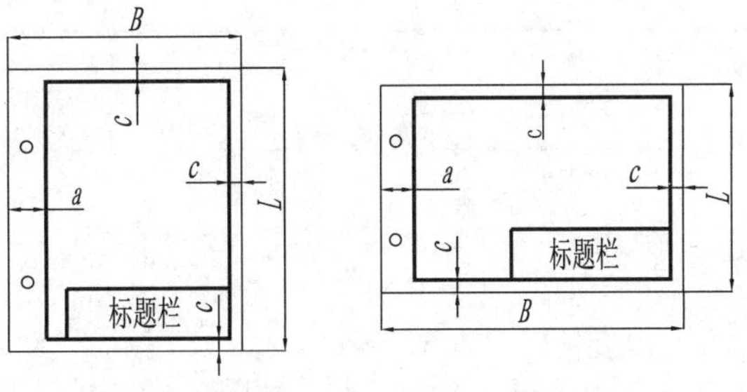

（a）图纸竖放　　（b）图纸横放

图 1－3　留有装订边的图框格式

（二）标题栏

为使图样便于管理和查阅，每张图纸都有标题栏。通常标题栏位于图框的右下角，若标题栏的长边处于水平方向并与图纸长边平行，则构成 X 型图纸，如图 1－2（b）、图 1－3（b）所示；若标题栏的长边垂直于图纸长边，则构成 Y 型图纸，如图 1－2（a）、1－3（a）所示。标题栏的项目如图 1－4 所示。

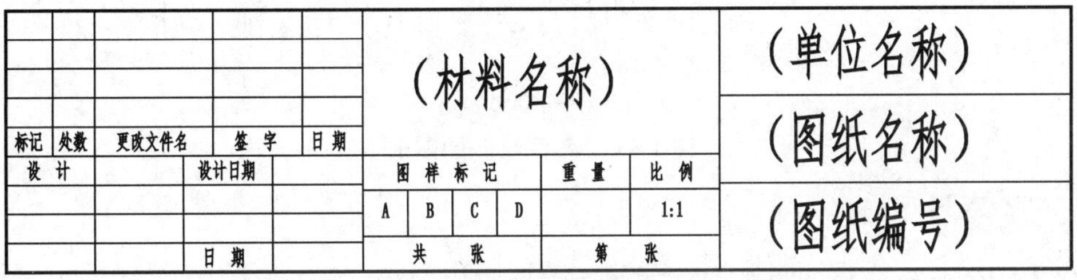

图 1－4　标题栏

GB/T 10609. 1—2008《技术制图 标题栏》中规定了两种标题栏分区型式。而学生的制图作业采用如图 1－5 的格式和尺寸，图名用 10 号字、图号和校名用 7 号字，内容按老师的统一要求填写；制图后面一栏用 5 号字填写绘图学生的姓名，日期一栏填写绘图当天的年月日，其他各项均用 5 号字填写，字体均要求采用长仿宋体。

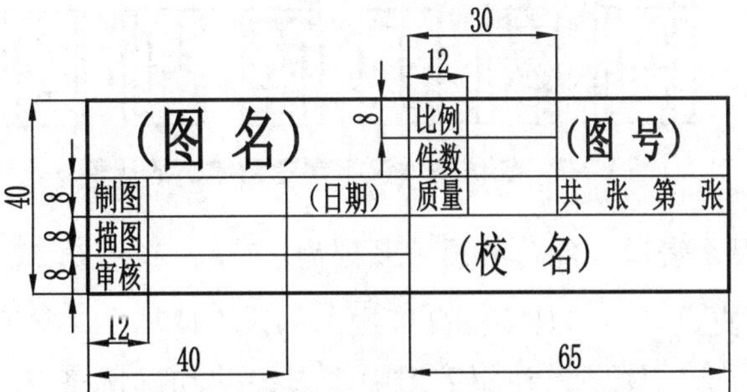

图 1－5　学生制图作业标题栏

二、比例

比例是指图中图形与其实际相应要素的线性尺寸之比，应符合 GB/T 14690—1993《技术制图 比例》的要求。比例分为原值、缩小、放大三种。画图时应尽量采用 1∶1 的比例画图。所用比例应符合表 1－2 中的规定，并尽量选用第一系列的比例。

扫码“看一看”

表 1－2　比例系列

种类	比例	
	第一系列	第二系列
原值比例	1：1	
缩小比例	1：2　1：5　1：10^n 1：2×10^n　1：5×10^n	1：1.5　1：2.5　1：3　1：4　1：6　1：1.5×10^n 1：2.5×10^n　1：3×10^n　1：4×10^n　1：6×10^n
放大比例	2：1　5：1 1×10^n：1　2×10^n：1　5×10^n：1	2.5：1　4：1　2.5×10^n：1　4×10^n：1

注：n 为正整数。

不论缩小或放大，在图样上标注的尺寸均为机件设计要求的尺寸，而与比例无关，如图 1－6 所示。比例一般应填写在标题栏中的比例栏内。必要时，可在视图名称的下方或右侧标注比例。

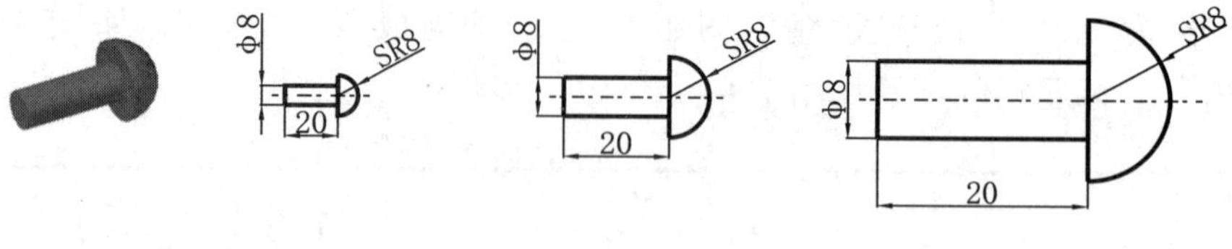

(a) 1：2　(b) 1：1　(c) 2：1

图 1－6　不同比例的图形

三、字体

图样上除绘制机件的图形外，还要用文字填写标题栏、明细表、技术特性表、管口表、技术要求等，还要用数字标注尺寸。为统一易读，国家标准 GB/T 14691—1993《技术制图字体》对字体做了如下规定。

（1）书写字体必须做到　字体工整、笔画清楚、间隔均匀、排列整齐，如图 1－7 所示。

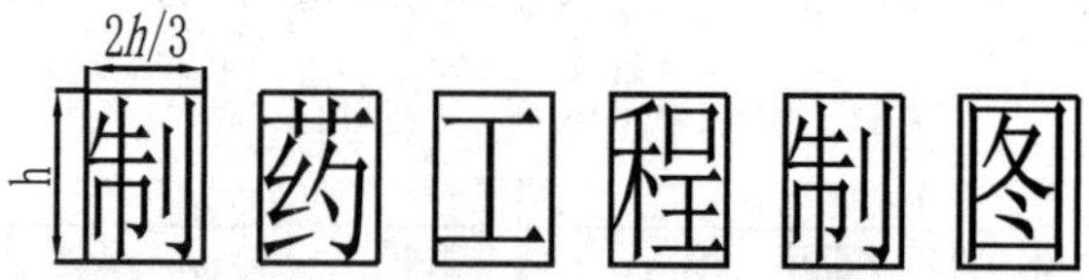

图 1－7　长仿宋体汉字字宽和字高的比例

（2）字体高度（用 h 表示）的公称尺寸系列为：1.8、2.5、3.5、5、7、10、14、20（单位：mm），如需要书写更大的字，其字体高度按$\sqrt{2}$的比率递增。字体高度代表字体的号数。

（3）汉字应写成长仿宋体字。并应采用中华人民共和国国务院正式公布推行的《汉字简化方案》中规定的简化字。汉字的高度 h 不应小于 3.5mm，字宽一般为 $h/\sqrt{2}\approx2h/3$。图 1－8 是长仿宋体汉字示例。

3.5 号字：高压液相色谱仪 低压恒液泵 固相萃取小柱 自动进样机　针式过滤器 微孔滤膜 压滤机 打片机 包衣机 发酵罐

5 号字：制药工程 应用化学 生命科学与技术基地 环境科学 生物技术制药 药剂

7 号字：法兰 人孔 手孔 视镜 液面计 容器支座 凸缘 补强圈

10 号字：管壳式换热器 板式塔 反应釜 干燥器

图 1－8　长仿宋体汉字示例

（4）字母和数字分 *A* 型和 *B* 型。*A* 型字体的笔画宽度 d 为字高 h 的十四分之一。*B* 型字体的笔画宽度 d 为字高 h 的十分之一。在同一图样上，只允许选用一种型式的字体。

（5）字母和数字可写成斜体和直体。斜体字字头向右倾斜，与水平基准线成 75°。如图1－9 至1－12 所示。

123456789

图 1－9　A 型斜体阿拉伯数字

ABCDEFGHIJKLMNOPQRSTUVWXYZ

图 1－10　A 型斜体大写拉丁字母

abcdefghijklmnopqrstuvwxyz

图 1－11　A 型斜体小写拉丁字母

Ⅰ Ⅱ Ⅲ Ⅳ Ⅴ Ⅵ Ⅶ Ⅷ Ⅸ Ⅹ

图 1－12　A 型斜体罗马数字

（6）用作指数、分数、极限偏差、注脚等的数字及字母，一般应采用小一号的字体，如图 1－13 所示。

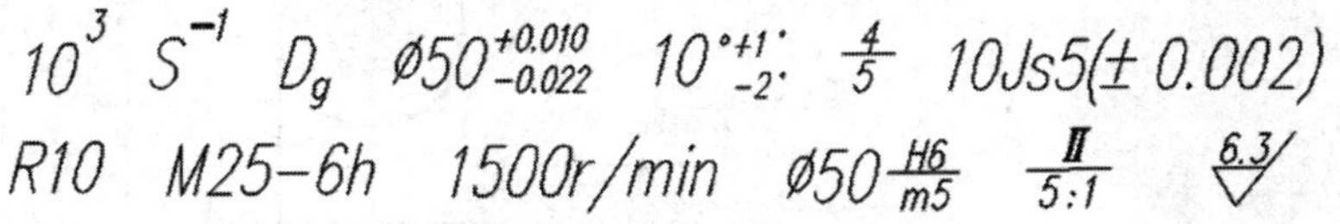

图 1－13　综合应用示例

四、图线

（一）图线型式及应用

图样是用各种不同的图线画成的，GB/T 4457.4—2002《机械制图 图样画法 图线》中对图线作了规定，GB/T 17450—1998《技术制图 图线》中规定了适用于各种技术图样的图线的名称、形式、结构、标记及画法规则。在机械图样中采用粗细两种线宽，它们之间的比例为 2∶1。绘制图样时，应采用表 1－3 中规定的图线。

表 1－3　常用线型及用途

图线名称	线型	线宽	主要用途
细实线		$d/2$	过渡线、尺寸线、尺寸界线、指引线和基准线、剖面线、重合断面的轮廓线等
波浪线		$d/2$	断裂处边界线，视图与剖视图的分界线。在一张图样上，一般采用一种线型，即采用波浪线或双折线
双折线		$d/2$	
粗实线		d	可见棱边、可见轮廓线、可见相贯线等
细虚线	1　4	$d/2$	不可见棱边、不可见轮廓线等
粗虚线		d	容许表面处理的表示线
细点划线	3　15	$d/2$	轴线、对称中心线等
粗点划线		d	限定范围表示线
细双点划线	5　15	$d/2$	相邻辅助零件轮廓线、极限位置的轮廓线、成形前轮廓线、轨迹线、中断线等

表 1－4 是一些主要国家图线宽度的比较。

表 1-4　不同国家的图线宽度

线型	中国	美国	日本	英国
粗实线	d（0.5～2）	0.032"	0.4～0.8	0.7
细实线	$d/2$（0.25～1）	0.016"	0.3 以下	0.3

基本线型和线素的计算公式在 GB/T 17450—1998 中有规定，这些公式也便于使用 CAD 系统绘制各种技术图样。图 1-14 是各种图线的综合应用示例。

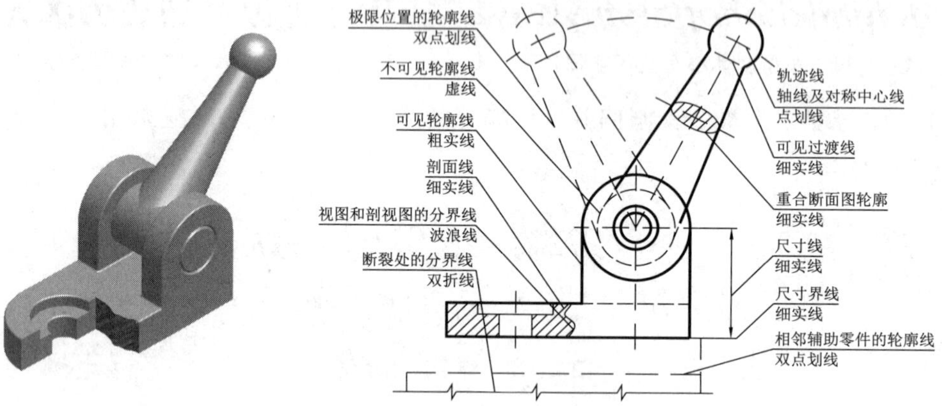

图 1-14　图线综合应用示例

（二）图线的画法

（1）同一图样中，同类图线的宽度应一致。虚线、点划线及双点划线的线段长度和间隔应各自大致相等。

（2）点划线和双点划线的“点”不是小圆点，而是长约 1mm 的短划。这些线的首末两端应是长划线段而不是短划，在图形中也应该以长划线段与其他图线相交。绘制图形中的对称中心线时，圆心应是两条长划线段的交点。点划线一般应超出图形约 2～5mm。图形较小时，可画成细实线，如图 1-15 所示。

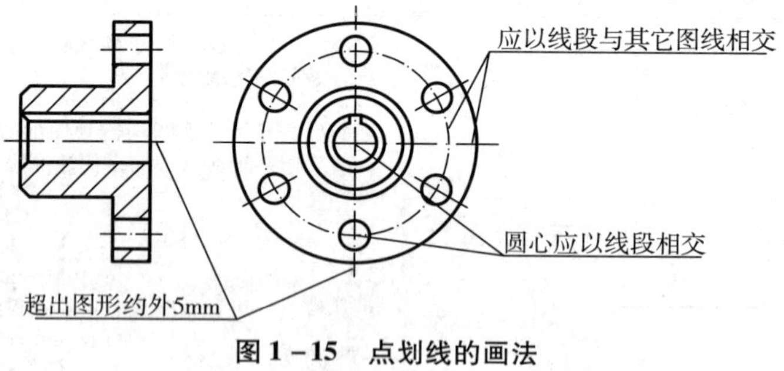

图 1-15　点划线的画法

（3）当粗实线与虚线或点划线重叠时，应画粗实线；当虚线与点划线重叠时，应画虚线。虚线与粗实线或虚线相交时，不留空隙；但当虚线是粗实线的延长线时，则应留空隙，如图 1-16 所示。

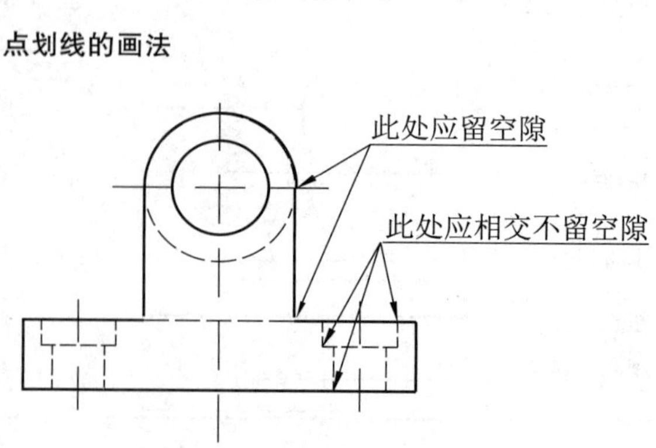

图 1-16　点划线、虚线的画法

（三）剖面符号

在剖视图和断面图中，应采用表 1-5

所规定的剖面符号（GB/T 4457. 5—2013《机械制图 剖面符号》）。

表 1 – 5　剖面符号

材质	剖面符号	材质	剖面符号
金属材料 （已有规定剖面符号者除外）	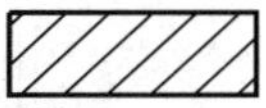	木质胶合板 （不分层数）	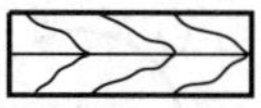
线圈绕阻元件	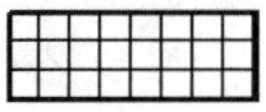	基础周围泥土	
转子、电枢、变压器 和电感器等的迭钢片	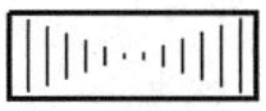	混凝土	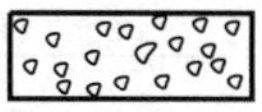
非金属材料 （已有规定剖面符号者除外）		钢筋混凝土	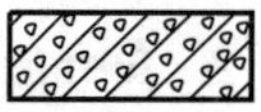
型砂、填砂、粉末冶金、砂轮、 陶瓷刀片、球墨合金刀片等		砖	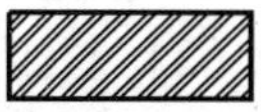
玻璃及供观察用的 其他透明材料	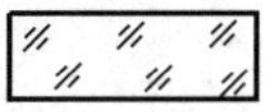	格网 （筛网、过滤网等）	
木材　纵剖面		液体	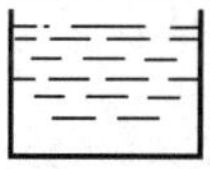
木材　横剖面			

第二节　尺寸注法

一、尺寸注法基本规定

图形只能表达机件的形状，而机件的大小则由标注的尺寸确定。标注尺寸是一项很重要的工作，需要做到认真细致，一丝不苟。如果尺寸有遗漏或错误，会给生产带来困难和损失。下面是 GB/T 4458. 4—2003《机械制图 尺寸注法》中的一些基本规定。

扫码“看一看”

（一）基本规则

按国家标准规定，标注尺寸时应遵守以下四条基本规则。

（1）机件的真实大小应以图样上所注的尺寸数值为依据，与图形的大小及绘图的准确度无关。

（2）图样中（包括技术要求和其他说明）的尺寸，以毫米为单位时，不需标注其计量单位的代号或名称。如采用其他单位，则必须注明相应的计量单位的代号或名称。

（3）图样中所标注的尺寸，为该图样所示机件的最后完工尺寸，否则应另加说明。

（4）机件的每一尺寸，一般只标注一次，并应标注在反映该结构最清晰的图形上。

（二）尺寸数字、尺寸线和尺寸界线

完整的尺寸一般应由尺寸数字、尺寸线和尺寸界线三要素组成，如图 1 – 17 所示。

1. 尺寸数字　线性尺寸的数字，一般应填写在尺寸线的上方，必要时也允许注写在尺

寸线的中断处，如图 1－18 所示。

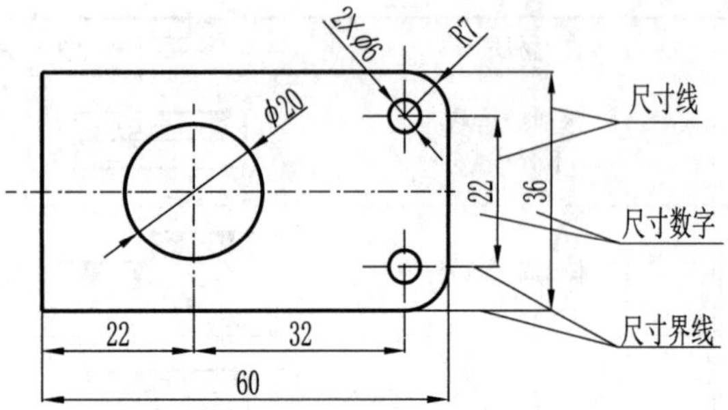

图 1－17　尺寸要素

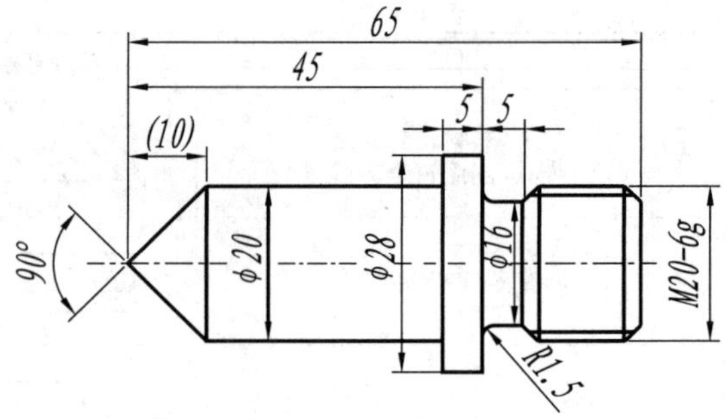

图 1－18　尺寸数字

2. 尺寸线　尺寸线用细实线绘制，其终端可以有下列两种形式。

（1）箭头　箭头的形式如图 1－19（a）所示，适用于各种类型的图样。

（2）斜线　斜线用细实线绘制，其方向和画法如图 1－19（b）所示。

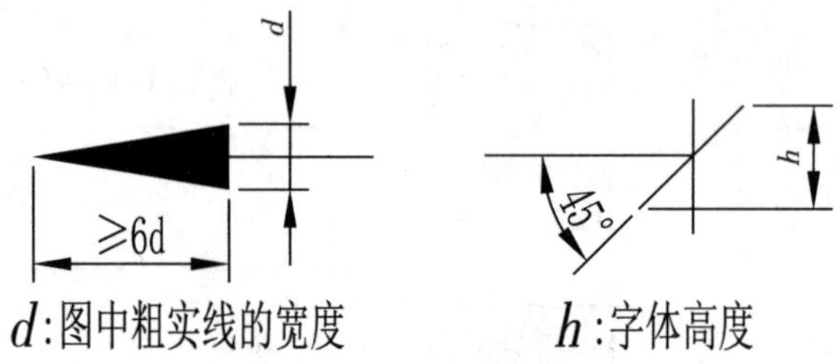

（a）　（b）

图 1－19　尺寸线终端的形式

尺寸线与尺寸界线一般是相互垂直的，同一张图样中只能采用一种尺寸线终端的形式。标注线性尺寸时，尺寸线必须与所标注的线段平行。尺寸线不能用其他图线代替，一般也不得与其他图线重合或画在其延长线上，如图 1－20 所示。

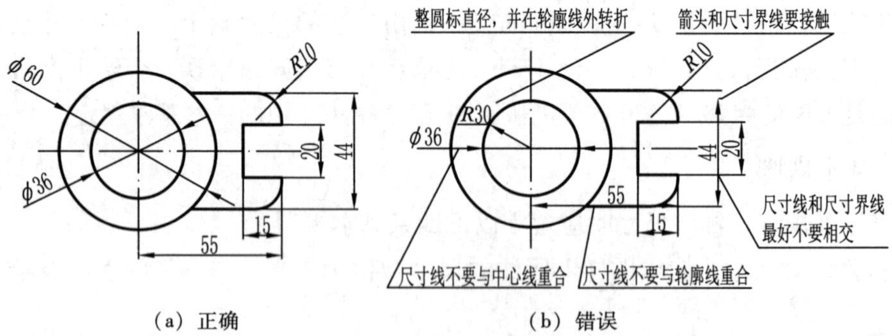

（a）正确　（b）错误

图 1－20　尺寸标注正误对比

3. 尺寸界线　尺寸界线用细实线绘制，并应由图形的轮廓线、轴线或对称中心线处引出。轮廓线、轴线或对称中心线可以作尺寸界线，尺寸界线一般应与尺寸线垂直，必要时才允许倾斜。

表 1－6 列出了 GB/T 4458.4—2003 中规定的一些尺寸注法。

表1-6　尺寸注法示例

标注内容	示例	说明
线性尺寸的数字方向	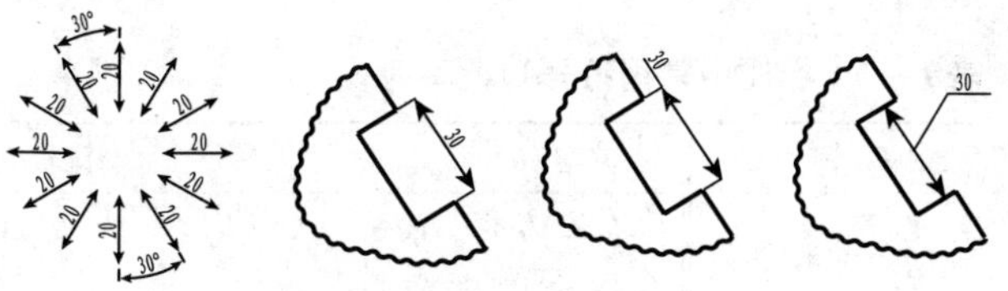	尺寸数字应注写在尺寸线上方，如第一、二图所示；也可如第三、第四图用引出标注
角度	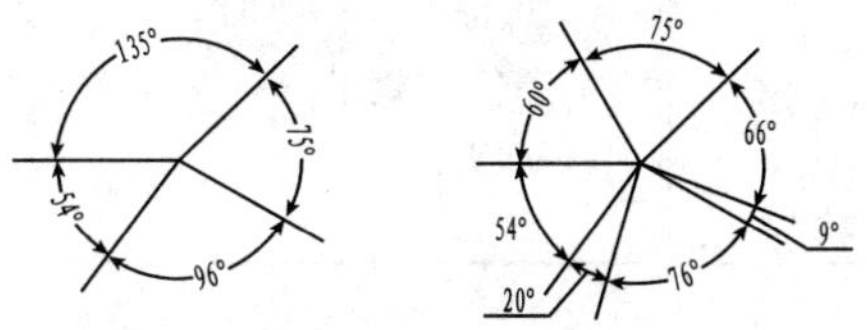	尺寸界线沿径向引出，尺寸线画成圆弧。尺寸数字应水平书写，一般注在尺寸线的中断处，必要时也可按右图的形式标注
圆	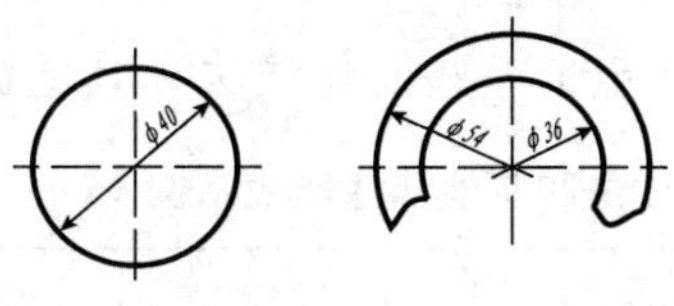	一般按左侧例图标注
圆弧		圆弧的半径尺寸一般按这两个例图标注。在图纸范围内无法标出圆心位置时，可按右图标注
小尺寸	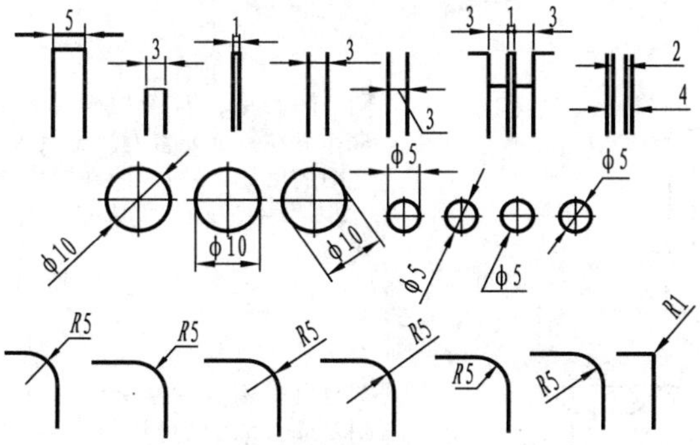	没有足够地方时，箭头可画在外面，或用小圆点代替两个箭头；尺寸数字也可写在外面或引出标注。圆和圆弧的小尺寸，可按下两排例图标注
对称机件	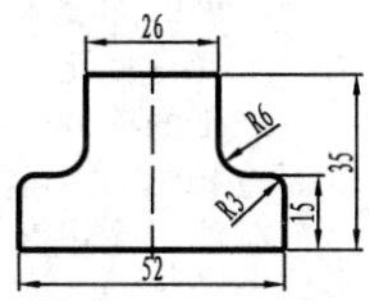	可仅标注一侧尺寸
板状结构	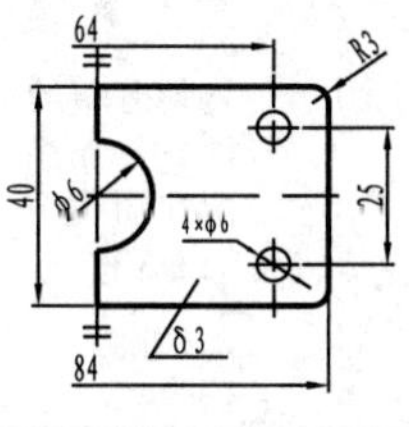	板状零件的厚度的尺寸数字前加注符号“δ”
尺寸相同的孔、槽等要素		相同直径的圆孔只要在一个圆孔上标注直径尺寸，并在其前加注“个数×”。对称机件只画一半或略大于一半时，仅在尺寸线的一端画出箭头
斜度和锥度	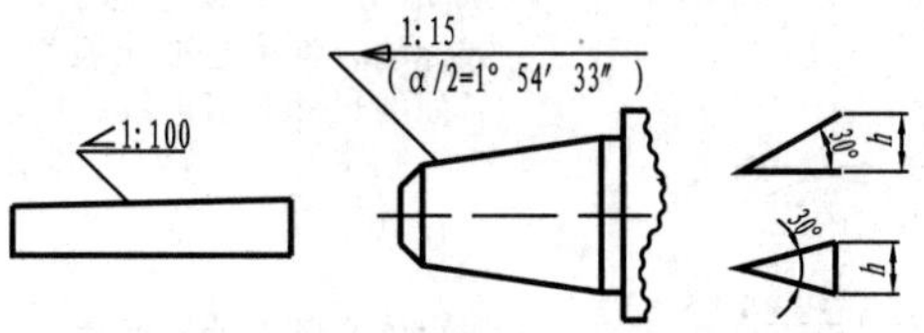	符号方向应与斜度和锥度的方向一致。锥度也可注在轴线上。如有必要，可在括号中注出圆锥角。斜度和锥度符号的线宽为 $h/10$，h 为字高

（三）标注尺寸的符号

常用的标注符号如表1－7所示。

表1－7　标注中常用符号和缩写词

名称	符号或缩写词	名称	符号或缩写词
直径	ϕ	正方形	□
半径	R	45°倒角	C
球半径	SR	深度	↓
球直径	$S\varphi$	沉孔或锪平	
厚度	t	埋头孔	∨
		均布	EQS

在GB/T 4458.4—2003《机械制图 尺寸注法》和GB/T 16675.2—2012《技术制图 简化表示法 第2部分：尺寸注法》中，还规定了一些简化注法和其他标注形式，见表1－8。

表1－8　简化注法和其他标注形式示例

示例	说明
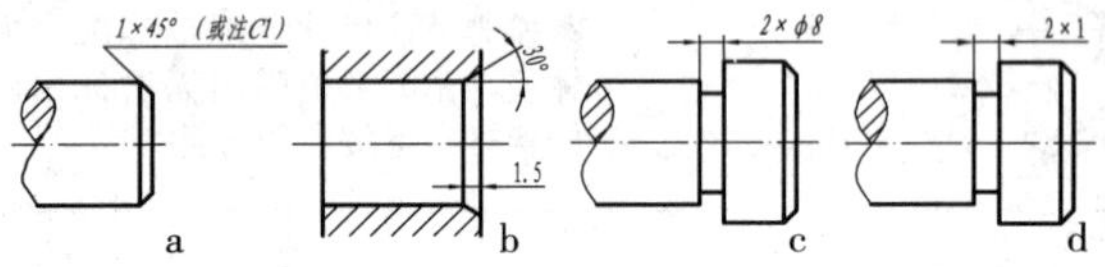	轴或孔上的45°倒角，按图a标注；非45°倒角，可按图b标注。45°倒角也可用表示，如1×45°可注C1。槽的尺寸可按图c或图d标注。图c所注的是“槽宽×直径”；图d所标注的是“槽宽×槽深”
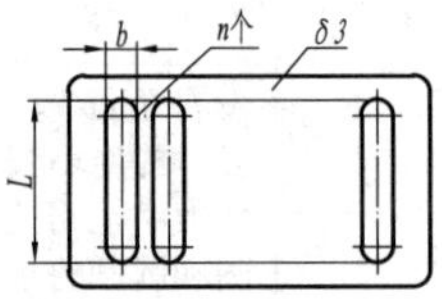	同一图形中，对于相同尺寸的孔、槽等成组要素，只在一个要素上注出其尺寸和数量；也可不注图的尺寸b和l，而在图中所注的“n个”处，改注“$n—b\times l$”。厚度符号“δ”也可用“t”代替
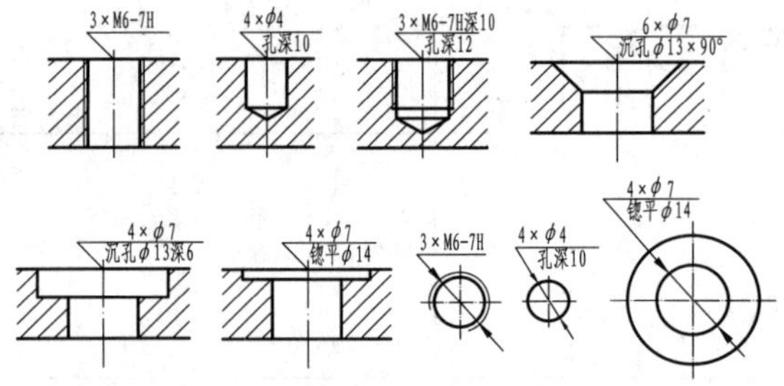	孔也可采用旁注法标注。沉孔ϕ13×90°、沉孔ϕ12深4.5，也可用符号标注成∨φ13×90°、⊔ϕ12↓4.5 ∨是沉孔中的这种埋头孔的符号，⊔是沉孔或锪平的符号，↓是深度符号 相同结构可只标注一个要素的尺寸，并在其前加注“个数×”
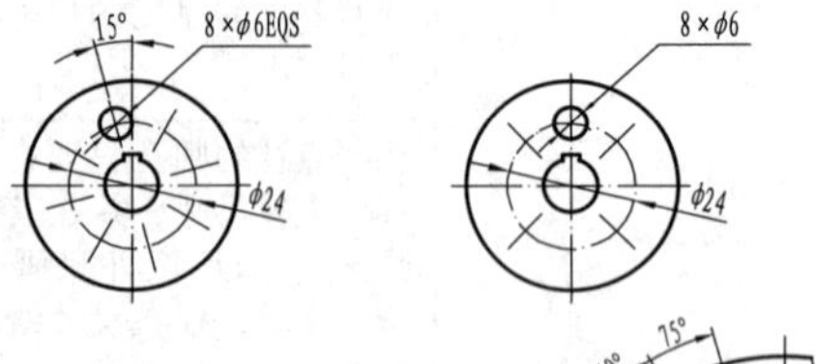	均匀分布的成组要素的尺寸按左图所示的方法标注，并加注“EQS”；当成组要素的定位分布情况在图形中已明确时，可不标注其角度，省略“EQS”
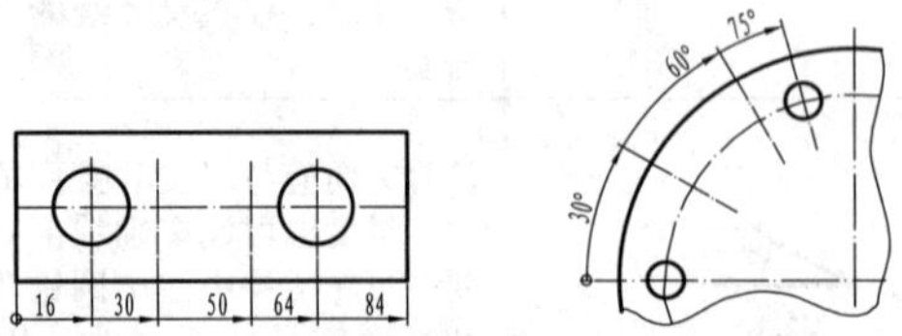	从同一尺寸基准出发的尺寸，可按例图所示的形式标注，除由基准出发第一段尺寸线应画全外，后面的尺寸线可连续，也可不连续
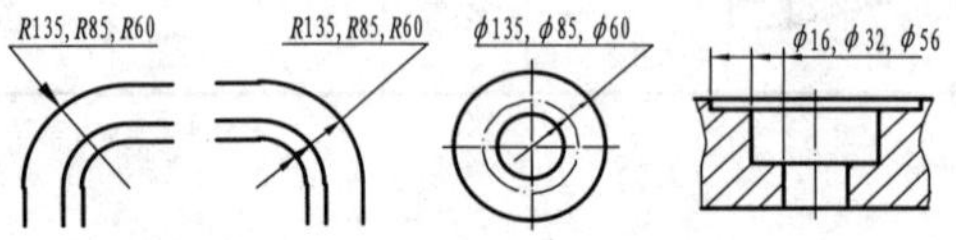	一组同心圆弧或圆心位于一条直线上的多个不同心圆弧的尺寸，一组同心圆或尺寸较多的台阶孔的尺寸，都可用共同的尺寸线和箭头依次表示

二、平面图形的尺寸注法

扫码“看一看”

在标注平面图形的尺寸时，首先要确定长度方向和高度方向的尺寸基准，尺寸的起点称为尺寸基准。平面图形有水平和垂直两个方向尺寸，每个方向均应确定一个尺寸基准。通常选择对称图形的对称中心线、较长的直线或较大的圆的中心线作为尺寸基准，如图 1－21 所示。

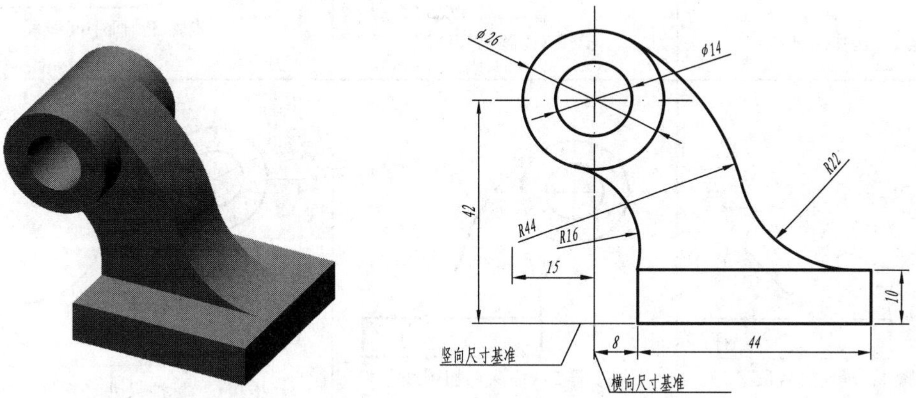

图 1－21　支座的平面图形

平面图形中的尺寸分为以下两类。

1. 定形尺寸　确定平面图形中各线段形状大小的尺寸称为定形尺寸，如直线段的长度、圆的直径、圆弧半径以及角度等。见图 1－21 中的 10、44、ϕ26、ϕ14、*R*22、*R*16、*R*44 等。

2. 定位尺寸　确定平面图形上的各线段或封闭图形之间相对位置的尺寸，称为定位尺寸，见图 1－21 中的 8、42、15 等。必须指出：有时同一尺寸既有定形又有定位的作用。具体尺寸标注的详细规定，可参见前面有关章节的内容。

三、平面图形的线段分析

平面图形的线段（直线、圆弧）根据其两类尺寸是否齐全，分为三类。以图 1－21 为例说明如下。

1. 已知线段　有足够的定形尺寸和定位尺寸，不依靠与其他线段相切的作图，就可以直接按所注尺寸画出的线段称为**已知线段**。已知线段能直接作出。如图 1－21 中两个同心圆 ϕ26、ϕ14 和矩形线框尺寸 44、10。

2. 中间线段　缺少一个定位尺寸，必须依靠一端与另一线段相切才能够画出的线段称**中间线段**。中间线段必须依靠一个连接关系才能作出。见图 1－21 中圆弧 *R*44。

3. 连接线段　缺少两个定位尺寸，因而需要依靠两端与另两线段相切才能够画出的线段称为**连接线段**。连接线段必须依靠两个连接关系才能作出。见图 1－21 中的 *R*22、*R*16。

在画圆弧连接时，如果有已知线段、中间线段和连接线段，应该先画出已知线段，然后画出中间线段，最后画出连接线段。

以图 1－21 为例，绘图的步骤如表 1－9 所示。

表 1-9　支座平面轮廓图的作图步骤

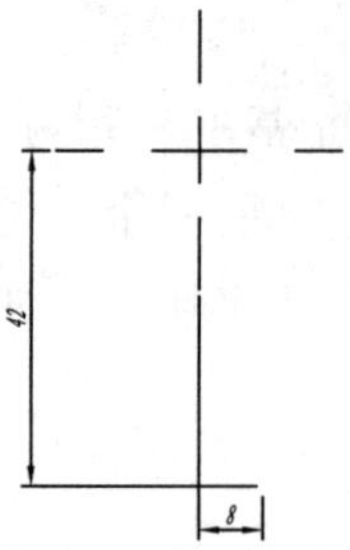 步骤 1：画作图基准线	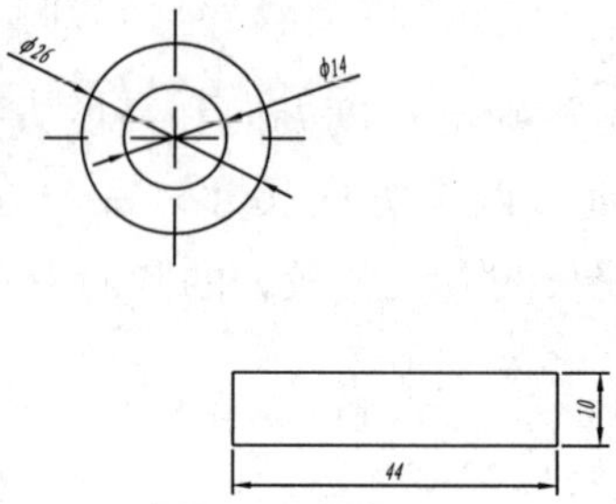 步骤 2：画已知线段	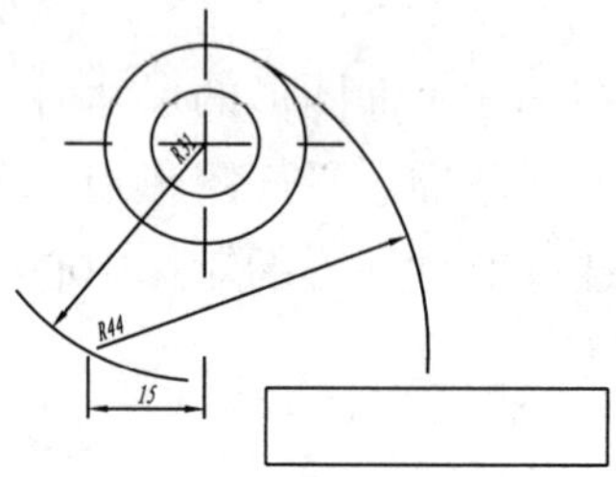 步骤 3：画中间线段
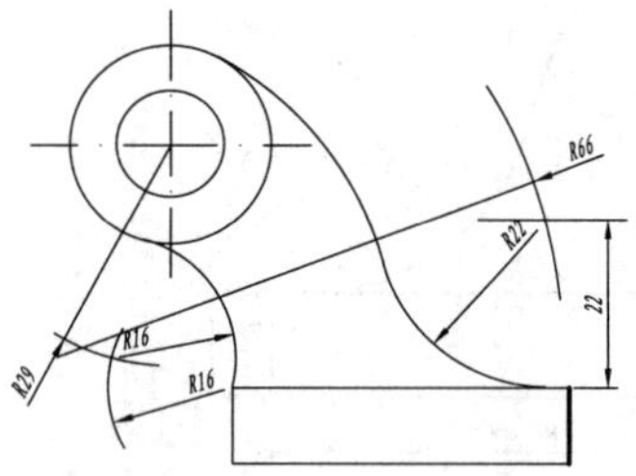 步骤 4：画连接线段	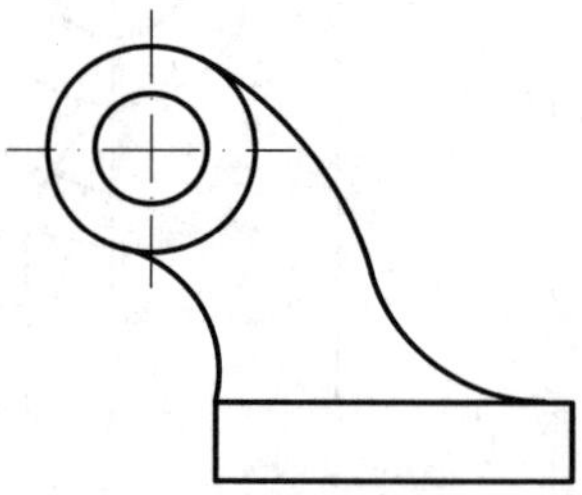 步骤 5：描深加粗图线	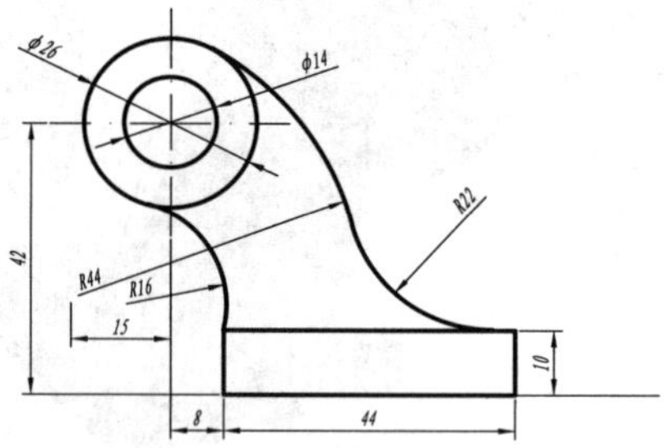 步骤 6：标注尺寸（定形、定位）

第三节　绘图工具

在绘制图纸的过程中必然会用到一些工具和仪器，下面就简单介绍一些绘图中经常用到的绘图工具和绘图仪器的使用方法。

一、常用绘图工具与仪器

（一）图板

扫码"看一看"

图板是用来放置和固定图纸的专用方形板。图板的上、下面为工作面，要求光滑、平整，两侧为工作导边，必须平直，如图 1-22 所示。

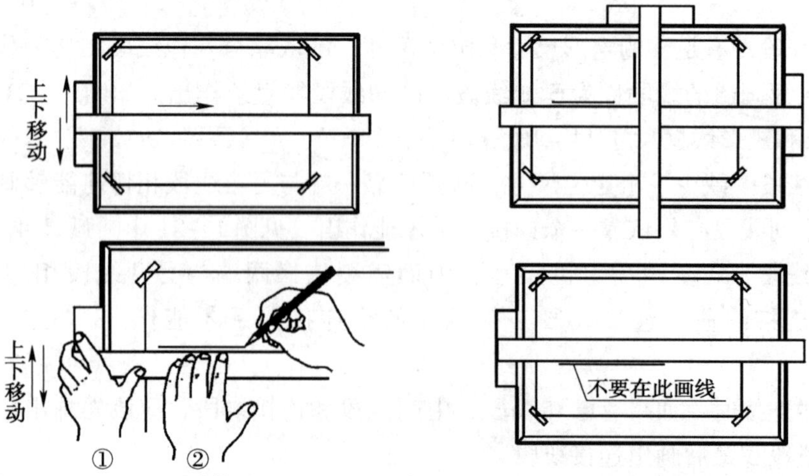

(a)正确使用　　(b)不正确使用

图 1-22　图板与丁字尺

（二）丁字尺

丁字尺主要是在画水平线时应用。它由尺头和尺身两部分构成，如图 1－22 所示。使用时，先用左手使尺头内侧紧靠图板左端的导边，并上下滑移到所需位置，如图 1－22（a）中的①位；然后将左手移到尺身部位并压紧，如图 1－22（a）中的②位，右手握笔，沿尺身的工作边从左向右画线。画线时，铅笔与运笔方向倾斜约 60°，笔杆前后与纸面垂直，一般不允许用丁字尺画垂直线及用尺身下缘画线，如图 1－22（b）所示。

（三）三角板

三角板分为 45°和 30°（60°）两种。除常规用法外，三角板还经常与丁字尺配合使用，可画出平行线和垂直线，如图 1－23 所示；与水平线成 45°、30°、60°的斜线，如图 1－24 所示；用两块三角板配合使用，还可画出 15°、75°的斜线，如图 1－25 所示；用多块三角板配合，还可以画出任意方向斜线的平行线和垂直线，如图 1－26 所示。

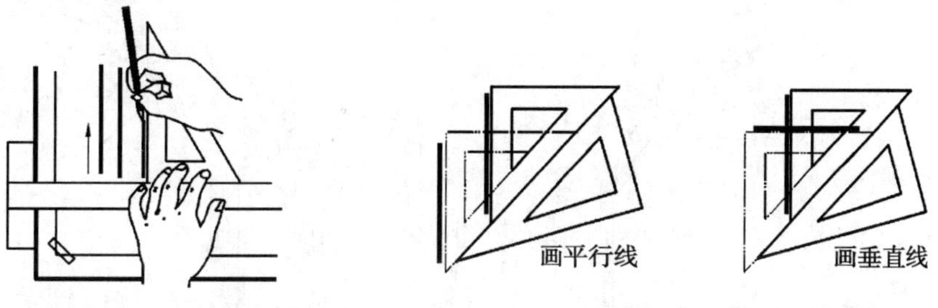

(a)三角板与丁字尺配合绘制垂直线　　(b) 三角板绘制平行线和垂直线

图 1－23　丁字尺与三角板配合使用

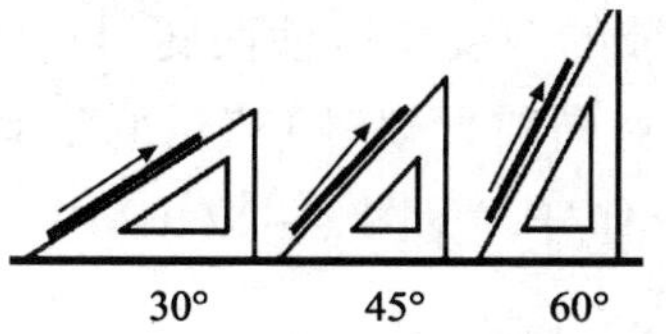

图 1－24　三角板与丁字尺配合绘制各种角度斜线

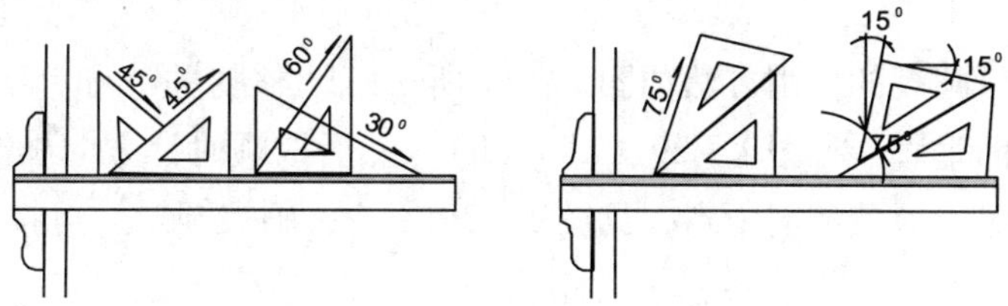

图 1－25　用三角板画 15°倍数角的斜线

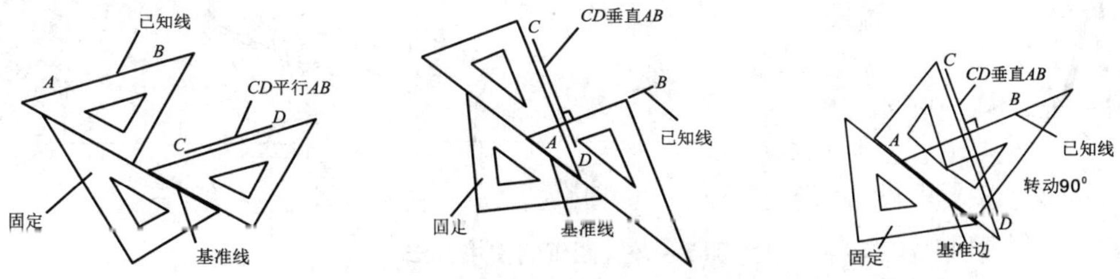

图 1－26　画任意方向斜线的平行线和垂直线

（四）分规

分规用来量取尺寸或等分线段。分规的两腿端部均为钢针，当两腿合拢时，两针尖应重合成一点。分规的构造与量取尺寸的方法，如图 1－27（a）所示；用试分法等分线段如图 1－27（b）所示；用平行线法等分线段，如图 1－27（c）所示。

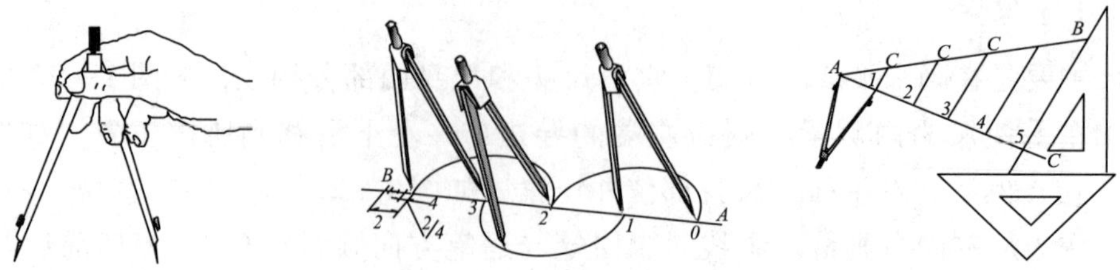

（a）　　（b）　　（c）

图 1－27　分规的使用方法

（五）圆规

圆规用来画圆和圆弧，其构造和附件如图 1－28 所示。画圆时，用钢针上有阶梯锥的一端定圆心，并略长于铅芯。圆规用的铅芯要比画同类直线的铅芯软一号，且要进行仔细的切削或修磨达到合适的形状。

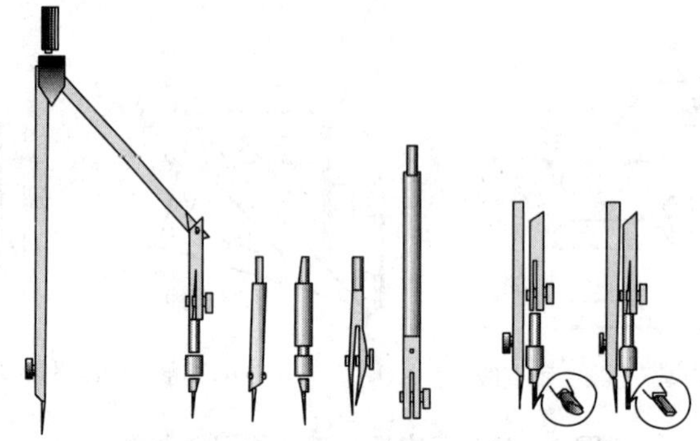

图 1－28　圆规的构造

圆规的使用方法如图 1－29 所示：调整腿关节和针尖关节的角度，以使两腿尽可能与纸面垂直，见图 1－29（a）、（b），然后按顺时针方向画线，并向前方倾斜 15°～20°；画小圆时，肘关节向内弯，见图 1－29（c）；画大圆时，可接上延伸杆，见图 1－29（d）。

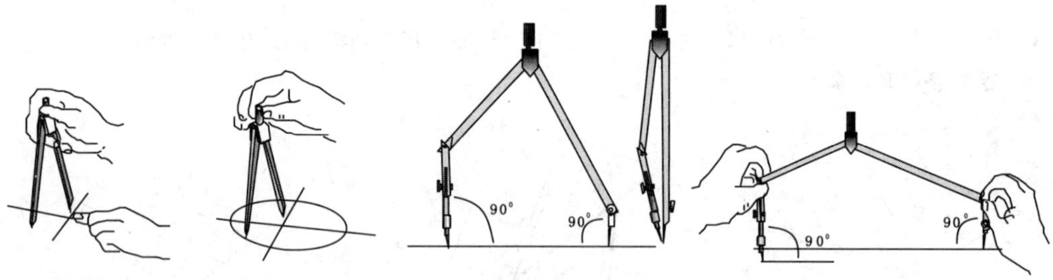

（a）　　（b）　　（c）　　（d）

图 1－29　圆规的使用方法

二、常用绘图用品

（一）铅笔

绘图铅笔的铅芯有软硬之分，B 表示软，号数越大的铅芯越软越黑；H 表示硬，号数越大的铅芯越硬越浅；HB 表示软硬适中。铅芯的削磨方法及用途见表 1－10 所示。

表 1－10　铅笔与圆规铅芯的削磨方法和用途

类别	铅笔					圆规铅芯			
铅芯软硬	2H	H	HB	B	2B	H	HB	B	2B
铅芯形式	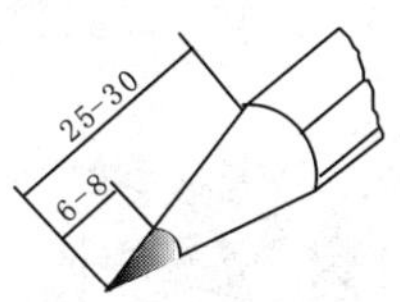			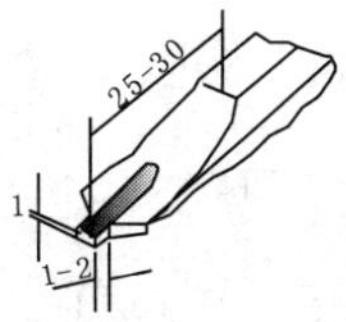				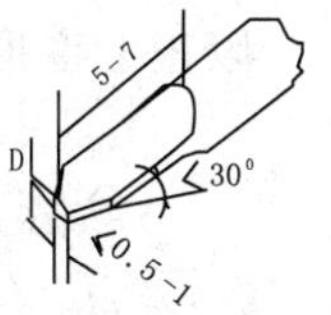	
用途	画底稿线	描深细实线、细点划线	写字画箭头	描深粗实线		画底稿线	描深细实线、细点划线、虚线等	描深粗实线	

（二）绘图纸

绘图时所使用的纸张是专用的专业绘图纸，其质地坚实、洁白，图纸分正反面，使用橡皮擦拭不易起毛的为正面。图纸幅面和格式大小见前面相关章节所述内容，一般在市场上购买的是 A0 幅面的图纸，可按实际需要，裁分成国标规定的各种幅面大小。图纸一般用胶带纸固定在图板上，如图 1－23 所示。

（三）其他绘图用品

其他绘图用品还包括：裁分图纸的制图专用裁纸刀、绘图专用橡皮、固定图纸用的透明胶带纸、精确擦除多余线条的擦图片、清理图面污物的软毛刷、磨铅芯的砂纸片以及量角器等，如图 1－30 所示。

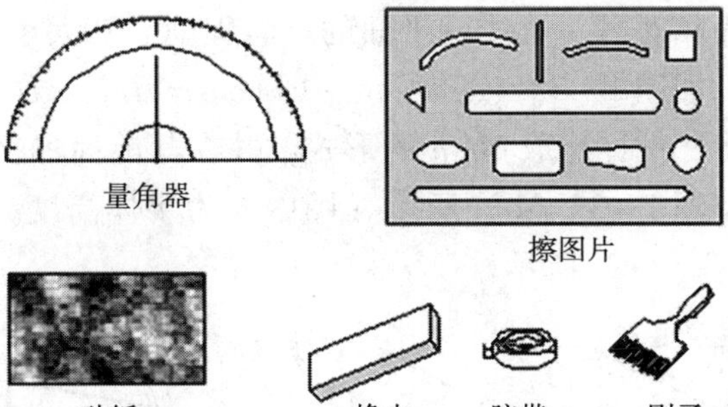

图 1－30　其他绘图用品

第四节　几何作图

机械图样上的图形，都是由各种类型的线，如直线、圆弧或曲线等组成的。熟练掌握平面图形的画法，有助于提高绘图速度和保证作图的准确性。下面介绍在制图时经常见到的几种平面图形的画法。

一、等分线段与作正多边形

（一）等分已知线段

图 1－31 所示是等分已知直线线段的一般作图法示例。如果要将已知直线线段 AB 五等分，可过其中一个端点 A 任意作一条直线 AC，用分规以任意相等的距离在 AC 上量得 5 个

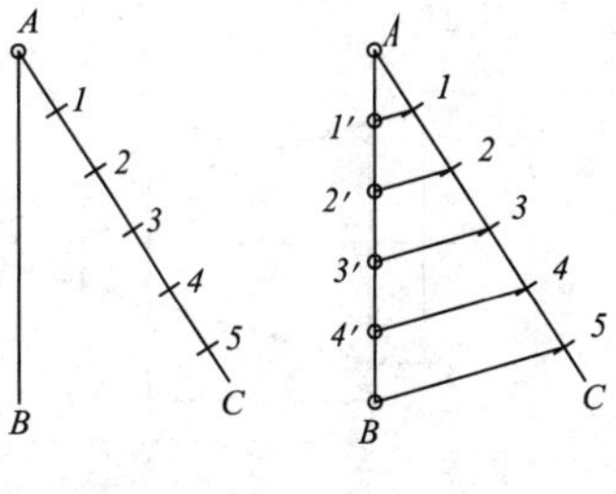

图 1－31　等分已知直线

扫码“看一看”

等分点1、2、3、4、5，然后连接5点和B点，并过各等分点作直线段$5B$的平行线，即得AB上的各等分点。

（二）正多边形

以正七变形为例说明正多边形作法，如图1－32所示。

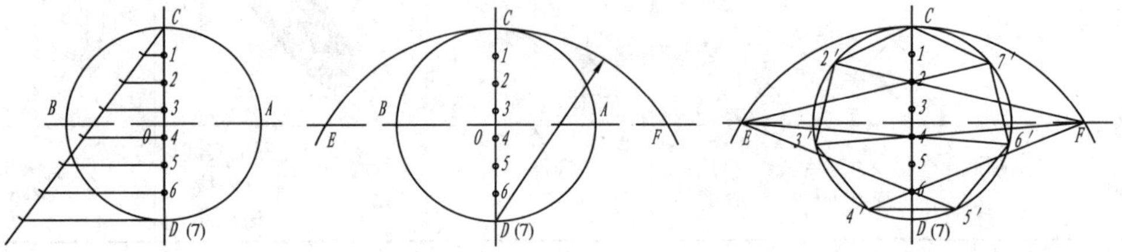

（a）　（b）　（c）

图1－32　正多边形画法

（1）过圆心O作水平直径AB和垂直直径CD，等分直径CD，如图1－32（a）所示（作n边形时n等分，这里取$n=7$，即七等分。等分点7与点D重合）。

（2）以7为圆心、$7C$为半径作圆弧交AB的延长线于E和F点，如图1－32（b）所示。

（3）将E和F点与$7C$上的偶数点（2、4、6等点）连接，并延长与圆周相交得各等分点，顺次连接各等分点即为所求的正多边形，如图1－32（c）所示。

二、斜度与锥度的作图

（一）斜度

斜度是指直线或平面相对另一直线或平面的倾斜程度，其大小一般是用两直线或平面间的夹角的正切来表示，如图1－33（a）所示，即$\tan\alpha=H/L$，$\alpha=30°$。

通常在图样上都是将比例标注成1：n的形式，并在其前面加上斜度符号“∠”，斜度符号的具体形状和尺寸如图1－33（b）所示（图中h为字体高度），符号斜线的方向应与斜度方向一致，如图1－33（c）所示。

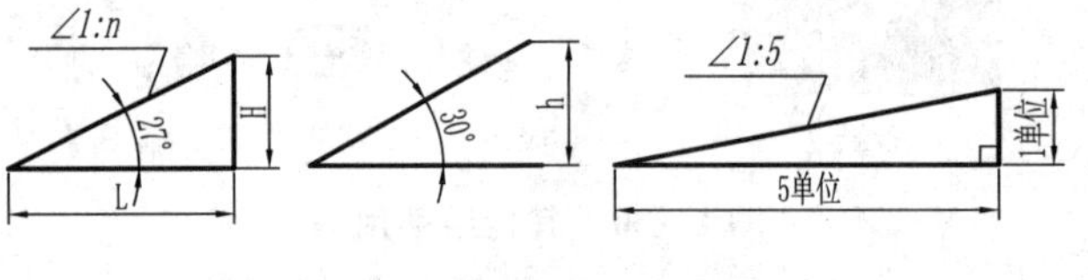

（a）　（b）　（c）

图1－33　斜度的画法

（二）锥度

锥度是指正圆锥的底圆直径与高度之比。如果是锥台，则是底圆直径和顶圆直径的差与高度之比，如图1－34所示，即：锥度$=D/L=(D-d)/l=2\tan\alpha$。

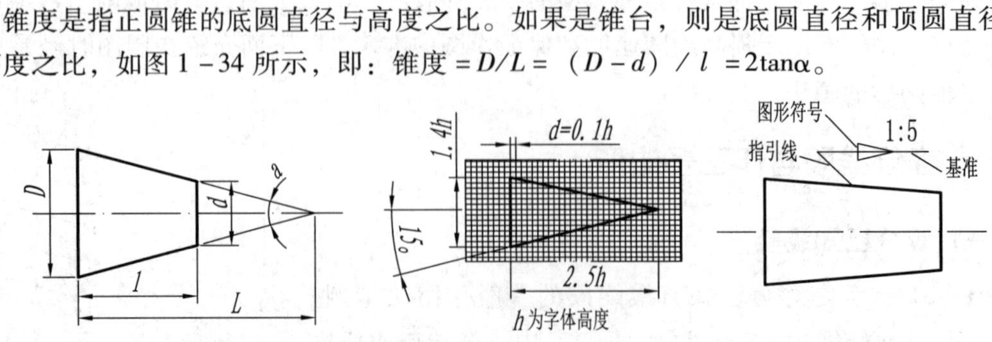

（a）　（b）　（c）

图1－34　锥度的符号及标注

扫码“看一看”

通常，锥度也是以 1: n 的形式标注，并在 1: n 前面写明锥度符号“▷”。锥度符号的方向应与锥度方向一致。

三、四心圆法作椭圆

如图 1－35 所示，是已知长轴和短轴作近似椭圆的过程，即：连长、短轴的端点 A、C，取 $CE = CF = OA - OC$，作 AF 的中垂线，与两轴交于 O_1、O_2，再取对称点 O_3、O_4。分别以 O_1、O_2、O_3、O_4为圆心，以 O_2C、O_4D、O_1A、O_3B 为半径画弧，拼成近似椭圆，切点为 K、N、N_1、K_1。

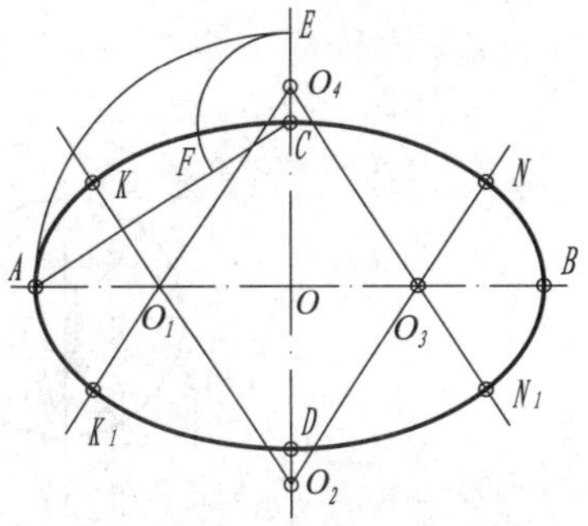

图 1－35　四心圆法画椭圆

四、圆弧连接的作图

圆弧连接是指用已知半径的圆弧将两个几何元素，如直线、圆、圆弧等，光滑连接起来，是几何图形间的相切问题，其中的连接点就是切点。将不同几何元素连接起来的圆弧称为**连接圆弧**。

圆弧连接作图的要点是根据已知条件，准确地定出连接圆弧的圆心与切点。

（一）直线间的圆弧连接

用半径为 R 的圆弧连接两条直线的作图方法见图 1－36。其中连接圆弧的圆心是分别平行于这两条直线且距离为 R 的直线的交点，而连接圆弧与原直线的切点，是过圆心且垂直于该两直线的垂足。

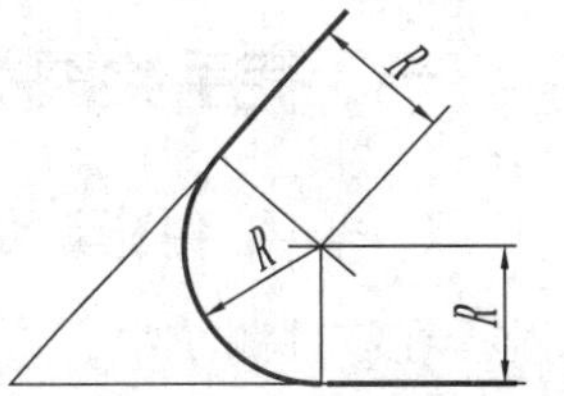

图 1－36　直线间的圆弧连接

（二）外连接圆弧

外连接圆弧是指通过外切的方式，用连接圆弧将两个已知圆光滑地连接起来的圆弧。图 1－37 是用半径为 R 的圆弧外连接两个已知圆的作图过程。其中连接圆弧的圆心 O 是分别以 O_1、O_2为圆心，以 $R + R_1$、$R + R_2$为半径作出的圆弧的交点；切点 T_1、T_2分别是 O 与 O_1、O_2的连线与两个圆的交点。

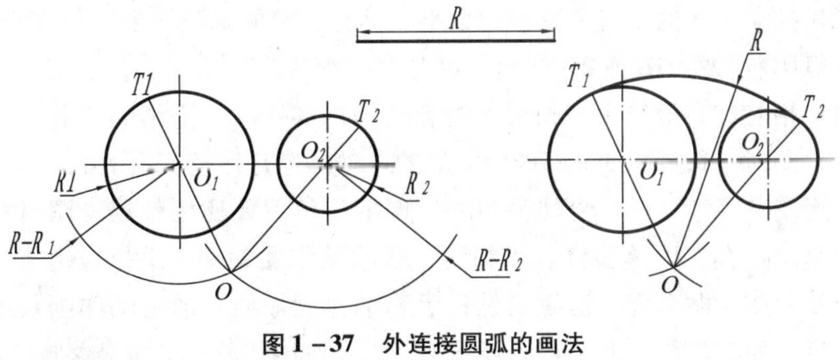

图 1－37　外连接圆弧的画法

（三）内连接圆弧

内连接圆弧是指通过内切的方式，用连接圆弧将两个已知圆光滑地连接起来的圆弧。图 1－38 是用半径为 R 的圆弧内连接两个已知圆的作图过程。其中连接圆弧的圆心 O 是分

别以 O_1、O_2为圆心，以 $R-R_1$、$R-R_2$为半径作出的圆弧的交点；切点 T_1、T_2分别是 O 与 O_1、O_2的连线的延长线与两个圆的交点。

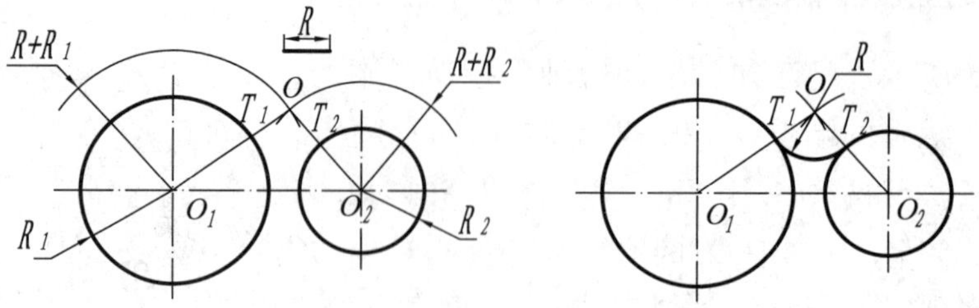

图 1-38　内连接圆弧的画法

第五节　绘图的基本方法

绘制工程图样常用的方法有徒手绘图、尺规绘图和计算机绘图三种方式。徒手绘图在零件测绘时经常用到，尺规绘图在学习本课程的过程中会有所练习，计算机绘图将设立单独的章节讲解。

一、徒手绘图

（一）徒手图及其用途

在零件测绘中，常常需要徒手目测绘制草图。这种不使用绘图仪器而徒手绘制的图叫作**徒手图**。徒手作图是工程操作人员必备的一项基本技能。在本课程的学习中，应通过实践，逐步提高徒手绘图的速度并掌握技巧。徒手图常用于下述场合。

（1）在初步设计阶段，需要用徒手图方便、快捷地表达设计方案。

（2）在机器修配时，受环境条件的限制，需要在现场绘制徒手图。

（3）在参观访问或技术交流时，徒手图是一个很好的表达工具。

（二）绘制徒手图的工具及动作要领

绘制徒手图时，需要用到铅笔、方格纸或空白纸及橡皮等工具。初学时，最好在方格纸上利用格线来控制图线的平直和图形的大小，具有一定的基础之后，再在空白纸上绘图。绘制徒手图一般用较软的 HB 或 2B 铅笔，铅芯磨成圆锥形。画中心线、剖面线和尺寸线等细线时，圆锥形铅芯应磨得较尖；画可见轮廓线等粗实线时，圆锥形铅芯应磨得较钝。在车间现场绘徒手图时，选择 0. 5mm 和 0. 9mm 的自动铅笔是比较实用的。

为了便于运笔和观察目标，绘徒手图时手握笔的位置要比用仪器绘图时略高一些，笔杆与纸面成 45°～60°角，下笔要稳。绘制徒手图的动作要领是：手执稳铅笔，离笔端距离适中，小手指及手腕微贴纸面，运笔自然；手腕动作画短线，前臂动作画长线；在两点之间画长线时，目光要瞄住线段的端点，轻移手臂沿要画的线段方向画至终点。

（三）徒手画线的方法

1. 直线的画法　画直线时，手指和手腕稍用力，执笔沉稳，小手指紧靠纸面作为依托。为了顺手，画水平线时图纸可斜放。用一条直线连接已知两点，眼睛应注视终点，以保持运笔方向不变。直线的画法如图 1-39 所示。

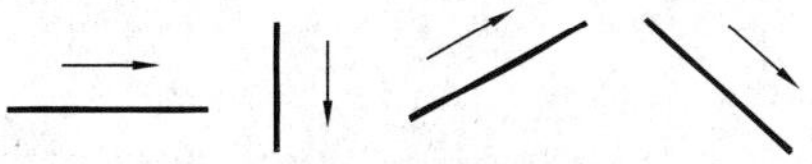

图 1－39　直线的徒手画法

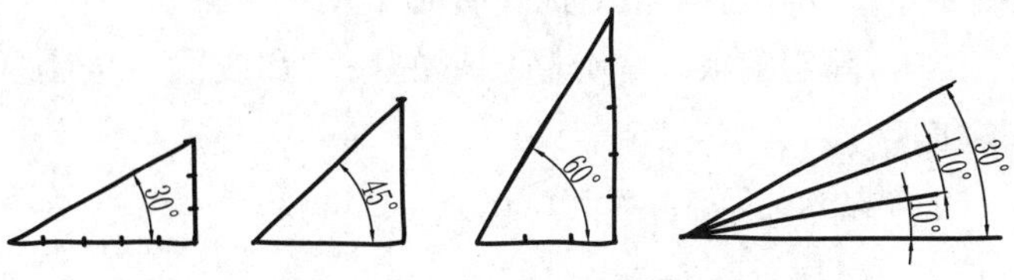

（a）　（b）　（c）　（d）

图 1－40　角度线的画法

2. 常用角度的画法　画 45°、30°、60°等常用角度时，可根据角度与两直角边的比例关系，先在两直角边上用预定单位长度，定出符合所需比例关系的横竖边的端点，然后再连接而成角度。角度线的画法如图 1－40 所示。

3. 圆的画法　画直径较小的圆时，可先在中心线上按半径目测定出 4 点，然后徒手将各点连接成圆，如图 1－41（a）所示。当所画的圆直径较大时，可过圆心加画一对十字线，按半径目测定出 8 点，并连接成圆，如图 1－41（b）所示。

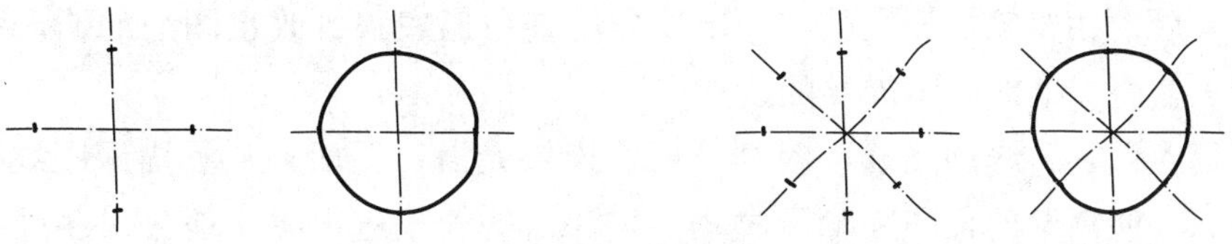

（a）　（b）

图 1－41　圆的画法

4. 圆角、曲线连接及椭圆的画法　对于圆角、曲线连接的画法，可以尽量利用圆弧与正方形、菱形相切的特点进行画图，如图 1－42 所示。

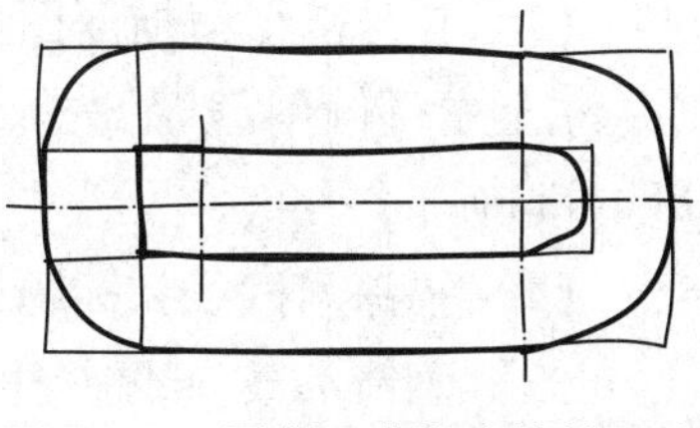

图 1－42　圆角、曲线连接的画法

椭圆的画法见图 1－43。其画法步骤是：先画椭圆长、短轴，定出长、短轴顶点；然后过四个顶点画出矩形；最后徒手作椭圆与此矩形相切。图 1－43 分别利用外接矩形和平行四边形画出了椭圆。

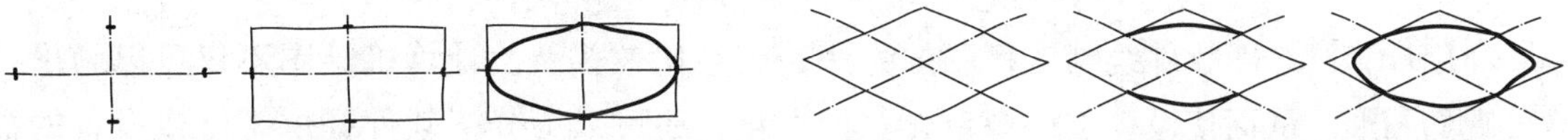

（a）利用矩形画椭圆　（b）利用平行四边形画椭圆

图 1－43　椭圆的画法

二、尺规绘图

尺规绘图是比较常用的一种绘图方法，也是初学者必须掌握的一种技能。

（一）绘图前的准备工作

1. 准备工具　准备好画图用的仪器和工具。图板、丁字尺、三角板等要用软布擦拭干净，以保持图纸纸面整洁。按线型要求削好铅笔：粗实线用 HB 或 B 的铅笔，按宽度 d 削成扁平状或圆锥状；虚线、细实线和点划线用 HB 或 H 的铅笔，按 $d/2$ 的宽度削成扁平状或圆锥状；写字、画箭头用 HB 的铅笔削成圆锥状（表 1－9）。

2. 整理工作地点　将绘图过程中要用到的仪器、书本等放在随手可及的适当位置，既便于拿放又不会互相干扰。暂时不用的物品应拿离工作区。

3. 固定图纸 先分析图形的尺寸和线段，按图样的大小选择比例和图纸幅面，然后将图纸固定（图1－25）。

（二）绘制底稿

底稿中的线条不分线型，一律画成细实线。底稿线应细而轻淡，以便修改和擦净不需要的图线。底稿的画法和步骤如下。

（1）画出图框和标题栏（参见表1－1和图1－8）。

（2）画出主要基准线、轴线、中心线和主要轮廓线，按先画已知线段，再画中间线段和连接线段的顺序依次进行绘制，直至图形完成。

（3）仔细检查底稿，改正图上的错误，擦去多余的线条。

（4）画尺寸界线和尺寸线。

（三）描深底稿

画好底稿后，用铅笔描深之前，一定要先检查一遍底稿，改正图中的错误和补齐遗漏的线条，并擦去画错的线和不需要的线。

描深底稿应做到：线型正确、粗细分明、连接光滑、图面整洁。描深图线时，黑度应保持一致，以方便后续的描图和晒图过程。描深后的线条应很明显地分出各种线型（参见表1－4），可见轮廓线宽度 d 可选用0.7mm。

描深底稿的一般步骤如下。

（1）描深图形。描深图形应遵循：先曲后直、先粗后细、先水平（从上至下）后垂斜（从左至右画倾斜线）、先小后大（指圆弧半径）的顺序，以保证线条的圆滑、清洁、高效、准确。

（2）描深图框线和标题栏。

（3）画箭头或斜线（图1－19）、标注尺寸和填写标题栏。

（4）整理校对，完成全图。

三、计算机绘图

利用计算机绘图软件绘制工程图的方法，已经比较普及。计算机绘图不仅可以画出整洁美观的图形，从而使设计工作规范化、标准化，还可以为分析软件提供零件或设备的数字模型，以进行结构的力学分析和优化设计，以及为数控机床生产加工零件提供模型依据，以编制加工程序等。熟练地运用计算机绘图软件，已经成为工程技术人员所必须掌握的一种基本应用技能。

复习思考题

一、简答题

1. 以2∶1和1∶2的比例分别画同一个机件，画出的图样哪一个大？为什么？
2. 图线有哪几种？线的宽度各为多少？
3. 在画图线接头处的时候应该注意哪些问题？
4. 机件的真实大小与图形的大小及绘图的准确度是否有关？
5. 图样上的尺寸单位是什么？解释 $\phi15$、$R15$ 和 $SR15$ 的意义。

6. 绘图常用的工具有哪些？常用的绘图用品有哪些？

7. 几何作图时，如何用四心圆法画椭圆？

8. 绘图的方法有哪几种？在计算机非常发达的今天，为什么还要学习徒手绘图和尺规绘图？

9. 平面图形中的尺寸分哪几类？线段又分哪几类？

二、填空题

1. 图样中字体为长仿宋体，其号数表示________，其高度一般为字宽的________倍。

2. 长仿宋体的高度分别为20、14、________、________、________、________、________、2.5 等八种，其字宽为字高的________。

3. 在机械图纸上，数字和字母可写成________或________。后者字头向右倾斜，与水平基准线成________度角。

4. 图纸上注写汉字时，汉字的高度不应小于________毫米，其宽度一般为字高的________。

5. 在同一图样中，同类图线的宽度应基本________。

6. 在较小的图形上绘制点划线、双点划线有困难时，可用________代替，

7. 绘制圆的对称中心线时，圆心应为________的交点。

8. 机件的真实大小应以图样上的________为依据，与图形的比例及准确度________。

9. 一张图样的比例是1∶2，其中一个局部放大图的比例为5∶1，则该局部放大图比原视图的被放大局部放大了________倍。

10. 图形只能表达机件的________，而机件的大小则由标注的________确定。

11. 一个完整的尺寸一般包括________、________、________和表示尺寸线终端的________。

12. 在标注直径时，应在尺寸数字前加注符号“________”；标注半径时，应在尺寸数字前加注符号“________”。在标注球面的直径或半径时，应在表示直径或半径的符号前再加注“________”。

13. ________是指直线或平面相对另一直线或平面的倾斜程度，常用符号是________。

14. ________是指圆锥的底圆直径与高度之比，常用符号是________。

15. 与圆心为 O_1、半径为 R_1 的圆弧内切时，半径为 R 的连接圆弧的圆心轨迹，是以________为圆心、以________为半径的圆弧。

16. 与圆心为 O_2、半径为 R_2 的圆弧外切时，半径为 R 的连接圆弧的圆心轨迹，是以________为圆心、以________为半径的圆弧。

17. 在画圆弧连接部分的线段时，如包含有三类线段，必须先画________，然后画________，最后画________。

18. 用丁字尺画图时，应使尺头始终紧靠图板________侧的导边。

19. 绘图的基本方法有________、________、________。

扫码“学一学”

扫码“看一看”

第二章　点、线、面的投影

第一节　投影法

一、投影法的分类

当日光或灯光照射物体时，在地面或墙上会出现物体的影子，这就是在日常生活中经常见到的投影现象，将这种现象进行科学的总结和抽象，**人们归纳出了投影的方法**。

如图 2－1 所示，投射线通过物体，向选定的平面进行投射，并在该面上得到图形的方法叫作**投影法**，所得到的图形叫作**投影**，选定的平面叫作**投影面**。

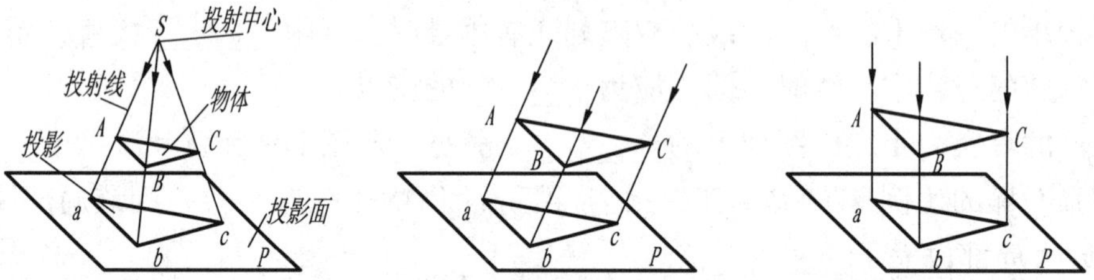

（a）　　（b）　　（c）

图 2－1　投影法及其分类

在 GB/T 14692—2008《技术制图 投影法》中，根据投射线平行或交汇的不同类型，将投影法分为中心投影法和平行投影法两类。投影法的详细分类如图 2－2 所示。

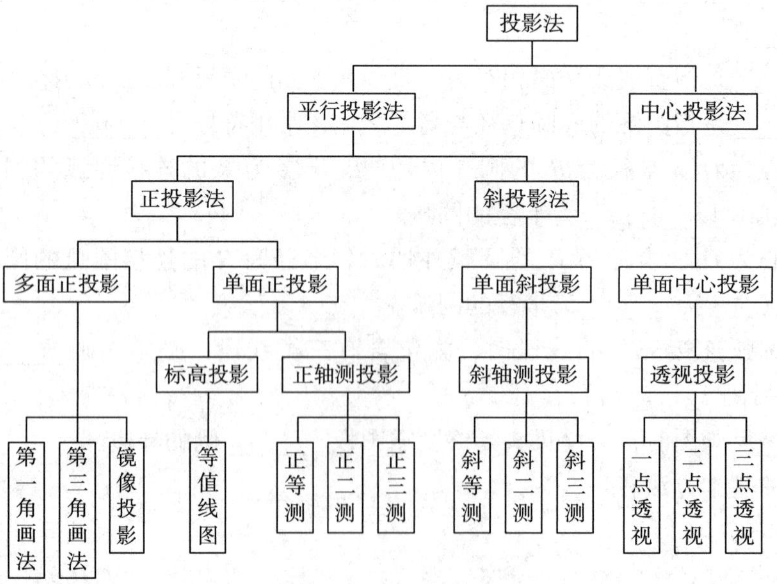

图 2－2　投影法分类表

（一）中心投影法

投射线汇交于一点的投影法叫作**中心投影法**，如图 2－1（a）所示。其中，投射线的

交点 S 称为**投射中心**，用中心投影法得到的图形叫作**中心投影图**。

由于中心投影图一般不反映物体各部分的真实形状和大小，且投影的大小随投射中心、物体和投影面之间相对位置的改变而改变，所以度量性较差。但中心投影图符合近大远小的直观视觉感受，立体感较好，多用于绘制建筑物的直观图（透视图）。

（二）平行投影法

投射线互相平行的投影法叫作**平行投影法**，如图 2－1（b）、（c）所示。其中，投射线与投影面倾斜的叫作**斜投影法**，如图 2－1（b）所示；投射线与投影面垂直的叫作**正投影法**，如图 2－1（c）所示。用正投影法得到的图形称为**正投影图**。

正投影图的直观性不如中心投影图好，但一般情况下，正投影图能够真实地表达空间物体的形状和大小，作图也比较简便，因此，国家标准 GB/T 14692—2008《技术制图 投影法》中明确规定，机件的图样采用正投影法绘制。在本书的后续章节中，如无特别说明，所谈到的投影都是指正投影。

二、第三角画法

三个互相垂直的投影面将空间整体分为八个部分，即八个分角，如图 2－3 所示。我国和德国、法国、俄罗斯、乌克兰、罗马尼亚、捷克、斯洛伐克以及东欧等国均主要采用第一角画法，即将机件放在第一分角内，将机件置于观察者和投影面之间，保持“人－件－面”的相对位置关系，用正投影法获得投影后，再正常展开投影面得到三视图，就是采用了第一角画法。而美国、日本、英国、加拿大、瑞士、澳大利亚、荷兰和墨西哥等国则采用第三角画法，即将机件放在第三分角内获得投影。ISO 国际标准中规定，第三角画法与第一角画法等效。1949 年以前我国也采用第三角投影，而中华人民共和国成立后，我国国家标准 GB/T 17451—1998《技术制图 图样画法 视图》中规定，技术图样采用正投影法绘制，并优先采用第一角画法。

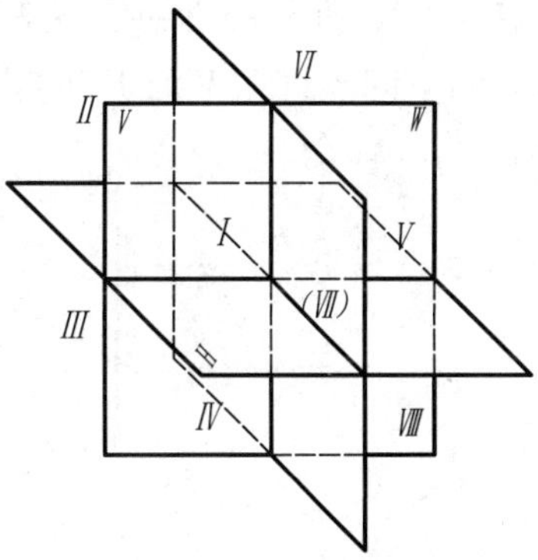

图 2－3　八个分角

为适应国际技术交流的需要，现将第三角画法简介如下。

第三角画法如图 2－4（a）所示，把物体放在第三分角内，假定投影面透明，投射时

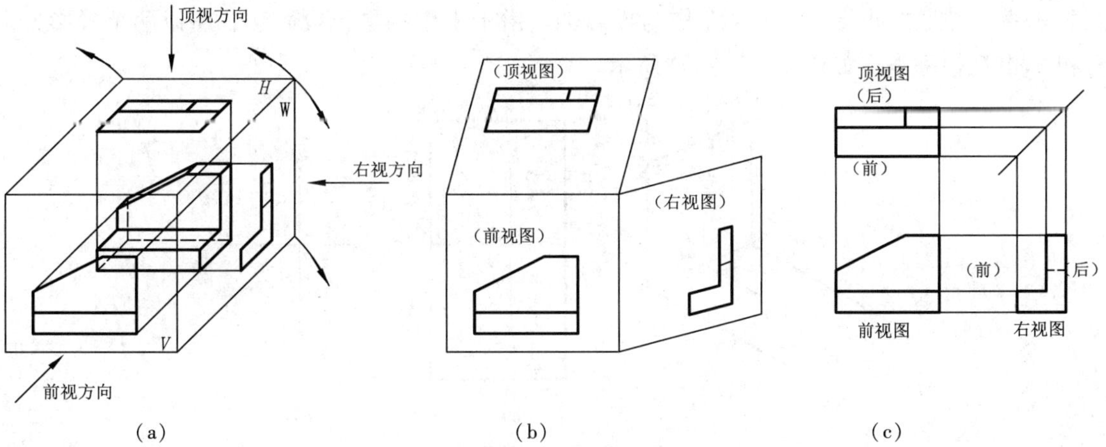

图 2－4　第三角画法

保持“人－面－件”的相互位置。然后按正投影法得到各个视图：由前方垂直向后观察，在 V 面上得到的视图，称为**前视图**；由上面垂直向下观察，在 H 面上得到的视图，称为**顶视图**；从右面垂直向左观察，在 W 面上得到的视图，称为**右视图**。各投影面按图 2－4（b）所示的方法展开，三个视图的配置如图 2－4（c）所示。从图中可以看出，右视图和顶视图靠近前视图的一侧表示物体的前方，远离前视图的一侧表示物体的后方。

第二节　点的投影

点是构成立体表面的最基本几何元素。点的投影仍然是点，根据点的一个投影还不能确定点的确切空间位置，需要多个方向的投影，才能确定点的准确空间位置。

一、点的投影

扫码“看一看”

（一）点在两投影面体系中的投影

用正投影法将空间点 A 投射到铅垂的投影面 V 上，在 V 面上将有空间点 A 的唯一投影点 a'，如图 2－5 所示。S 表示投影方向，垂直于 V 面。同样，每一个不在直线 Aa' 上的不同的空间点，在 V 面上都会有一个对应的投影点。

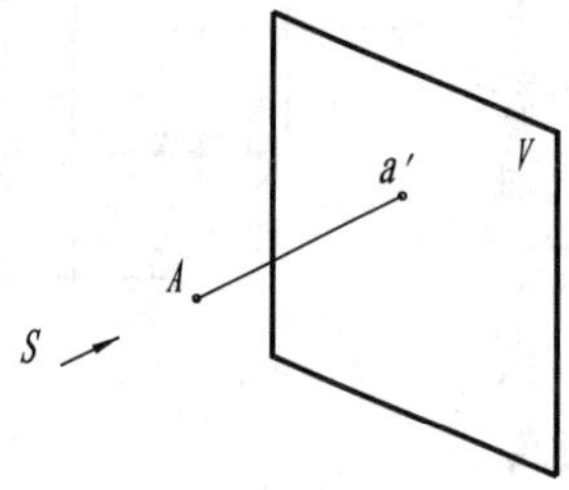

图 2－5　空间点的投影

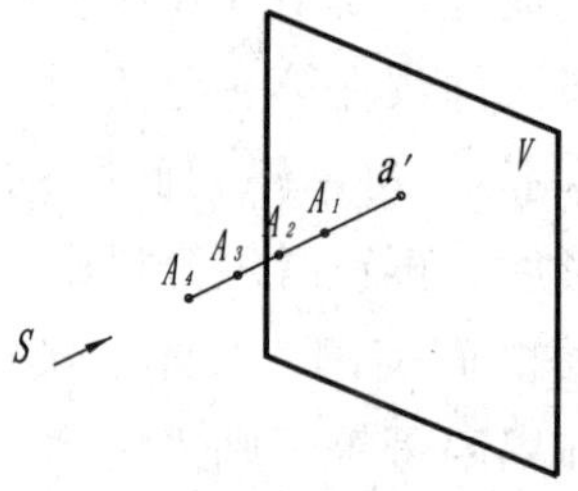

图 2－6　一个投影不能确定空间点的位置

反之，如果已知一点在 V 面上的投影为 a'，能否确定空间点的位置呢？由图 2－6 可见，A_1、A_2、A_3、…、A_i，各点都可能是对应的空间点。所以，一个投影点不能唯一确定空间点的位置。

为此，需要从另外的投影方向再增加一个投影面，再得到同一空间点的另一个投影，用这两个投影，才有可能能确定空间点的确切位置。因此，使新增加的投影面与原投影面互相垂直，并把两投影面交线 OX 作为投影轴。由于采用的是正投影法，所以两个投影方向 S_1 和 S_2 也互相垂直，如图 2－7（a）所示。

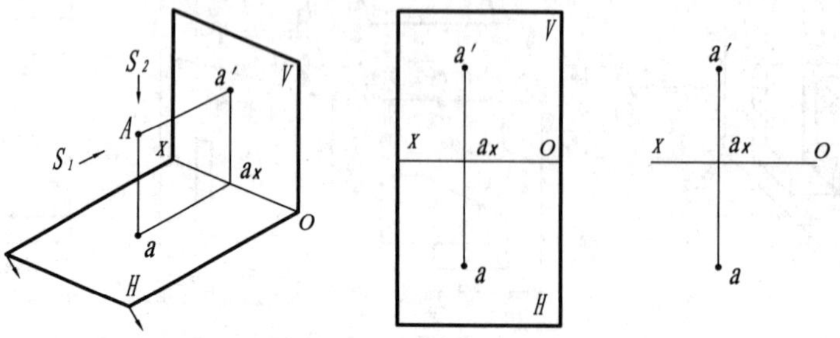

（a）　（b）　（c）

图 2－7　点的两面投影

我们把铅垂位置的投影面称为正面投影面或 V 面，水平位置的投影面称为水平投影面或 H 面。空间点 A 在 V 面的投影叫作点 A 的正面投影 a'；在 H 面的投影叫作点 A 的水平投影 a。按照制图规则的规定，空间实际点用大写字母表示，该点的对应投影用相应的小写字母表示。

为了把 V 面和 H 面及其投影同时绘制在一个平面上，规定画图时 V 面保持不动，将 H 面以 OX 为轴向下转 90°，使其与 V 面重合。展开后的点的两面投影如图 2－7（b）所示。由于投影面的边界大小与投影无关，所以投影面的边框和字母 H、V 均可省去，而形成图 2－7（c）所示的点的两面投影图。

（二）点在三投影面体系中的投影

在图 2－8 中，由空间点 A 分别作垂直于 V、H、W 面的投射线，交点 a、a'、a''即为 A 点的三面投影。按照制图的统一规定，空间点用大写字母表示（如 A、B、C、…），其正面投影用相应的小写字母加一撇表示（a'、b'、c'、…），水平投影用相应的小写字母表示（a、b、c、…），侧面投影用相应的小写字母加两撇表示（a''、b''、c''、…）。

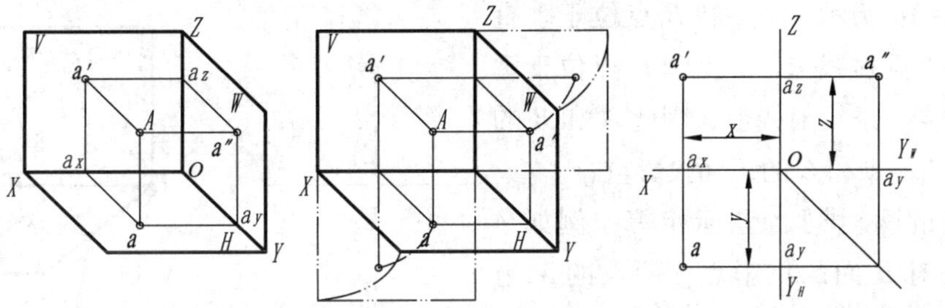

（a）　　　　（b）　　　　（c）

图 2－8　点的三面投影

过 A 点的三条投射线 Aa、Aa'、Aa''构成两个相互垂直的平面，它们与三个投影面相交的交线组成一个六面体，各面均为矩形。由图 2－8 可以得到点的投影与坐标的关系为：

（1）x 坐标 x_A（Oa_x）$=a_za'=a_{yH}a=$点 A 与 W 面的距离 $a''A$；

（2）y 坐标 y_A（$Oa_{YH}=Oa_{YW}$）$=a_xa=a_Za''=$点 A 与 V 面的距离 $a'A$；

（3）z 坐标 z_A（Oa_z）$=a_xa'=a_{yW}a'=$点 A 与 H 面的距离 aA。

由此也可以概括出点在三投影面体系中的投影规律。

（1）点的正面投影和水平投影的连线垂直于 OX 轴，即 $a'a\perp OX$。

（2）点的正面投影和侧面投影的连线垂直于 OZ 轴，即 $a'a''\perp OZ$。

（3）点的水平投影到 OX 抽的距离等于点的侧面投影到 OZ 轴的距离 $aa_X=a''a_Z$。

如果已知点的坐标或任意两个投影就能画出其投影图或第三面投影。

二、两点的相对位置

按照规定，以坐标轴正方向为上、左、前，负方向为下、右、后。两点的上下、左右、前后等位置关系，可用两点同面投影的相对位置和坐标的大小来判别。如图 2－9 所示，以 B 点为准，b'在 a'的右边，$x_A>x_B$，表示 A 点在 B 点的左边。b'在 a'的上方，$z_B>z_A$，表示点 A 在点 B 的下方。a 在 b 的前边，$y_A>y_B$，表示点 A 在点 B 的前边，即：A 点在 B 点的左、下、前方。

扫码“看一看”

扫码“看一看”

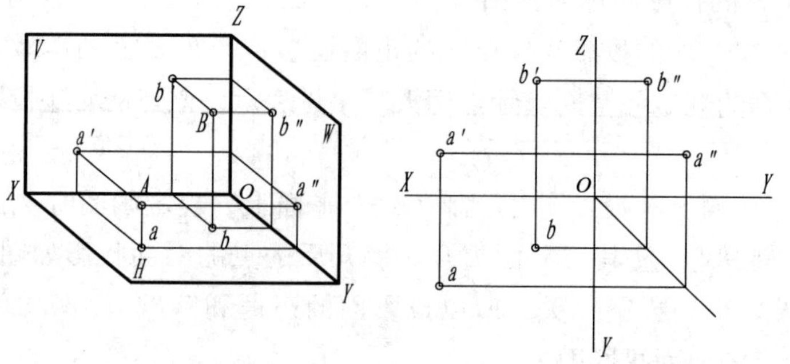

(a) 轴侧图　　(b) 投影图

图 2-9　点的投影与坐标的关系

三、重影点

若空间两点在某个投影面上的投影重合，称为对该投影面的重影点。

如图 2-10 所示，A 点和 B 点位于垂直 H 面的同一条投射线上，A 点和 C 点位于垂直于 V 面的同一条投射线上，因此 A 和 B 的水平投影重合，A 和 C 的正面投影重合。

重影点的两对同名坐标相等。例如 A 点和 B 点为对 H 面的重影点，两点的 X 坐标和 Y 坐标相同。$z_A > z_B$，故 A 在 B 之上，a 可见 b 不可见，B 点的水平投影加括号写成（b）以示被遮盖。A 点和 C 点为对 V 面的重影点，两点的 Z 坐标及 X 坐标相同，$y_A > y_C$，故 A 在 C 之前，a'可见 c'不可见，写成 a'（c'）。

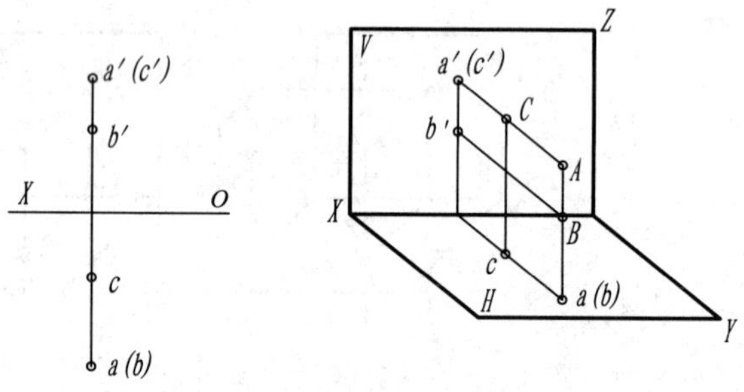

(a) 投影图　　(b) 轴侧图

图 2-10　重影点的投影

例 1　已知点 A 的坐标值为（15，10，12），求作它的三面投影。

分析：点 A 的坐标值给定，则其相距各投影面的距离为已知，可以此为依据直接得出点的投影位置。作图过程如图 2-11 所示。

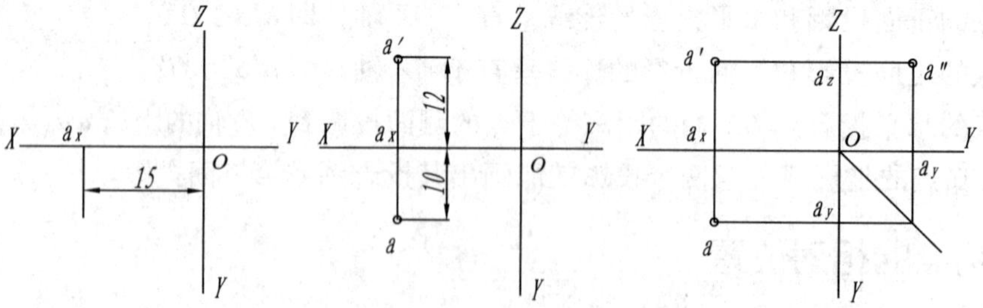

(a)　　(b)　　(c)

图 2-11　根据点的坐标作投影图

（1）作法　画出投影轴；在 OX 轴上由 O 点向左量取 15，得 a_x，如图 2-11（a）所示；

（2）过 a_x 作 OX 轴垂线，自 a_x 向下量 10 得 a 点，向上量 12 得 a'点，如图 2-11（b）所示；

（3）根据 a、a'求出 a''，如图 2-11（c）所示。

例 2　在点 A 的三面投影图中，如图 2－12（a）所示，做出点 B（24，10，0）的三面投影，并判断两点在空间的相对位置。

分析：点 B 的 Z 坐标等于 0，说明点 B 属于 H 面。点 B 的正面投影 b' 一定在 OX 轴上，侧面投影 b'' 一定在 OY 轴上。

作法：在 OX 轴上向左量取 30，得 b' 点；由 b' 向下作垂线并量取 10，得 b 点。根据 b、b'，求得 b''，如图 2－12（b）所示。应注意，b'' 一定在 OY_W 轴上，而不在 OY_H 轴上。

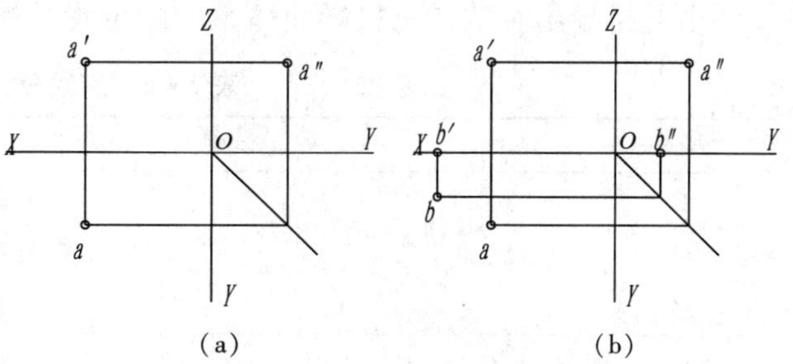

图 2－12　求点的三面投影并判别两点的相对位置

判别 A、B 两点在空间的相对位置。

上、下相对位置：$z_A - z_B = 20$，故点 A 在点 B 上方 20mm；

前、后相对位置：$y_A - y_B = 6$，故点 A 在点 B 前方 6mm；

左、右相对位置：$x_B - x_A = 10$，故点 A 在点 B 右方 10mm。

即点 A 在点 B 之右 10mm、之前 6mm、之上 20mm。

第三节　直线的投影

一、直线的分类

一根直线相对于一个投影面的位置关系有三种：垂直、平行、倾斜。以此为依据，可以推导出直线在三投影面体系中的分类，具体步骤如表 2－1 所示。

扫码“看一看”

表 2－1　直线相对于投影面的位置关系推导

	V	H		W	
直线	⊥	⊥	×		
		//	√	⊥	×
				//	√
				∠	×
		∠	×		
	//	⊥	√	⊥	×
				//	√
				∠	×
		//	√	⊥	√
				//	×
				∠	×
		∠	√	⊥	×
				//	×
				∠	√
	∠	⊥	×		
		//	√	⊥	×
				//	×
				∠	√
		∠	√	⊥	×
				//	√
				∠	√

注：符号⊥表示直线垂直于投影面，∠表示直线倾斜于投影面，//表示直线平行于投影面。√或者×在表明线面位置关系的符号后面，为对此位置关系是否存在的判断。

由此推导出直线在三投影面体系中的位置有如表 2－2 所示几种。

表 2－2　直线分类的命名

V	H	W	直线的位置名称	
⊥	//	//	正垂线	投影面的垂直线
//	⊥	//	铅垂线	
//	//	⊥	侧垂线	
//	∠	∠	正平线	投影面的平行线
∠	//	∠	水平线	
∠	∠	//	侧平线	
∠	∠	∠	一般位置直线	

由此可见，在三投影面体系中，根据直线相对于投影面的不同位置，将直线分为三类：投影面的垂直线、投影面的平行线、一般位置直线。

直线与它的水平面投影、正面投影、侧面投影的夹角称为该直线对投影面 H、V、W 的倾角，分别用字母 α、β、γ 表示。当直线平行于投影面时，倾角为 0°，反映实长；当直线垂直于投影面时，倾角为 90°，投影积聚为一点。

二、直线的投影特点

（一）投影面垂直线

投影面垂直线是指垂直于一个投影面，平行于其他两个投影面的直线。其中，与 H 面垂直的直线称为**铅垂线**；与 V 面垂直的直线称为**正垂线**，与 W 面垂直的直线称为**侧垂线**。它们的投影特性见表 2－3 所示。

表 2－3　投影面垂直线的投影特性

名称	正垂线	铅垂线	侧垂线
立体图	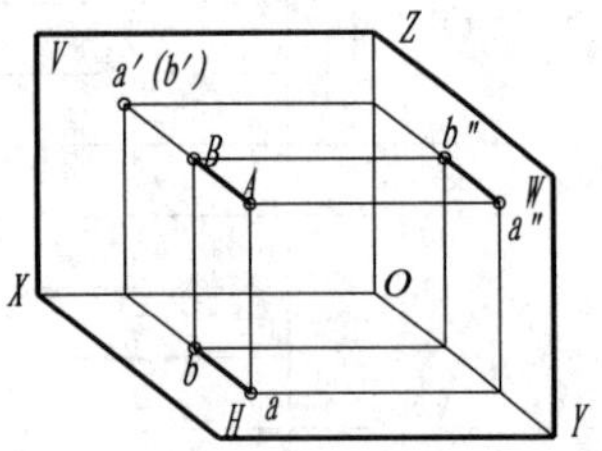	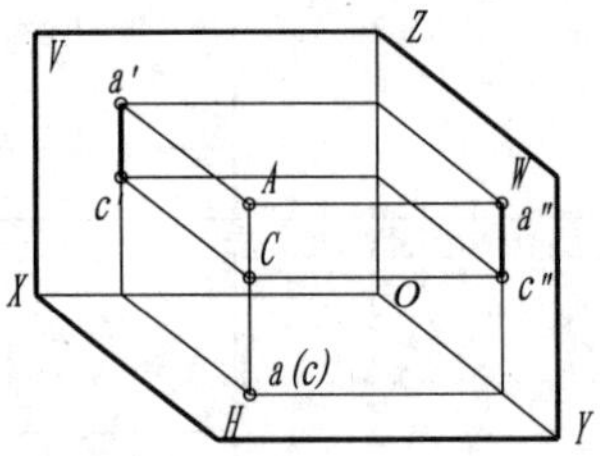	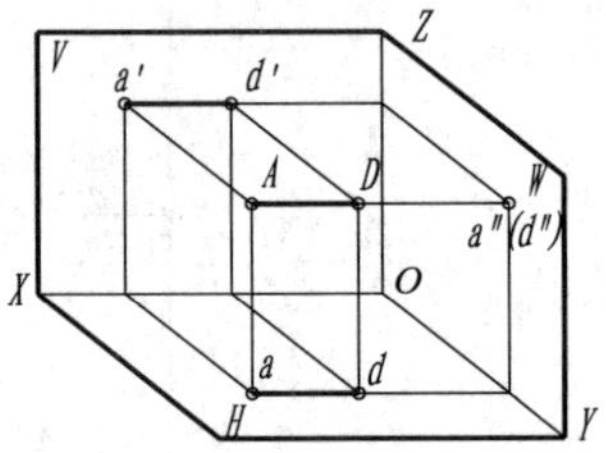
投影图	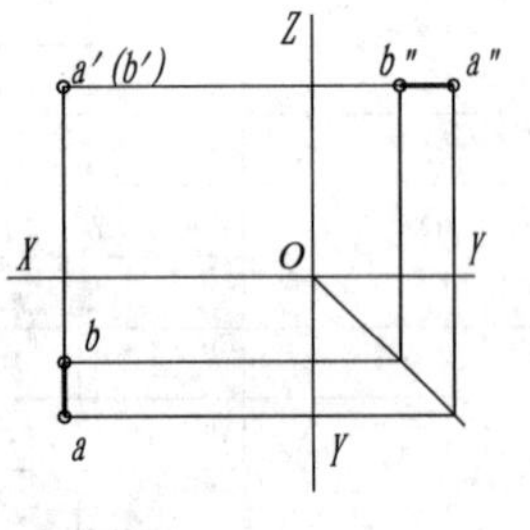	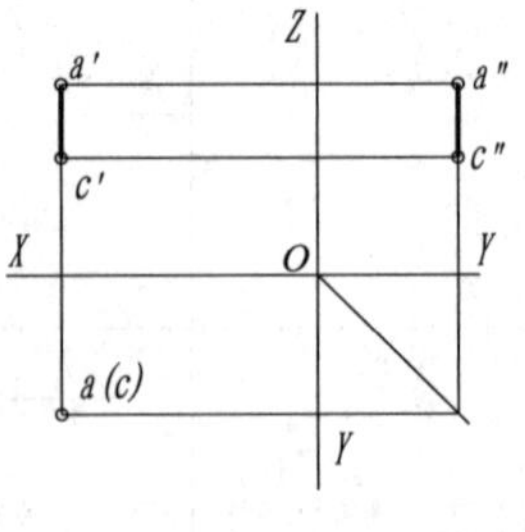	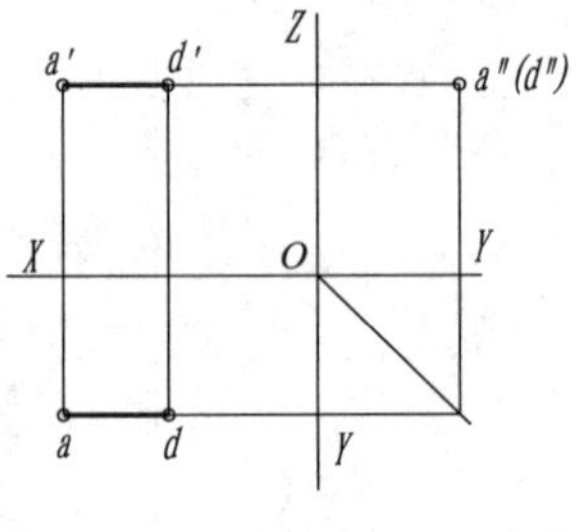
投影特性	1. 在与直线垂直的投影面上的投影，积聚成一点 2. 在另外两个投影面上的投影，平行于相应的投影轴，且反映实长		

（二）投影面平行线

平行于一个投影面，倾斜于其他两个投影面的直线称为**投影面平行线**。其中，与 H 面平行的直线称为**水平线**；与 V 面平行的直线称为**正平线**；与 W 面平行的直线称为**侧平线**。它们的投影特性见表 2－4 所示。

表 2－4　投影面平行线的投影特性

名称	正平线	水平线	侧平线
立体图	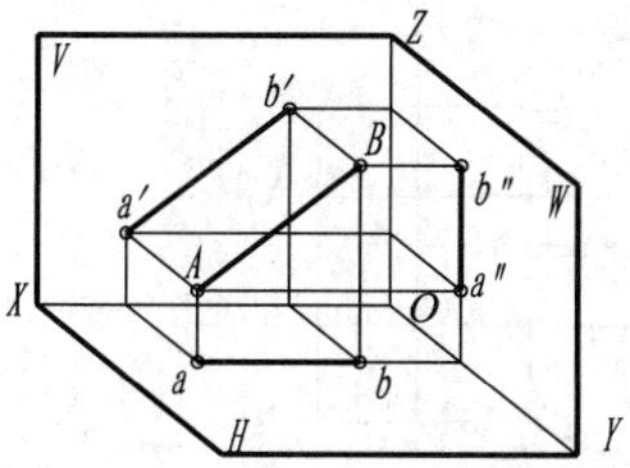	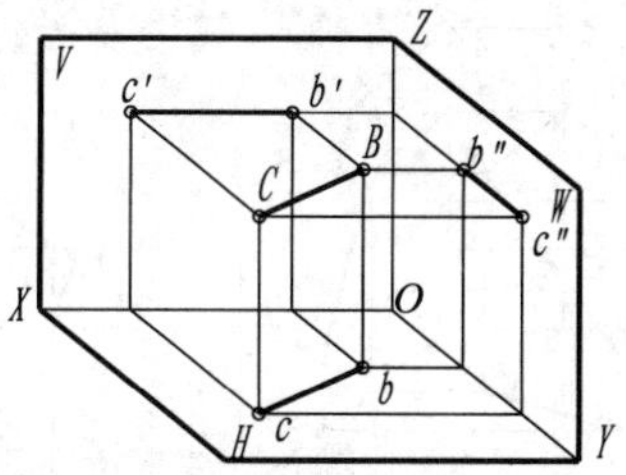	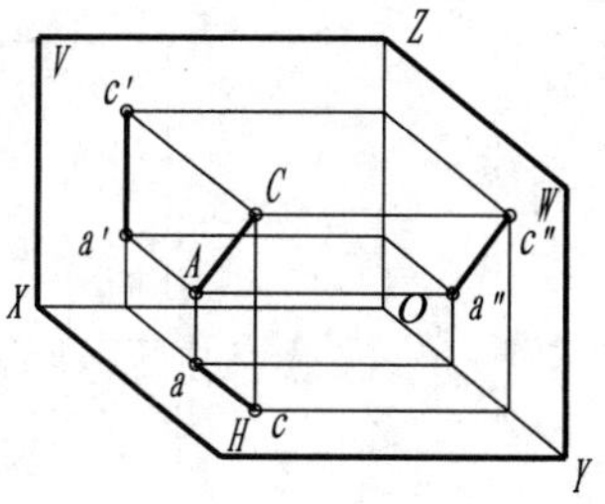
投影图	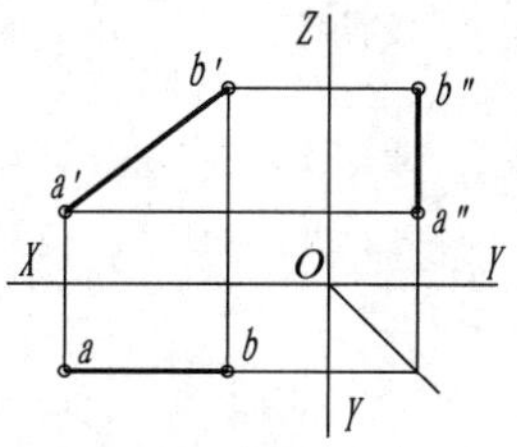	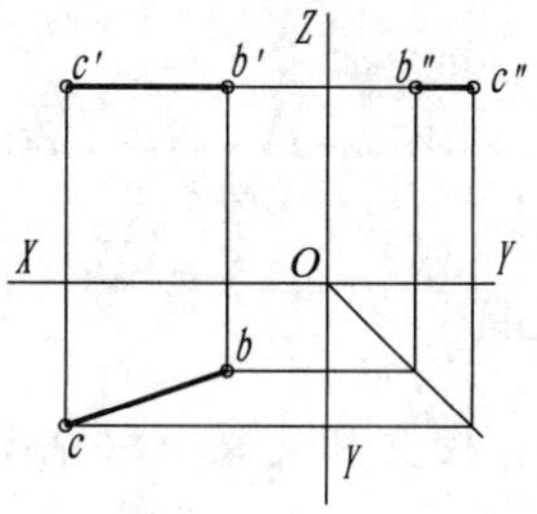	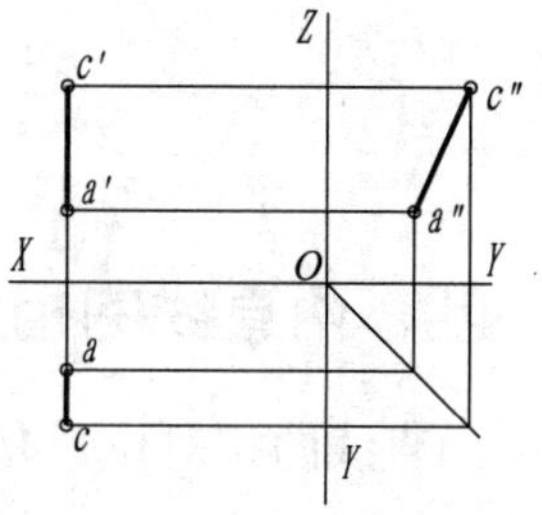
投影特性	1. 在与直线平行的投影面上的投影，反映直线实长 2. 在另外两个投影面上的投影，平行于相应的投影轴，且长度变短 3. 直线反映实长的投影与投影轴的夹角，分别反映直线对另外两个投影面的夹角		

（三）一般位置直线

对于三个投影面都倾斜的直线，称为一般位置直线，如图 2－13 中的直线 AB。

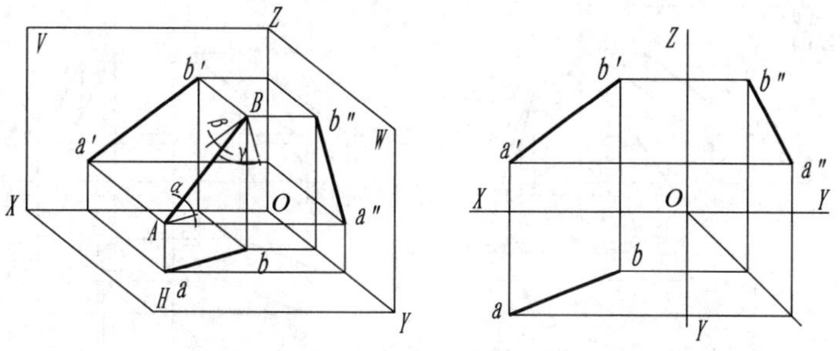

（a）轴侧图　　（b）投影图

图 2－13　一般位置直线的投影特性

直线 AB 与其水平投影 ab、正面投影 $a'b'$，侧面投影 $a''b''$间的夹角，称为直线 AB 对 H、V 和 W 三个投影面的倾角，分别用 α、β、γ 表示，于是有，$ab = AB\cos\alpha$，$a'b' = AB\cos\beta$，$a''b'' = AB\cos\gamma$。由此可见，直线段的三面投影都小于线段实长。

一般位置直线的投影特性如下。

（1）三个投影不反映实长，投影长度比直线段实长短。

（2）三个投影都倾斜于投影轴，它们与投影轴的夹角不反映直线对投影面的倾角。

三、直线上点的投影

点在直线上，则点的各个投影一定在直线的同面投影上；反之，点的各个投影在直线

扫码“看一看”

的同面投影上，则该点一定在直线上。

如图 2－14 所示，根据从属性，若 $C \in AB$，则 $c \in ab$，$c' \in a'b'$，$c'' \in a''b''$。

点分割线段成定比：点分割线段之比等于线段各个同面投影之比。在图 2－14 中，C 分割 AB 成 AC、CB 两段，根据定比性，$AC : CB = ac : cb = a'c' : c'b' = a''c'' : c''b''$。

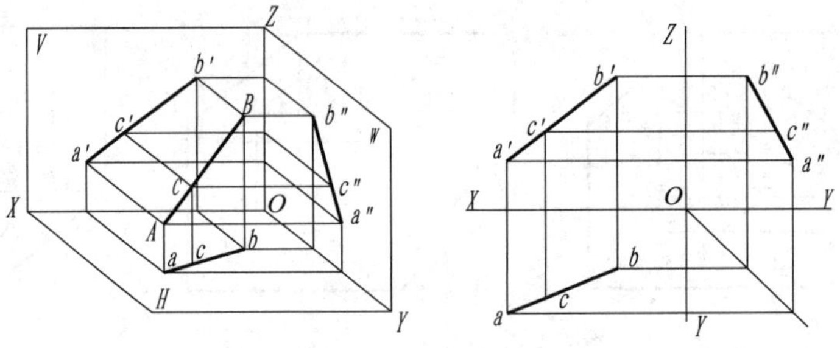

（a）轴侧图　　（b）投影图

图 2－14　直线上点的投影

四、两直线的相对位置

两直线的相对位置有平行、相交和交叉三种情况。

（一）两直线平行

两平行直线的同面投影必然相互平行或重合，反之若两直线各个同面投影互相平行，则此两直线必然相互平行。

在图 2－15 中，若 $AB /\!/ CD$，则 $ab /\!/ cd$，$a'b' /\!/ c'd'$，$a''b'' /\!/ c''d''$；若 $ab /\!/ cd$，$a'b' /\!/ c'd'$，$a''b'' /\!/ c''d''$，则 $AB /\!/ CD$。可利用此投影特性来判断两直线是否平行。

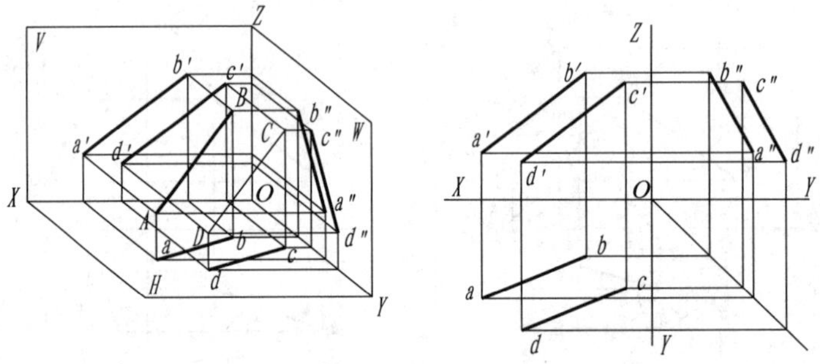

（a）轴侧图　　（b）投影图

图 2－15　两平行直线的投影

（二）两直线相交

两相交直线的各同面投影也必定相交，并且各同面投影的交点是两相交直线交点的各个面投影，符合直线上点的投影特性。

在图 2－16 中，若 $AB \cap CD = K$，则 $ab \cap cd = k$，$a'b' \cap c'd' = k'$，$a''b'' \cap c''d'' = k''$；若 $ab \cap cd = k$，$a'b' \cap c'd' = k'$，$a''b'' \cap c''d'' = k''$，且交点 K 符合直线上点的投影特性，则 $AB \cap CD = K$。

根据这个投影特性可判断两直线是否相交。对于两条一般位置的直线，只要判断其两组同面投影相交，且交点符合直线上点的投影特性，就可以确认两直线相交。如果两条相交直线中有一条为某一投影面的平行线时，则需判断三面投影相交，且交点符合直线上点的投影特性，才能确认两条直线相交。

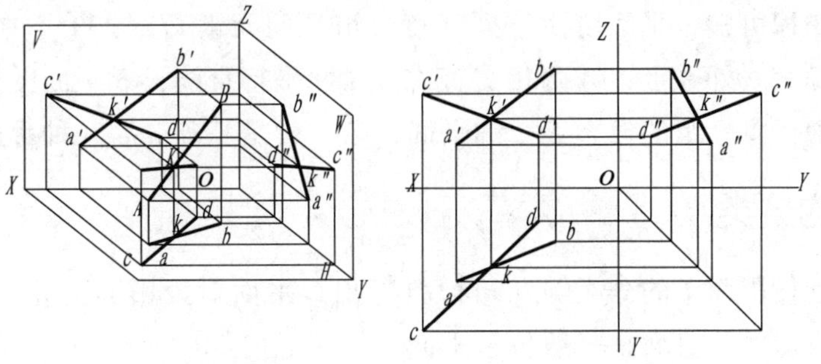

（a）轴侧图　　　　（b）投影图

图 2－16　两相交直线的投影

（三）两直线交叉

既不平行又不相交的两条直线称为两交叉直线，如图 2－17 所示。从投影图上可知，它们的同面投影虽然也相交了，但是投影的交点不符合直线上点的投影特性，因此为交叉直线。

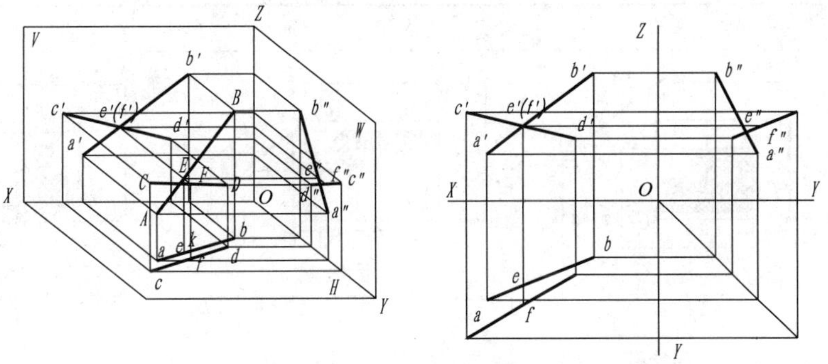

（a）轴侧图　　　　（b）投影图

图 2－17　两交叉直线的投影

直线两同面投影的交点，是直线上两重影点的投影。AB 和 CD 的正面投影的交点，是 AB 上的 E 点与 CD 上的 F 点对 V 面的重影点的投影，即为点 f'（e'）。其水平投影可由 f'（e'）引 OX 轴垂线交 ab 于 e，交 cd 于 f 求得。其侧面投影可由 f'（e'）引 OZ 轴垂线交 $a''b''$ 于 e''，交 $c''d''$ 于 f'' 求得。由于 $Y_{f''} > Y_{e''}$，所以 e' 画括号表示不可见。

AB 和 CD 的侧面投影的交点，是 AB 上的 G 点与 CD 上的 H 点对 W 面的重影点的侧面投影，即 g''（h''）。其正面投影可由 g''（h''）引 OZ 轴垂线，交 $a'b'$ 于 g'、交 $c'd'$ 于 h' 求得，由于 $X_{g'} > X_{h'}$，所以 h'' 画括号表示不可见。

第四节　平面的投影

在投影图上表示空间平面时，通常运用确定该平面的点、直线或平面图形等几何元素的投影表示，如图 2－18 所示。

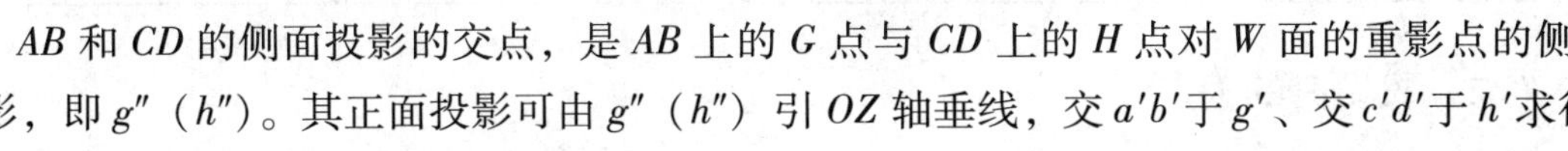

（a）不在同一直线上的三点（b）直线和直线外一点（c）相交两直线（d）平行两直线（e）任意平面图形

图 2－18　两交叉直线的投影

由初等几何知识可知，平面可由下列任意一组几何元素确定：①不在同一直线上的三个点；②一直线和直线外一点；③两相交直线；④两平行直线；⑤平面图形。

用上述五组中任意一组的投影表示的平面，第一种是基础，后几种都由它转化而来。

一、平面的分类

依照直线在三投影面中的分类方法可以推导出，平面对投影面的相对位置有三种：投影面的平行面、投影面垂直面、一般位置平面。

二、平面的投影特点

扫码“看一看”

（一）投影面的平行面

平行于一个投影面的平面，称为投影面的平行面。平行于 *H* 面的平面，称为**水平面**；平行 *V* 面的平面，称为**正平面**；平行于 *W* 面的平面，称为**侧平面**。其投影特性见表 2－5。

表 2－5　投影面的平行面的投影特性

名称	正平面（∥*V* 面）	水平面（∥*H* 面）	侧平面（∥*W* 面）
立体图	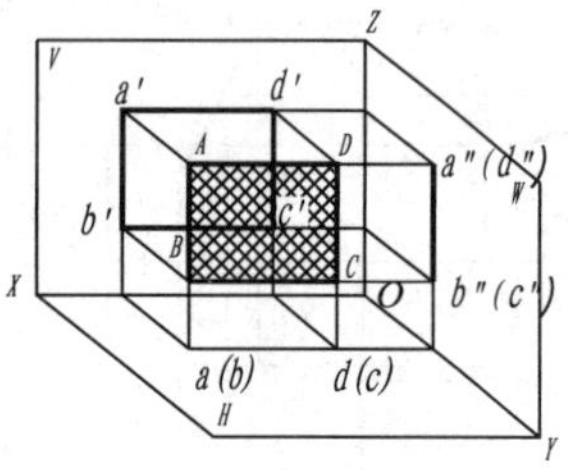	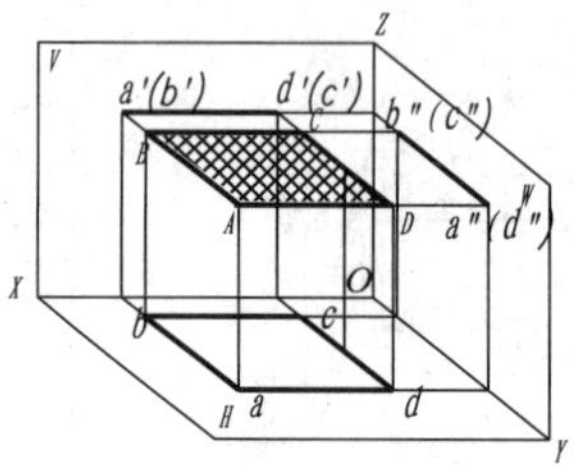	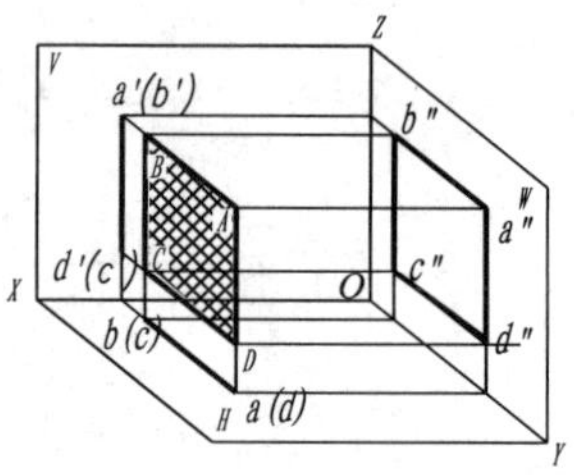
投影图	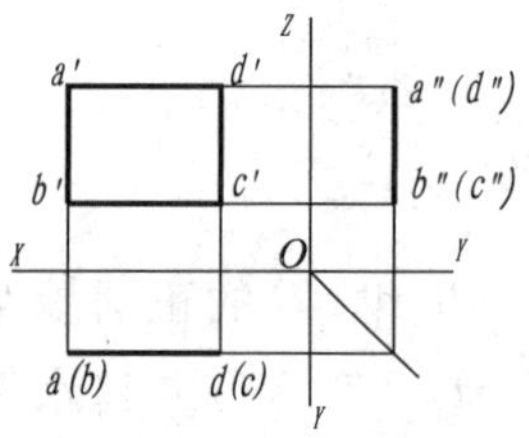	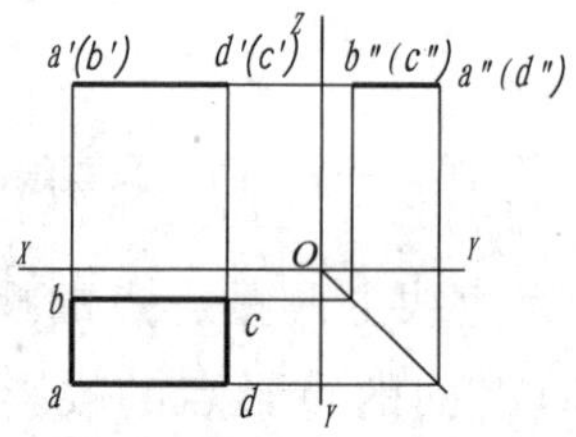	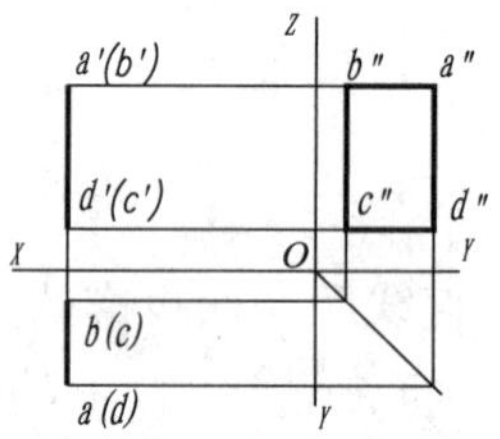
投影特性	1. 在与平面平行的投影面上的投影，反映平面实形 2. 在另外两个投影面上的投影，都积聚成直线，且平行于相应的投影轴		

（二）投影面的垂直面

只与一个投影面垂直的平面，称为投影面的垂直面。垂直于 *H* 面的平面，称为**铅垂面**；垂直于 *V* 面的平面，称为**正垂面**；垂直于 *W* 面的平面，称为**侧垂面**。其投影特性见表 2－6。

表 2－6　投影面的垂直面的投影特性

名称	正垂面 （⊥*V* 面，对 *H*、*W* 面倾斜）	铅垂面 （⊥*H* 面，对 *V*、*W* 面倾斜）	侧垂面 （⊥*W* 面，对 *V*、*H* 面倾斜）
立体图	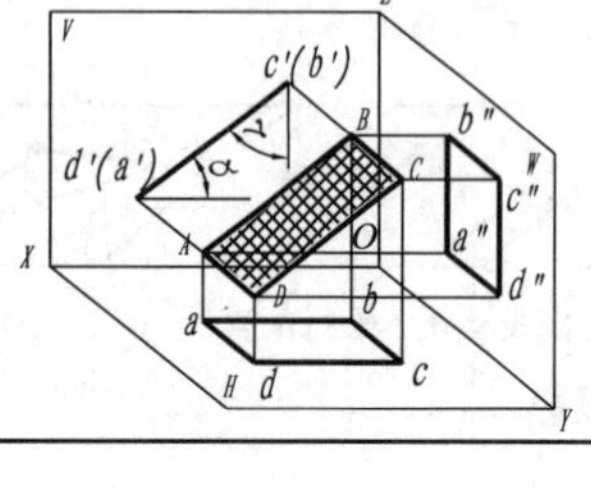	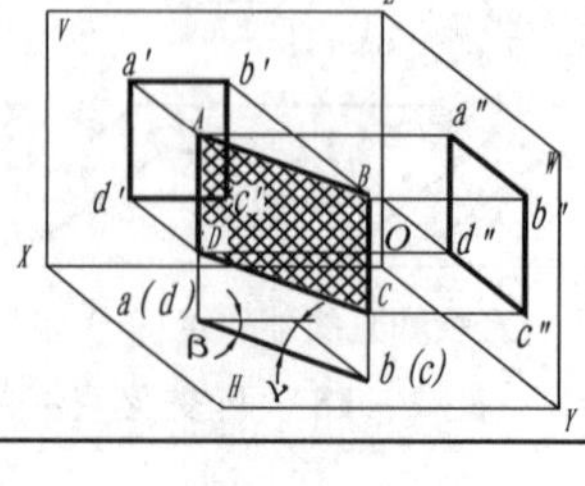	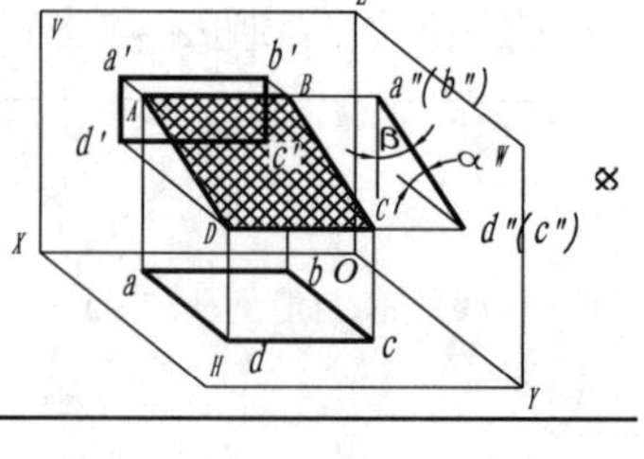

续表

名称	正垂面 （⊥V面，对H、W面倾斜）	铅垂面 （⊥H面，对V、W面倾斜）	侧垂面 （⊥W面，对V、H面倾斜）
投影图	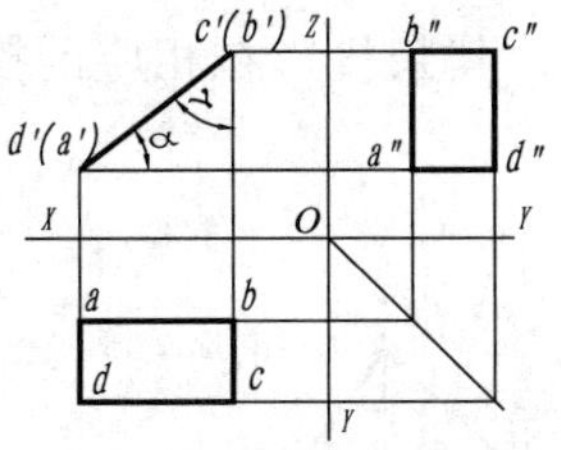	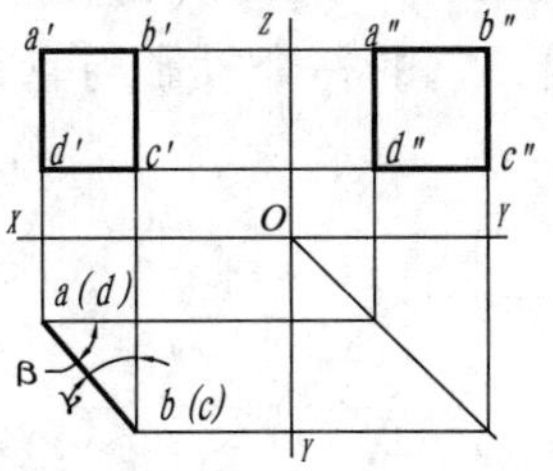	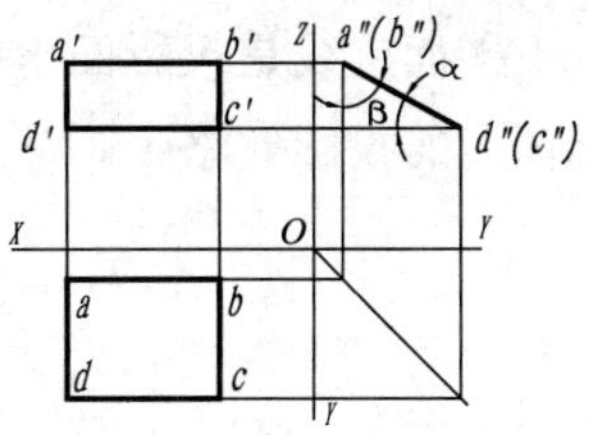
投影特性	1. 在与该平面相垂直的投影面上的投影，积聚成直线，反映该平面对另外两个投影面的倾角 2. 在另外两个投影面上的投影为类似形，但面积要小		

（三）一般位置平面

与三个投影面都倾斜的平面称为**一般位置平面**，即投影面的倾斜面。其投影特性如下。

（1）由于平面倾斜于投影面，所以各投影面积变小，为原图形的类似形。

（2）各投影不能反映平面对投影面的倾角，如图 2－19 所示。

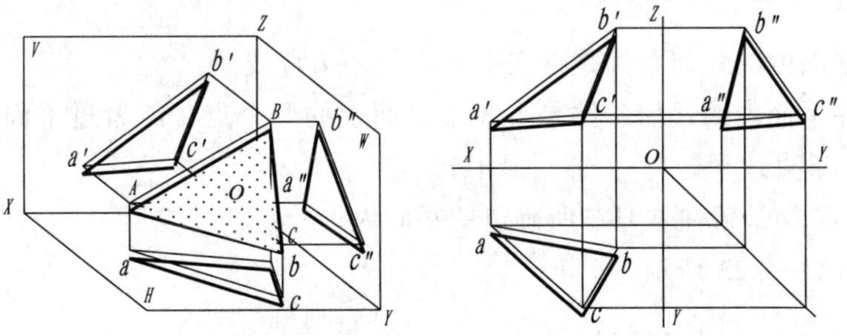

（a）轴侧图　　　　（b）投影图

图 2－19　一般位置平面

三、平面的表示方法

几何绘图中常用的表达平面的方法有多边形、圆、迹线三种。

1. 直边多边形　在前述的例子中，都是有此种方法表达的平面，在此不再举例。

2. 圆　当圆所在的平面平行于某投影面时，则圆在该投影面内的投影反映圆的实形，其余两个投影积聚成长度等于圆直径的直线段。

当圆所在的平面垂直于某投影而时，则圆在该投影面内的投影积聚为一直线段，线段长度等于圆的直径，其余投影为椭圆。

在图 2－20 中，圆所在的平面为正垂面，圆的正面投影重影为直线段，其长度等于圆的平行于正投影面的直径线长，即 $c'd'$ = 直径，cd 为正平线，其水平投影平行于 OX 轴，为椭圆短轴，由 $c'd'$求得。垂直于 cd 的另一直径为 ab，ab 为正垂线，其正面投影重影为一点，水平投影反映实长，为椭圆长轴。已知长短轴就可以作椭圆

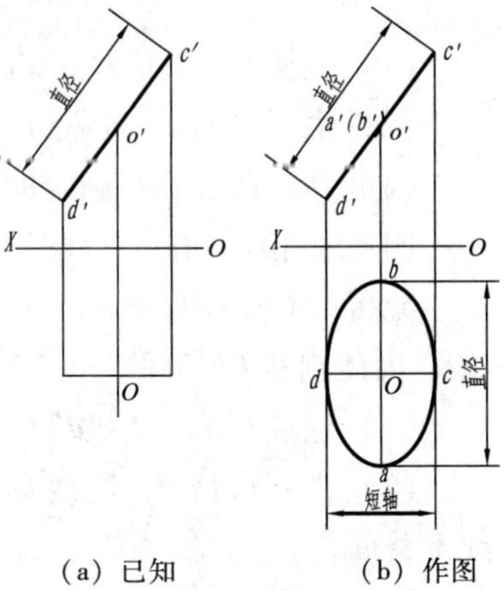

（a）已知　　　　（b）作图

图 2－20　正垂面上圆的投影

了（参见第一章第四节“四心圆法作椭圆”）。

3. 迹线 平面与投影面的交线称为平面的迹线。如图 2－21 所示，其中与 H 面的交线 P_H称为水平迹线；与 V 面的交线 P_V称为正面迹线；与 W 面的交线 P_W称为侧面迹线。

平面迹线是投影面上的线，它的一个投影与它重合，其余投影在相应的投影轴上，投影轴上的投影省略不画。

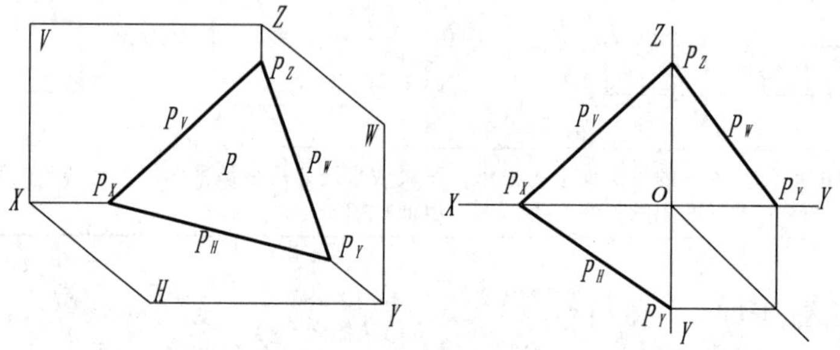

（a）轴侧图　　（b）投影图

图 2－21　用迹线表示平面

四、平面内的点和直线

（1）点在平面内的几何条件是点在平面内的一条直线上。

（2）直线在平面内的几何条件是直线过平面上的两个点，或者过平面上的一个点，并且与平面内的一条直线平行。

例 3　判断点 D 是否在△ABC 所确定的平面内。

作图方法如图 2－22 所示。

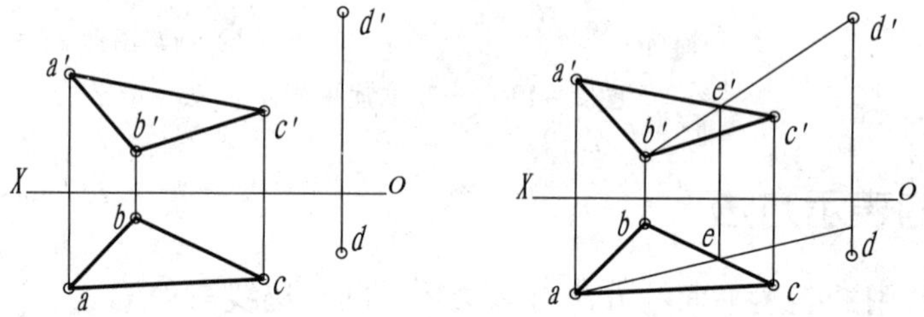

（a）已知　　（b）作图

图 2－22　判断 D 点是否在平面内

（1）连接 $b'd'$，b'd'交 a'c'于 e'。

（2）由 e'求出 e，连接 ae，因为 d 不在 ae 上，所以 D 不在平面内的一条直线 AE 上，可以判定 D 不在△ABC 确定的平面内。

例 4　判断三条平行线是否共面。

分析：$AB//CD$，则 AB 和 CD 确定一个平面，判断 EF 是否在面 $ABCD$ 内即可。$EF//CD$，因此判断 EF 上的一点在平面 $ABCD$ 内就可以了。作图方法如图 2－23 所示。

（1）连接 b'e'，交 $c'd'$于 g'。

（2）由 g'求得 g，连接 be。由图可知 g 不在 be 上，则 E 不在面 $ABCD$ 内。故三条平行线不共面。

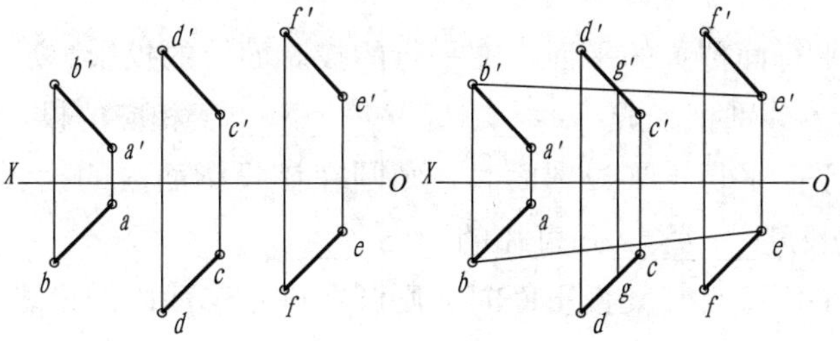

（a）已知　　（b）作图

图2－23　判断三条平行线是否共面

复习思考题

一、简答题

1. 投影法分哪两类？正投影是怎样形成的？
2. 点的三面投影特性有哪些？直线上的点有什么投影特性？
3. 一般位置直线、投影面的平行线、投影面的垂直线有哪些投影特性？
4. 两直线有哪三种相对位置？怎样由投影图判断它们的空间相对位置？
5. 怎样判断两条交叉直线在投影图中重影点的可见性？
6. 平面在三投影面体系中分哪几类？各有何投影特性？
7. 如何判定点和直线是否在某一平面内？
8. 平面内圆的投影是如何作出的？

二、填空题

1. 投射线通过物体，向选定的平面进行投射，并在该面上得到图形的方法叫作________，所得到的图形叫作________，选定的平面叫作________。

2. 投影法分为________和________两类。平行投影法又分________和________两类，机械图样所用的是________。

3. 正投影具有________、________、________、________、________、________等一些投影特性。

4. 在如何根据投影面获得投影图的方法选择上，美国、日本等国家采用________画法，我国和德国、法国等国家采用________画法。

5. 为了识别第三角画法与第一角画法，国家标准规定了相应的________。

6. 在三投影面体系中，正立投影面简称________面，水平投影面简称________面，侧立投影面简称________面。

7. 在作点的三面投影时，如果空间点的代号是A，则将A在三面的投影表示为________、________和________。

8. 平面与投影面的交线称为平面的________，可以用此法来表示平面。

9. 对于投影面的平行线，在平行的投影面上的投影，反映________，它与投影轴的夹角，分别反映直线对另两投影面的________。

10. 对于投影面的垂直线，与直线垂直的投影面上的投影，积聚成________。在另外两个投影面上的投影，________于相应的投影轴，反映________。

11. 处于投影面垂直面位置的平面，在垂直的投影面上的投影，积聚成________；它与投影轴的夹角，分别反映平面对另两投影面的________。

12. 处于投影面平行面位置的平面，在平行的投影面上的投影，反映________；在另外两个投影面上的投影，分别积聚成________，并________于相应的投影轴。

13. 当圆所在的平面平行于某投影面时，则圆在该投影面内的投影反映圆的________，其余两个投影积聚成长度________圆直径的________。

14. 当圆所在的平面垂直于某投影面时，则圆在该投影面内的投影积聚为________，线段长度________圆的直径，其余投影为________。

第三章　立体的投影

机件的形体，一般由柱、锥、台、球、环等最简单的封闭几何体，也称**基本体**，按一定方式组合而成，如图 3－1 所示。立体由面围成，根据表面的形状，可分为平面立体和曲面立体两类；表面均为平面的立体称为**平面立体**，常见的有：棱柱、棱锥等；表面为曲面或曲面与平面的立体称为**曲面立体**，常见的有：圆柱、圆锥、球和圆环等。

扫码"学一学"

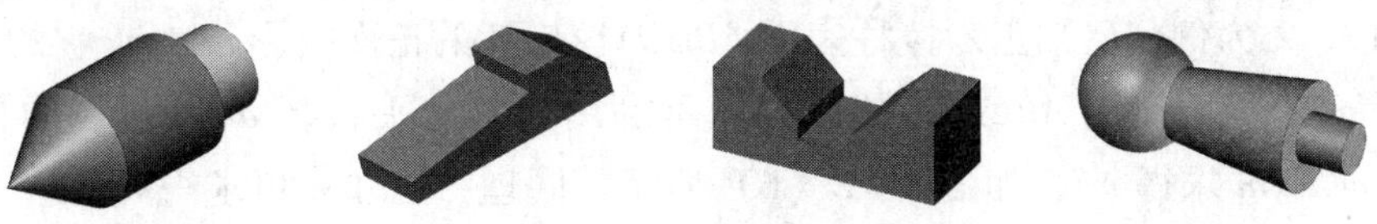

（a）顶针　（b）钩头键　（c）V 形铁　（d）手柄

图 3－1　立体

第一节　平面立体

围成平面立体的表面都是多边形，且多边形都是由直线段所围成，而直线段又都由其两个端点来确定，因此，画平面立体的投影图就是画平面立体表面上各个多边形的投影，也就是画多边形的边和各个顶点的投影。

一、平面立体的投影

画平面立体的投影图时，应先分析立体各表面、棱线、顶点对投影面的相对位置，然后运用有关点、线、面的投影特点进行作图。本节主要介绍平面立体的投影、表面取点及平面立体被空间平面截切等两部分内容。

扫码"看一看"

（一）棱柱体及表面上的点

扫码"看一看"

如图 3－2（a）所示，正六棱柱由上、下两个正六边形底面和六个长方形侧棱面组成，上、下两底面水平投影重合且反映实形，正面和侧面投影分别积聚为两条平行于相应投影轴的直线，两直线间的距离为棱柱的高。棱柱的六个侧棱面水平投影都积聚为直线，与上

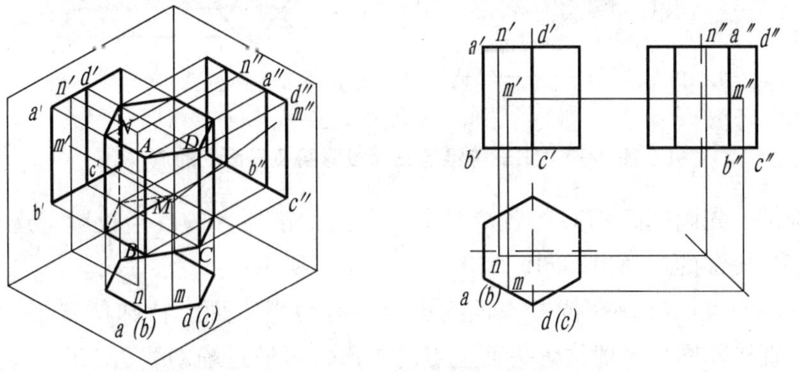

（a）　（b）

图 3－2　正六棱柱的三面投影图及表面上的点

下两底面的水平投影的六条边重合；左、右两侧棱面的侧面投影反映实形，正面投影积聚成直线。四个侧棱面的正面和侧面投影都是类似形；棱柱的六条铅垂棱线的水平投影积聚在六边形的角点上，其正面和侧面投影都反映实长。

画图过程是，先画反映正六棱柱上、下两个底面实形的正六边形水平投影，再画其他两个投影，如图3－2（b）所示。

立体表面上取点时，必须首先确定该点是属于平面立体的哪一个表面，然后再按照平面上取点、取线的方法进行作图。判定点在某个表面上，则该点的可见性与该平面相一致。如果该点所在表面为特殊位置平面，可利用平面的积聚性直接投影；如为一般位置平面，则应根据点在面内的特点，作辅助线求得该点的投影。

仍以图3－2为例，已知正六棱柱表面*ABCD*上点*M*的正面投影m'，求它的水平投影m和侧面投影m''。由于棱面*ABCD*为铅垂面，可利用它的水平投影*abcd*具有的积聚性求得m，再根据m'和m求得m''，如图3－2（b）所示。同理，已知n可求得n'和n''。作图步骤如下。

（1）由m'作铅垂的投影连线mm'，mm'与水平投影*abcd*相交的交点是m。

（2）由m'、m求得m''。

（3）判别可见性。因*M*点在左前棱面上，所以，其正面及侧面投影都可见。

（4）据n求n'和n''。先断定*N*在棱柱顶面上，而顶面的正面及侧面投影有积聚性，利用积聚性直接求出n'，然后再得到n''。

扫码“看一看”

（二）棱锥体及表面上的点

图3－3（a）为正三棱锥，它由底面*ABC*和三个棱面*SAB*、*SAC*和*SBC*所组成。其底面为水平面，水平投影反映实形，正面投影和侧面投影分别积聚成一直线。*SAC*为侧垂面，侧面投影积聚成一直线。*SAB*和*SBC*为一般位置平面，其三面投影均为原来的类似形。*SB*为侧平线，*SA*、*SC*为一般位置直线，*AC*为侧垂线，*AB*、*BC*为水平线。

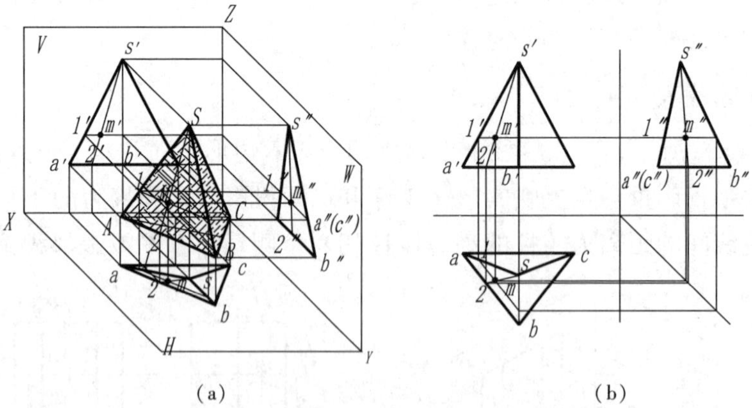

（a）　（b）

图3－3　正三棱锥的三面投影图及表面上的点

画图过程是，先画底面*ABC*的各个投影，再画出锥顶*S*的各个投影，连接各棱线的同面投影即为正三棱锥的三面投影图，如图3－3（b）所示。

组成棱锥体的表面有特殊位置平面、也有一般位置平面。特殊位置平面上点的投影，可利用积聚性直接作图。一般位置平面上点的投影，可通过辅助线法求得。

如图3－3（b）所示，已知棱面△*SAB*上点*M*的正面投影m'，试求点*M*的其他投影。△*SAB*是一般位置平面，过锥顶*S*及点*M*作一辅助线*SM*，即过m'作$s'2'$，其水平投影为

s2，然后根据直线上点的投影特性，求出点 M 的水平投影 m，再由 m′、m 求出侧面投影 m″。作图步骤如下。

（1）过 m′作辅助线 S2 的正面投影 s′2′，即连接 s′m′并延长交 a′b′于 2′。

（2）求 s2。即由 2′作铅垂的投影连线 2′2 交 ab 于 2。

（3）作铅垂的投影连线 m′m，与 s2 的交点就是 m。再由 m′、m 求侧面投影 m″。

（4）判别可见性。由于△SAB 的水平及侧面投影都可见，所以 m、m″可见。

若过点 M 作一水平辅助线 1M，同样可求得点 M 的其余两投影。

二、平面切平面立体

零件上常见开槽、穿孔等结构，可以看作是立体被一个或几个平面切割后形成的。

立体被截平面切割时，截平面与立体表面的交线称为截交线。截交线是截平面与立体表面的共有线。平面立体的截交线是多边形，其顶点多是立体的棱线与截平面的交点，立体被多个截平面切割时，两截平面交线的端点也是此多边形的顶点。因此，求平面立体的截交线就是求立体棱线与截平面的交点以及截平面与立体棱面、截平面之间的交线。

（一）平面切棱柱

如图 3－4（a）所示，已知正五棱柱的左上角被正垂面 P 切去一块（双点划线所示），由正面投影、水平投影画出其侧面投影并补全水平投影。

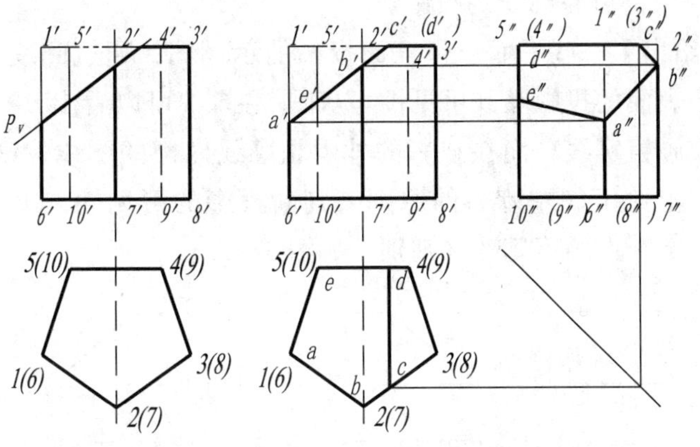

（a）已知条件　　　（b）作图过程

图 3－4　补画带截交线的五棱柱的侧面投影

分析：因为只有一个截平面，所以截交线就是截平面 P 与棱面的交线，截交线形成的多边形的顶点就是截平面与立体棱线的交点。由图 3－4（a）可知，P 面与左侧二条侧棱线、中间一条侧棱线、顶面两条棱线相交，有五个交点，围成一个五边形 ABCDE，其正面投影重影在 P 平面的正面投影上，需先找出交线的正面投影、水平投影，然后求出侧面投影，见图 3－4（b）。作图步骤如下。

（1）按一定顺序，确定截交线的各个顶点的正面投影 a′、b′、c′、d′、e′。

（2）按直线上取点的方法依次求出各顶点的水平投影和侧面投影，并判别可见性。

（3）按可见性连接截交线各顶点，即是所围成的五边形 ABCDE 的水平和侧面投影。

（4）按可见性补画棱柱体侧面投影的轮廓线。侧面投影的可见部分用粗实线画出，不可见部分用虚线画出。

（二）平面切棱锥

如图3－5（a）所示，三棱锥 *SABC* 被水平面 *Q* 和正垂面 *P* 截去一个缺口，求截交线的投影。

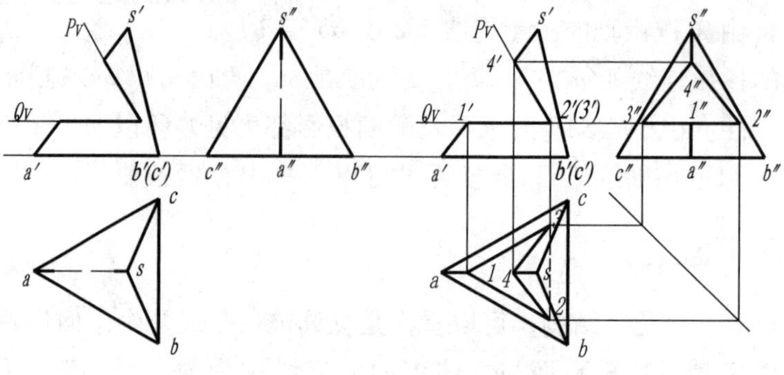

（a）　　　　（b）

图3－5　带缺口三棱锥的投影

分析：本题为两个截平面和一个平面立体截交。如图3－5，水平面 *Q*、正垂面 *P* 分别和棱线 *SA* 相交形成截交平面的顶点 *1* 和 *4*，两个截平面间的交线形成截交平面的另两个顶点 *2* 和 *3*，这四个顶点构成两个截平面，见图3－5（b）。作图步骤如下。

（1）定出水平面 *Q* 和正垂面 *P* 与棱线 *SA* 的交点为 *1*、*4*，两个截平面的交线的顶点为 *2* 和 *3*，并在正面投影上确定 *1* ′、*2* ′、*3* ′、*4* ′。

（2）由 *1* ′、*2* ′、*3* ′、*4* ′求得 *1* 、*2* 、*3* 、*4* 及 *1* ″、*2* ″、*3* ″、*4* ″。依可见性连接截交线投影。

（3）补画棱锥剩余部分轮廓线的投影。

在图3－6中，给出了一些平面立体三面投影的示例图，通过阅读并分析它们的形状，读懂这些立体上各个表面的投影及其可见性。从图3－6中可以看出：平面立体投影的外围轮廓总是可见的，应画粗实线；而在投影的外围轮廓线内部的图线，则应根据线、面的投影分析，按前遮后、上遮下、左遮右的原则来判断投影的可见性，决定画粗实线或虚线；还可利用交叉两直线重影点的可见性来判别，如图3－6（c）所示。

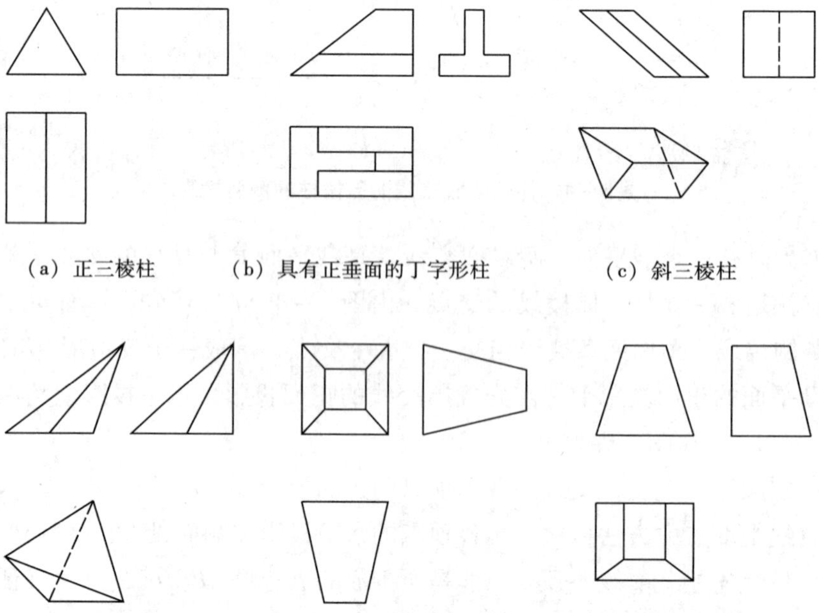

（a）正三棱柱　（b）具有正垂面的丁字形柱　（c）斜三棱柱

（d）斜三棱锥　（e）正四棱台　（f）楔形块

图3－6　平面立体的三面投影示例

第二节　曲面立体

表面有曲面的立体称**曲面立体**。切于曲面的所有投射线与投影面的交点的集合称为曲面立体投影的**转向轮廓线**，它有两个特点：①转向轮廓线是相对于某投射方向而言的。②它是曲面立体投影中可见表面与不可见表面的分界线。画曲面立体的投影图就是画曲面立体表面上的轮廓线、尖点和转向轮廓线的投影。本节主要介绍曲面立体的投影、表面取点及取线、曲面立体被空间平面截切等内容。

扫码"看一看"

在零件上，经常见到平面与曲面立体的交线，即平面与曲面体立体的截交线，一般为封闭的平面曲线，特殊情况下是直线段或圆。截交线是截平面与曲面立体表面的共有线，截交线上的点是它们的共有点，截交线的形状取决于被截曲面立体的形体特征，以及立体和截平面的相对位置。当截平面为特殊位置平面时，截交线的投影重合在截平面有积聚性的同面投影上，此时可用在曲面立体表面上取点的方法，求截交线的其他投影。

一般来说，求曲面立体的截交线，首先应确定其范围内的特殊点，如最高、最低、最左、最右、最前、最后及特殊素线上的点等，然后再求一般点、判别截交线的可见性，最后用曲线光滑连接各点即得截交线。

一、回转体的投影

一条直线或者曲线绕一条回转轴线旋转一周而得到的立体成为**回转体**。回转体是曲面立体中比较简单的一种立体，直线平行于回转轴线则形成圆柱，直线倾斜于回转轴线则形成圆锥。曲线的种类很多也很复杂，我们只研究曲线是圆线的情况。圆线绕自己的一条直径旋转形成的回转体是圆球，圆线绕圆线外的一条直线旋转形成的回转体是圆环。

（一）圆柱及表面上的点

一条直线段绕着与它平行的轴线旋转一周形成**圆柱面**。圆柱面与垂直于轴线的上下底面围成**圆柱体**，简称**圆柱**。这条直线称为圆柱面的母线，圆柱面上任意位置的一条母线称为**素线**，转向轮廓线是两条处于特殊位置的素线。

扫码"看一看"

如图3－7（a）所示，以轴线为铅垂线的圆柱为例，圆柱面垂直于水平面，圆柱的每条素线都是铅垂线，上、下底面为水平面，作图结果见图3－7（b）。作图步骤如下。

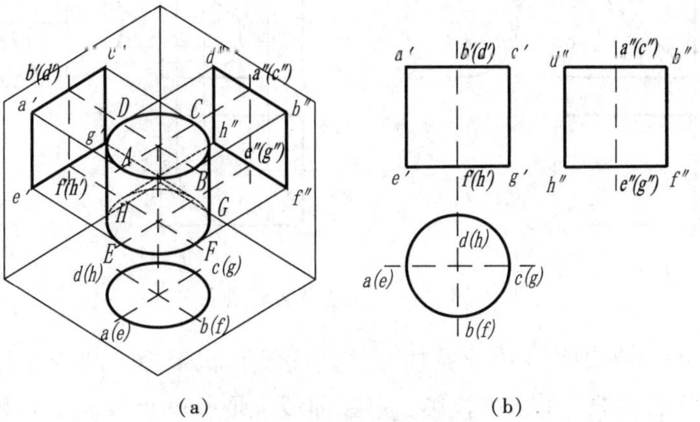

（a）　　　　（b）

图3－7　圆柱的三面投影图

（1）用细点划线画出轴线的投影，画出水平投影的中心线。

（2）先画上、下底圆面反映实形的水平投影，后画有积聚性的正面投影及侧面投影。

（3）在正面投影上画出转向轮廓线 AE、CG 的投影 $a'e'$、$c'g'$，侧面投影上画出转向轮廓线 DH、BF 的投影 $d''h''$、$b''f''$。

在正面投影上，以 AE、CG 为界，前半圆柱面可见，后半圆柱面不可见。因此，$a'e'$、$c'g'$ 可看作是可见与不可见圆柱面分界线的正面投影。AE、CG 的侧面投影不处于轮廓位置，而在轴线位置处，所以不画。在侧面投影上，以 DH、BF 为界，左半圆柱面可见，右半圆柱面不可见。因此，$d''h''$、$b''f''$ 可看作是可见与不可见圆柱面分界线的侧面投影。DH、BF 的正面投影不处于轮廓位置，而在轴线位置处，所以不画。

例1 已知圆柱表面上 M 点的正面投影 m' 及 N 点的侧面投影（n''），求 M、N 两点的其余两投影，如图3－8（a）所示。

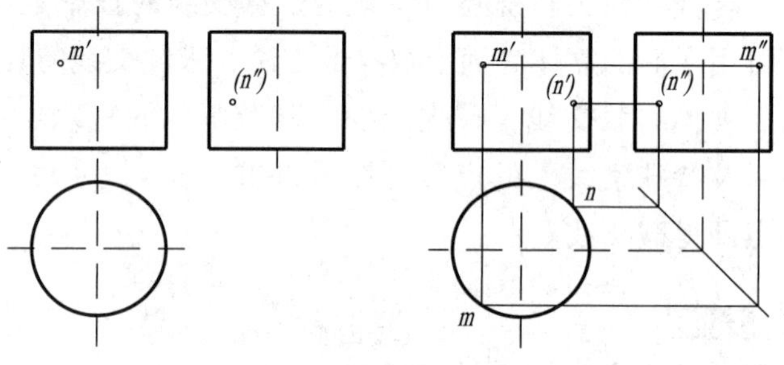

图3－8 圆柱表面取点

分析：由 m' 的位置及可见性，可判断 M 点在前半圆柱面左侧，由（n''）可判断 N 点在右半圆柱面的后边。首先利用积聚性求 m 及 n，然后根据 m'、m 求 m''，根据 n''、n 求 n'，见图3－8（b）。作图步骤如下。

（1）利用圆柱面水平投影的积聚性，由 m' 求出 m；再由 m'、m 求出 m''。

（2）同理，由 n'' 求得 n，再由 n''、n 求得 n'。

（3）判别可见性，m'' 可见，n' 不可见。水平投影有积聚性不需判别可见性。

例2 如图3－9（a）所示，已知圆柱面上一条曲线 AE 的正面投影 $a'e'$，求其余两投影。

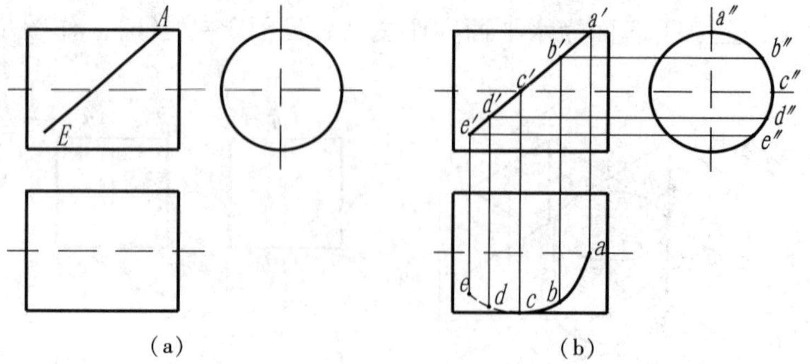

图3－9 圆柱表面取线

分析：圆柱轴线为侧垂线，因此圆柱面的侧面投影积聚为一圆线。利用积聚性可求出 AE 的侧面投影，然后再求它的水平投影。可在曲线上取特殊点及若干一般点，用表面取点的方法求出各点的侧面投影及水平投影，用光滑曲线连接各点的水平投影即曲线的水平投影。作图步骤如下。

（1）在 $a'e'$ 上取若干点的正面投影 b'、c'、d'。点 C 为特殊点，点 B、D 为一般点。

（2）利用积聚性，求出曲线各点的侧面投影，a''、b''、c''、d''、e''。

（3）由曲线上各点的正面投影和侧面投影求出其水平投影，a、b、c、d、e。

（4）用曲线光滑连接曲线上各点的水平投影；A、B、C 位于上半圆柱面，所以 a、b、c 可见，画粗实线；D、E 在下半圆柱，所以 d、e 不可见，画虚线。

（二）圆锥及表面上的点

扫码“看一看”

如图 3－10（a），以直线为母线，绕着与它相交的定轴线回转一周所形成的曲面称**圆锥面**。圆锥面同与其轴线垂直的圆底面围成**圆锥**。圆锥的立体投影见图 3－10（b），圆锥轴线是铅垂线，轴线与底面垂直，底面为水平面。作图过程见图 3－10（c）。

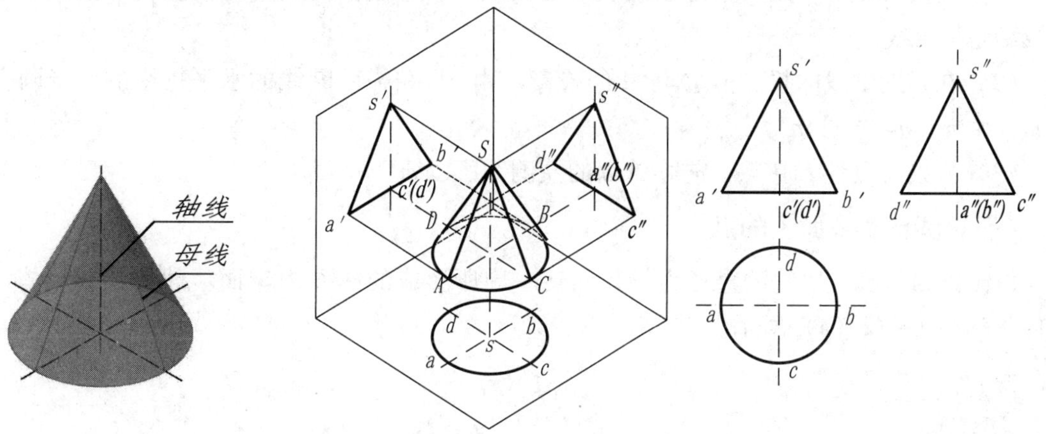

（a）　（b）　（c）

图 3－10　圆锥的形成和三面投影

（1）用细点划线画出轴线的正面及侧面投影，再画出水平投影的对称中心线。

（2）画出底圆面反映实形的水平投影，然后画出积聚为一直线的正面投影和侧面投影，再画出顶点 S 的三面投影。

（3）画圆锥面的三面投影。圆锥面的水平投影与圆底面的水平投影重叠。在正面投影上，画出转向轮廓线 SA 和 SB 的投影 $s'a'$、$s'b'$；侧面投影上，画出转向轮廓线 SC 和 SD 的投影 $s''c''$、$s''d''$。

转向轮廓线 SA、SB 的水平及侧面投影不画，均在中心线位置。轮廓线 SC、SD 的正面及水平投影不画，均在中心线位置。

可利用积聚性在圆锥底面上取点，利用作辅助线方法在圆锥表面上取点，一种辅助线是过锥顶的直线，另一种辅助线是锥面上的平行于底面的圆线。

例 3　如图 3－11（a）所示，已知圆锥面上 M 点的正面投影 m'，求其余二投影。

分析：根据点 M 的正面投影 m' 的位置及可见性，可判断出点 M 在前半圆锥面的左侧，由点 M 过锥顶 S 作辅助直线即可。

作法一：辅助直线法，见图 3－11（b）。

（1）作辅助直线 $SM1$：先作 $s'm'1'$，然后由 $s'm'1'$ 求得 $s1$ 和 $s''1''$。

（2）在辅助直线上取点：由 m' 在 $S1$ 上求得 m，在 $s''1''$ 上求得 m''。

作法二：辅助圆法，见图 3－11（c）。

（1）过 M 点作平行于水平面的辅助圆线。过 m' 作水平线 $2'3'$，$2'3'$ 是辅助圆线的正

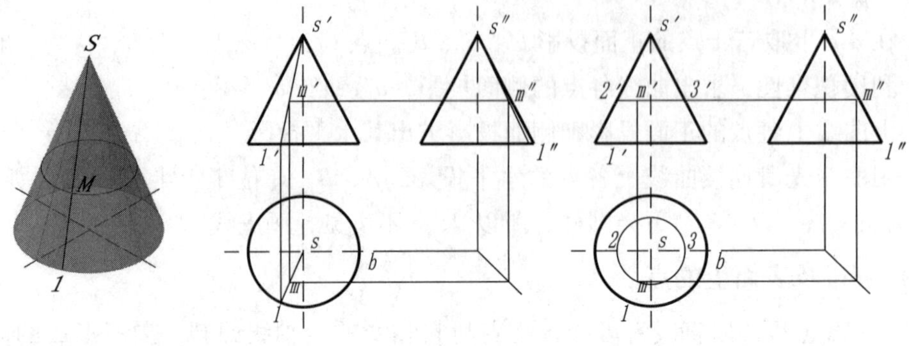

(a)　　(b)　　(c)

图 3-11　圆锥的表面取点

面投影，由 $2'$ 求得 2，以 s 为圆心 $s2$ 为半径画圆，得辅助圆线的水平投影；辅助圆线的侧面投影是一直线。

（2）在辅助圆线的投影上求点 M 的投影。由 m' 在辅助圆线的水平投影的前半圆上求得 m，由 m、m' 求得 m''。

（3）判别可见性。M 点在前半锥面的左侧，所以 m、m'' 都可见。

扫码“看一看”

（三）圆球及表面上的点

以半圆为母线，以它的直径为轴，回转一周所形成的曲面为**球面**。球面围成球体，简称球，如图 3-12（a）所示。

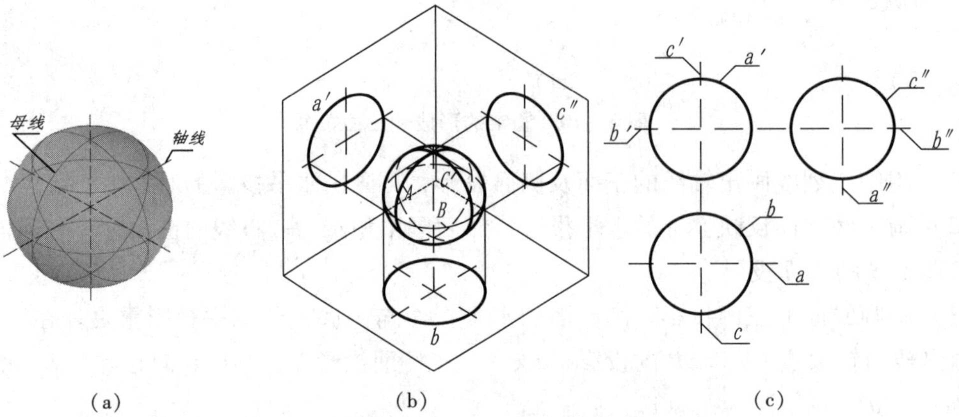

(a)　　(b)　　(c)

图 3-12　球的形成和三面投影图

球的三面投影均为圆，其直径与球的直径相等。它们分别为球面上平行于三个投影面的最大圆的投影。如图 3-12（b）所示，球的正面投影是转向轮廓线圆 A 的投影，前半球面的正面投影可见，后半球面的正面投影不可见。圆 A 的水平投影 a 和侧面投影 a' 在相应的对称中心线上，不画出。球平行于水平面和侧面的转向轮廓线圆 B 和 C 的三面投影，与圆 A 同理，投影如图 3-12（c）所示。

球面的三个投影均无积聚性，所以要借助于辅助圆法求点，因为过球面上任一点，可以作出三个平行于投影面的辅助圆。

例 4　如图 3-13 所示，已知球面上点 M 的正面投影 m'，求其余二投影。

分析：由点 M 正面投影 m' 的位置及可见性，判断出点 M 在左、上、前八分之一球面上，故应在这部分球面的水平投影及侧面投影范围内求 m、m''。图 3-13（a）为过点 M 作水平辅助圆求解的方法。作图步骤如下。

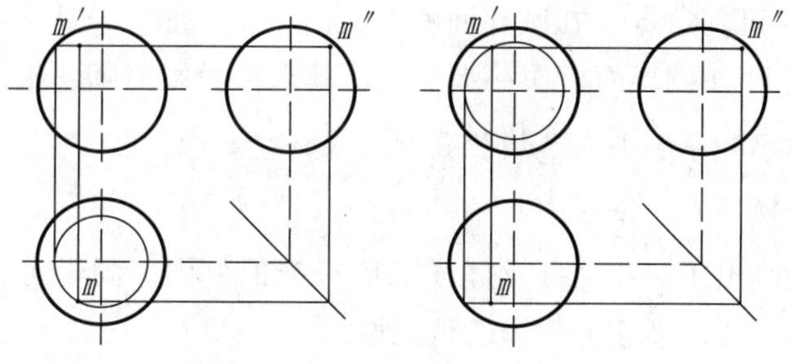

图 3-13　球的表面取点

(1) 过 m' 作水平线，处于转向轮廓线圆间的水平线为水平辅助圆的正面投影，线段长度等于辅助圆直径。

(2) 在水平投影上，以转向轮廓线圆的圆心为圆心，上述线段长的一半为半径画圆，得出辅助圆的水平投影。

(3) 由 m' 在辅助圆水平投影的前半圆周上求得 m；再由 m'、m 求得 m''。

(4) 判别可见性。点 M 在左、上、前球面上，这部分球面的水平投影及侧面投影都可见，因此，m、m'' 都可见。

用过点 M 的正平辅助圆求 m、m'' 的作图过程见图 3-13 (b)。

(四) 圆环及表面上的点

圆环的形成如图 3-14 (a) 所示，圆环可以看成是一个圆母线绕着与它共面但不过圆心的轴线旋转而成的，称为**圆环面**。

扫码“看一看”

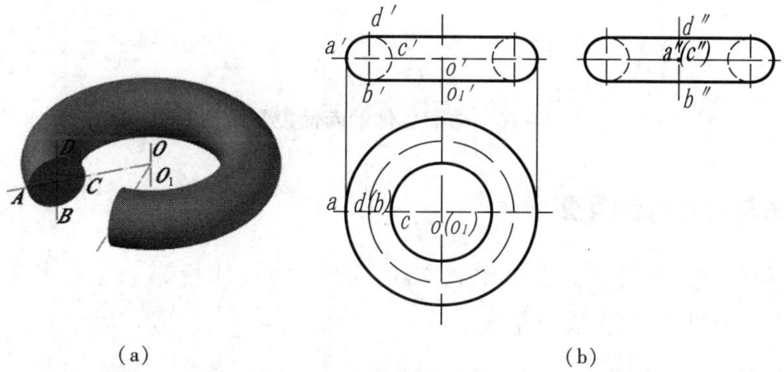

图 3-14　圆环的三面投影

圆环的三面投影图如图 3-14 (b) 所示，圆环的正面投影图表示出最左、最右两素线圆的投影，如 $a'b'c'd'$；上下两条水平线是圆环面的轮廓线，是圆坏面的最高点和最低点的投影；左右素线圆的投影各有半圆处于内环面，在正面投影中不可见，为虚线；图中的点划线表示轴线。水平投影图表示了圆环面的最大圆和最小圆的投影，这两个圆是圆环面在水平投影图上的轮廓线；图中的点划线圆表示素线圆圆心轨迹的投影。

如图 3-15 所示，已知圆环面上点 K 的正面投影 k'，求 k 和 k''。

分析：圆环面的母线不是直线，故选用辅助圆

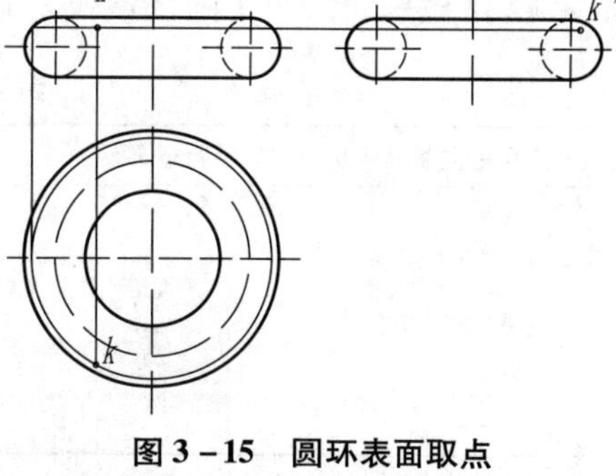

图 3-15　圆环表面取点

法作图。由 k' 可见，可判定点 K 在圆环面的上、前、左半部，于是 k 和 k'' 都应为可见的。

作图过程：过点 k' 在圆环面上作一水平圆。其水平投影为圆，正面和侧面投影都积聚成直线。再用线上找点的方法求出 k 和 k''。

（五）其他回转体

在图 3－16 中还画出了一些曲面立体的两面投影的例图，同学可自行分析这些立体的结构特点和投影特性，并注意它们投影的可见性。

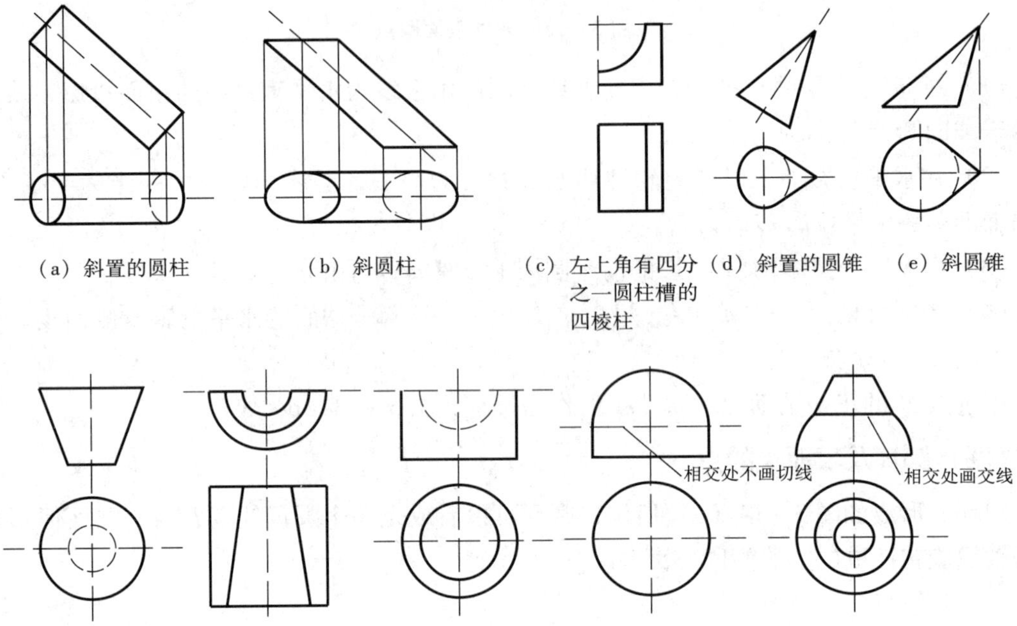

（a）斜置的圆柱　（b）斜圆柱　（c）左上角有四分之一圆柱槽的四棱柱　（d）斜置的圆锥　（e）斜圆锥

（f）倒置的圆台　（g）有半个圆台槽的半圆柱　（h）有半球槽的圆柱　（i）组合回转体 1　（j）组合回转体 2

图 3－16　曲面立体的两面投影示例

二、平面与回转体相交

平面与回转体相交得到的交线叫作截交线。此时的立体投影，除要考虑原有回转体投影之外，重点要考虑的是截交线的情况。

扫码“看一看”

扫码“看一看”

（一）平面与圆柱相交

如表 3－1 所示，平面与圆柱面相交的截交线有如下三种情况。

（1）截平面平行于圆柱轴线，截交线为平行于轴线的两条直线。

（2）截平面垂直于圆柱轴线，截交线为圆。

（3）截平面倾斜于圆柱轴线，截交线为椭圆。

表 3－1　平面与圆柱面相交

截切平面位置	平行于轴线	垂直于轴线	倾斜于轴线
轴测图	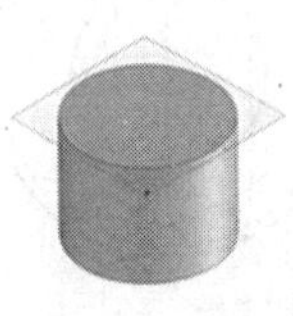	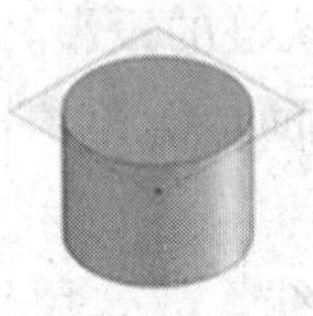	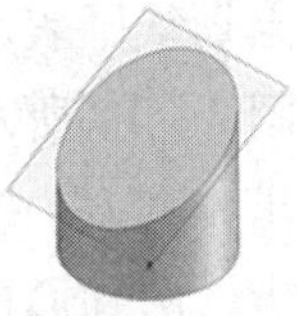

续表

截切平面位置	平行于轴线	垂直于轴线	倾斜于轴线
投影图	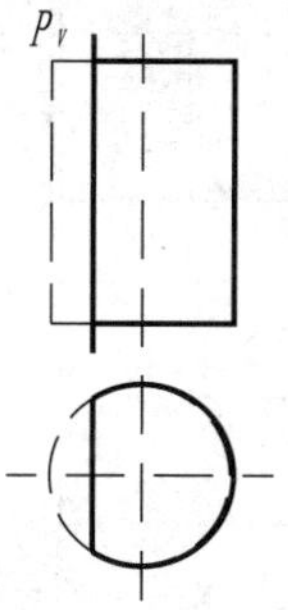	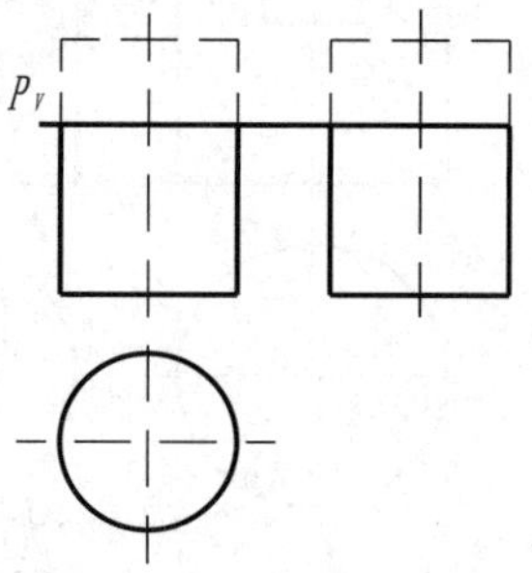	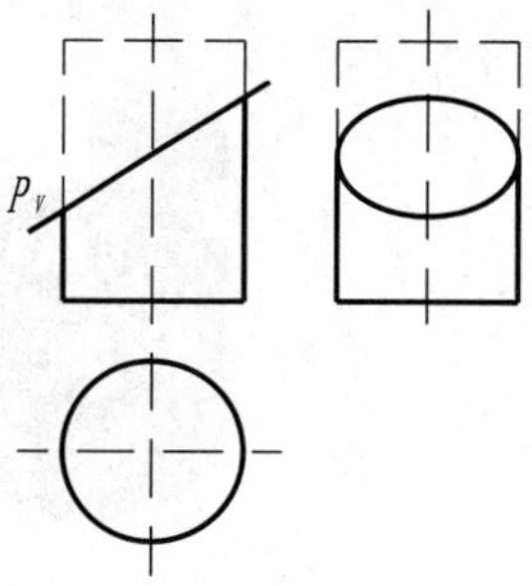
截交线形状	两条平行于轴线的直线	平行 *H* 面的圆	椭圆

例 5　如图 3－17 所示，求圆柱被正垂面 *P* 截切的截交线。

分析：因为截平面倾斜于圆柱的轴线，所以截交线为椭圆。它的正面投影重影在正垂面 *P* 有积聚性的正面投影上，为一直线段。侧面投影为圆，重影在圆柱面有积聚性的侧面投影上。水平投影是没有积聚性的椭圆，需要求出。作图步骤如下。

（1）确定特殊点。即最高点Ⅰ、最低点Ⅱ、最前点Ⅲ、最后点Ⅳ。在正面投影上求出 *1′*、*2′*、*3′*、*4′*，在侧面投影上求出 *1″*、*2″*、*3″*、*4″*，再求出水平投影 *1*、*2*、*3*、*4*。

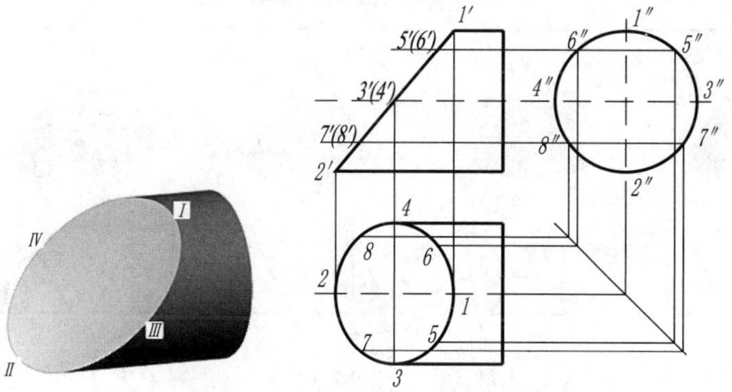

(a)　　(b)

图 3－17　平面斜切圆柱

（2）求一般点Ⅴ、Ⅵ、Ⅶ、Ⅷ。在Ⅰ、Ⅱ、Ⅲ、Ⅳ之间定出这几个一般点的侧面投影 *5″*、*6″*、*7″*、*8″*。然后利用积聚性求出 *5′*、（*6′*）、*7′*、（*8′*），再用表面取点的方法求出 *5*、*6*、*7*、*8*。

（3）判别可见性，交线的水平投影可见。

例 6　如图 3－18（a）、（b），圆柱上部被两个侧平面和一个水平面截切形成一个缺口，求作水平投影和侧面投影。

分析：圆柱被两个侧平面截切，交线为平行于圆柱轴线的ⅠⅤ、ⅡⅥ、ⅢⅦ、ⅣⅧ，圆柱被水平面截切，交线为水平圆弧。截平面之间、截平面与圆柱顶面之间也有交线，分别为正垂线ⅠⅡ、ⅢⅣ、ⅤⅥ、ⅦⅧ。作图步骤如图 3－18（c）所示。

（1）画出圆柱的侧面投影图。

（2）定出截交线的正面投影 *1′5′*、（*2′*）（*6′*）、*3′7′*、（*4′*）（*8′*），求出截交线的水平投影（*1*）*5*、（*2*）*6*、（*3*）*7*、（*4*）*8*，*12* 和 *56*、*34* 和 *78* 的水平投影重影。

（3）根据交线的正面及水平投影求出它们的侧面投影 *7″3″*、（*5″*）（*1″*）、*8″4″*、（*6″*）

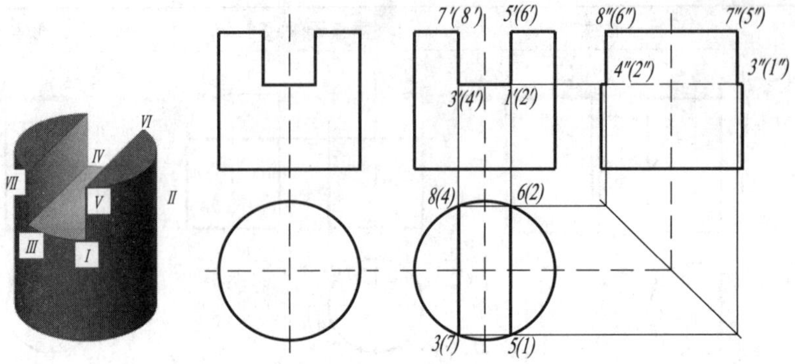

图 3－18 带缺口的圆柱

(2″)。(1″)(2″)和 3″4″，7″8″ 和（5″）(6″)的侧面投影重影。

（4）判别可见性。ⅤⅥ、ⅦⅧ水平投影可见，画粗实线。ⅠⅡ和ⅢⅣ的侧面投影重合，不可见，画虚线。擦去被切掉元素的投影，连接其他直线段。

（二）平面与圆锥相交

扫码“看一看”

平面与圆锥相交有五种情况，如表 3－2 所示。

表 3－2 截切圆锥的基本形式

轴测图	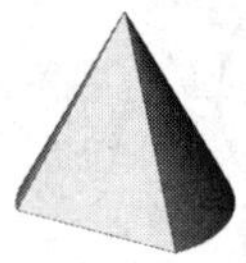	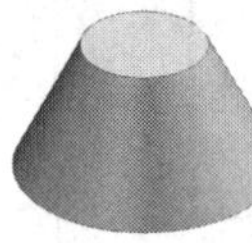	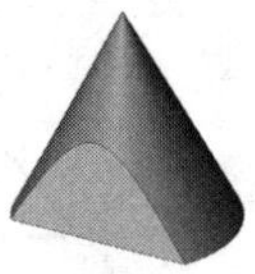	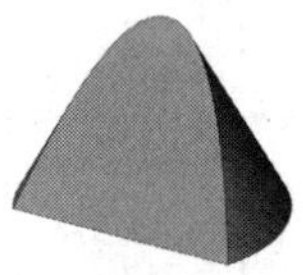	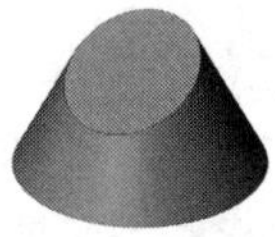
投影图	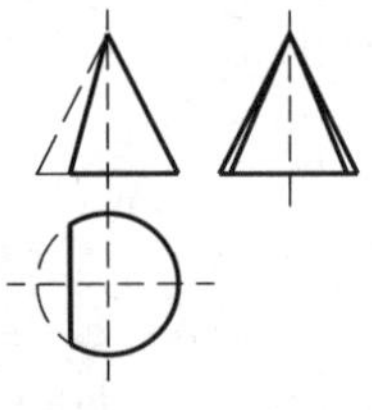	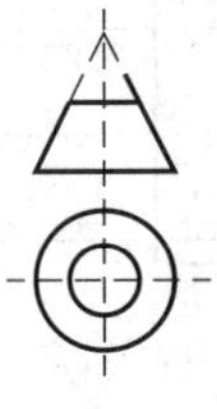	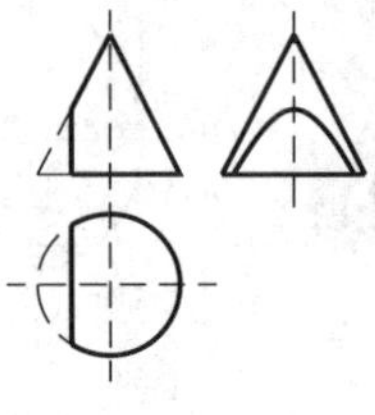	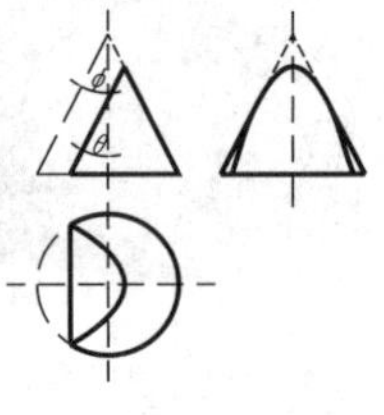	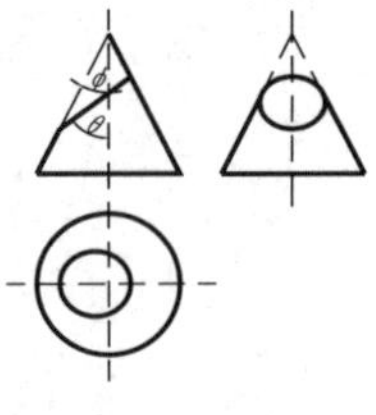
截交线	截平面通过锥顶，交线为通过锥顶的两条相交直线和截平面与圆锥底面的交线	截平面垂直于轴线，交线为圆	截平面倾斜于投影轴，且 $\theta<\Phi$，或平行于轴线（$\theta=0°$）交线为双曲线和截平面与圆锥底面的交线	截平面倾斜于轴线，且 $\theta=\Phi$，交线为抛物线和截平面与圆锥底面的交线	截平面倾斜于轴线，且 $\theta>\Phi$，交线为椭圆

例 7 如图 3－19（a）所示，已知带切口圆锥的正面投影，求其余二投影。

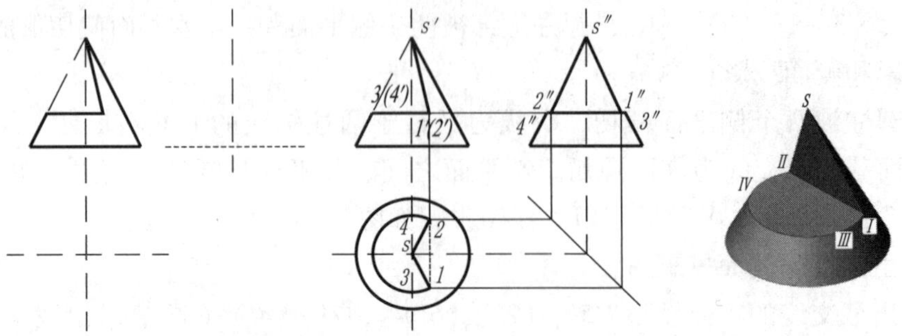

图 3－19 带切口圆锥的三面投影图

分析：切口由两个平面形成，过圆锥顶的正垂面和垂直于圆锥轴线的水平面。作图步骤如图 3－19（b）所示。

（1）画出完整圆锥的水平投影与侧面投影。

（2）选择转向轮廓线与水平截面交点 *3′*、*4′*，以及两截切面交线端点 *1′*、*2′* 为特殊点，并求出它们对应的另两面投影，进而求出两个截交平面的投影。

（3）整理水平投影和侧面投影的轮廓线，判别可见性。在两个投影中，只有水平投影的 *1*、*2* 不可见，其余投影均可见。在侧面投影中，圆锥面的轮廓线画到 *3″*、*4″* 为止。

扫码“看一看”

（三）平面与圆球相交

平面截切球面时，截交线是圆。该圆的直径大小与截平面到球心的距离有关，圆的投影形状与截平面对投影面的相对位置有关。当截平面平行于投影面时，求截交线圆的分析及作图过程，与在球面上取平行于投影面的辅助圆法相同。

例 8　如图 3－20（a）所示，已知截切球的正面投影，求其余二投影。

分析：截平面为正垂面，截交线为垂直于正面的圆，圆的正面投影积聚成一段直线，线段长等于圆的直径。圆的水平投影和侧面投影均为椭圆。作图步骤如图 3－20（b）所示。

（1）画出完整球的水平投影和侧面投影。

（2）求特殊点。利用积聚性，确定球面正投影轮廓线上点Ⅰ、Ⅱ的正面投影 *1′*、*2′*，球面水平投影及侧面投影轮廓线上点Ⅲ、Ⅳ及Ⅴ、Ⅵ的正面投影 *3′*、（*4′*）及 *5′*、（*6′*），水平投影和侧面投影椭圆长轴端点Ⅶ、Ⅷ的正面投影 *7′*、（*8′*）等都是特殊点。由 *1′*、*2′*、*3′*、（*4′*）、*5′*、（*6′*）求得 *1*、*2*、*3*、*4*、*5*、*6* 和 *1″*、*2″*、*3″*、*4″*、*5″*、*6″*。由 *7′*、（*8′*）利用辅助圆在球面上取点，求得 *7*、*8* 及 *7″*、*8″*。

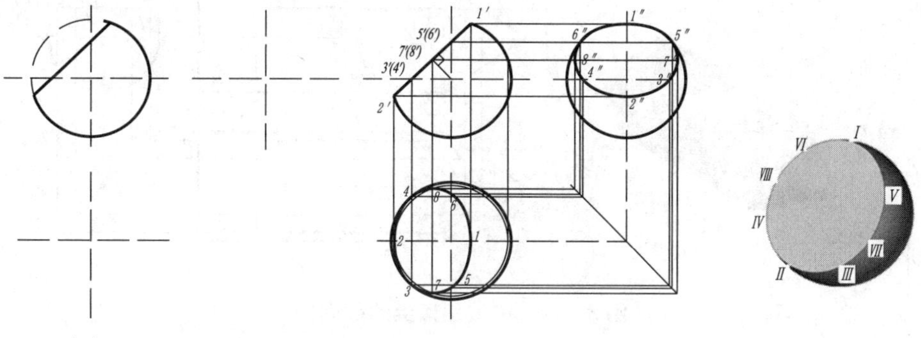

（a）　　　　（b）

图 3－20　截切球的三面投影图

（3）求一般点。在特殊点之间的适当位置，选取适当数量的截交线上点的正面投影，再用球面取点的方法，求得其水平投影和侧面投影。读者可自己作图。

（4）用光滑曲线依次连接各点的同面投影，得到截交线水平投影和侧面投影的椭圆。

（5）整理，加深。在水平投影上，球的转向轮廓线大圆的左边画到 *3*、*4* 为止。侧面投影上，球的转向轮廓线大圆的上边画到 *5″*、*6″* 为止。水平投影和侧面投影中所有图线均可见。

例 9　如图 3－21（a）所示，已知开槽半球的正面投影，求其余二投影。

分析：槽由两个对称的侧平面和一个水平面形成。两个侧平截面与球面的截交线均为一段圆弧，其侧面投影反映实形，水平投影积聚为一条直线；侧平截面与水平截面的交线

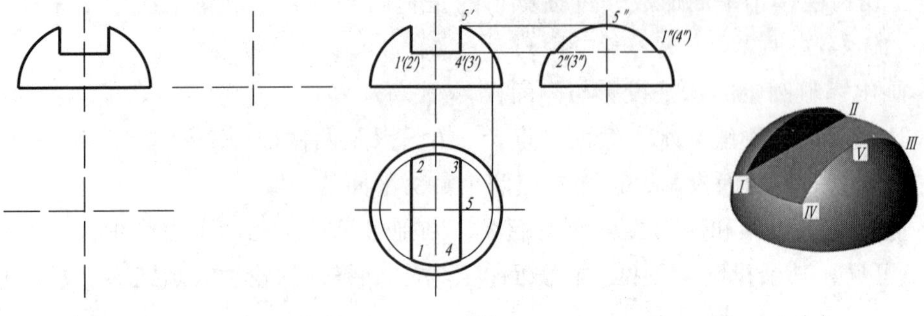

(a) (b) (c)

图3-21 开槽半球的三面投影

为正垂线。水平截面与球面的截交线是两段圆弧，其水平投影反映实形，侧面投影积聚为一条直线。作图步骤如图3-21（b）所示。

（1）先画由两个侧平截面形成的截交线的水平投影和侧面投影，其侧面投影重合。

（2）再画水平截面形成的截交线的水平投影和侧面投影。

（3）判别可见性，并补画轮廓线。侧面投影上1″2″、3″4″线不可见，球的转向轮廓线大圆只画到1″、2″为止。

扫码“看一看”

（四）平面与组合回转体相交

组合回转体是由多个基本回转体组合而成的，应分别求出截平面与各个基本体的截交线，组合起来就是组合回转体的截交线。

例10 如图3-22（a）所示，顶尖被一水平面 Q 和侧平面 P 截切，求截交线。

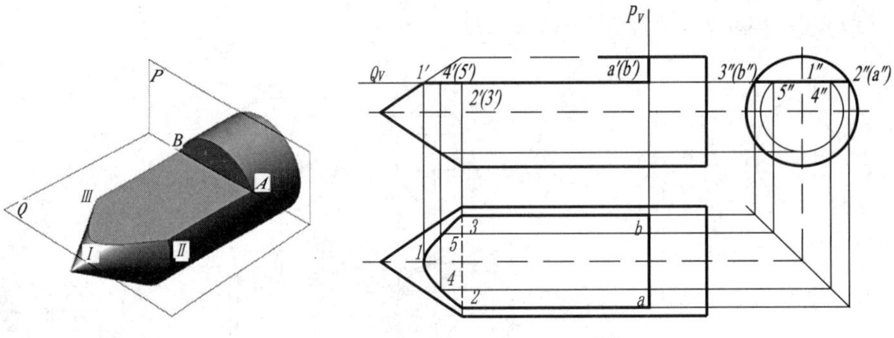

(a) (b)

图3-22 被截切顶尖的截交线

分析：见图3-22（b），水平面 Q 平行于顶尖轴线，截得的交线由双曲线和两条平行于轴线的直线组成。侧平面 P 垂直于轴线，截得交线为圆弧。截交线的正面及侧面投影均有积聚性，只求水平投影即可。作图步骤见图3-22（b）。

（1）求 Q 平面与圆锥的截交线的水平投影。先求最左点Ⅰ，定出 $1'$，直接投影求出 1 及 $1''$；再求最前点Ⅱ、最后点Ⅲ，先定出 $2'$、$3'$，直接投影求出 $2''$、$3''$，再由点的投影规律作出2、3。最后求一般点Ⅳ、Ⅴ，先定出 $4'$、$5'$，然后利用作辅助侧平圆线的方法，表面取点求出 $4''$、$5''$及4、5。截交线水平投影可见，用光滑曲线顺次连接2、4、1、5、3各点。

（2）求 Q 平面与圆柱截交线的水平投影。过2、3作轴线的平行线 $2a$、$3b$，即得水平投影。

（3）求 P 平面的截交线。截交线的水平投影积聚为一直线段，平行 OY 轴，它与 Q 平面截交线水平投影的交点就是交线最低点 A、B 的水平投影 a 和 b。

例 11　如图 3－23（a）所示，同轴组合回转体，被前后对称的正平面 P 和 Q 各截去一部分，补全这个组合回转体的正面投影。

分析：由图可见，组合回转体的表面由上底面、上圆柱面、环面、下圆柱面和下底面组成。前、后截交线的水平投影均积聚成直线，并分别重合在 P_H、Q_H上，前后对称；正面投影都反映实形，左右对称，前截交线的投影可见，后截交线不可见。由此可见，只要作出截平面 P 与组合体表面交线的正面投影即可。作图步骤见图 3－23（b）、（c）、（d）。

（1）求特殊点。如图 3－23（b）、（c）所示，先定出截平面 P 与底面的交线 BD 的水平投影 bd，由 bd 作出 $b'd'$；再定出 P 与下圆柱面的交线 BA、DC 的水平投影 ba、dc，由 ba、dc 作出 $b'a'$、$d'c'$。切割后，环面与下圆柱面的交线圆只存在 P 和 Q 之间的左右各一段，在正面投影中即为 a'之左和 c'之右的各一段。在 P 与环面的截交线的水平投影中点处，定出截交线上的最高点 E 的水平投影 e，在环面上过 E 点作水平辅助圆，由 e 求出 e'。

（2）求一般点。如图 3－23（c）所示，在截交线的水平投影上，取左右对称的一般点 F、G 的水平投影 f、g，在环面上过点 F 和 G 仍然作水平辅助圆，由 f 和 g 求出 f'、g'。

（3）如图 3－23（d）所示，按各点的顺序及可见性，将截交线的正面投影连成光滑曲线，并补画相应的轮廓线。

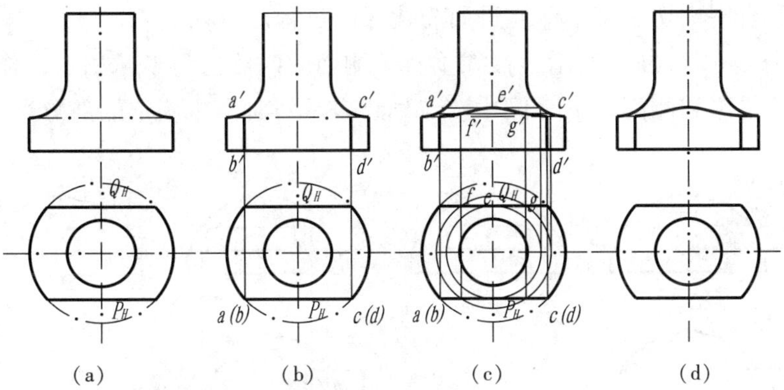

图 3－23　补全组合回转体被切割后的正面投影

第三节　基本体相贯

立体相交的结构在制药机械零件上很常见，相交两立体的表面交线称为相贯线，它包括实体表面的交线、实体表面穿孔的孔口、孔与孔的交线。曲面立体之间的相贯线一般为封闭的空间曲线，特殊情况下也可不封闭，甚至是椭圆、圆或直线等，如表 3－3 所示。

相贯线是两个相交立体表面的共有线，相贯线上的点是两立体表面的共有点，相贯线的形状取决于相交立体的形体特征及相对位置。当两个相贯的立体中有一个立体的投影具有积聚性时，相贯线的投影就重影在有积聚性的同面投影上，可以用在曲面立体表面上取点的方法求相贯线的其他投影。

求相贯线需先求出确定其范围的特殊点，如：最高、最低、最左、最右、最前、最后等特殊位置上的各个点。然后再求些一般点，判别可见性后，连接成光滑曲线。常用的求相贯线的方法有表面取点法、辅助平面法两种。

表 3-3　相贯线及其形状

轴测图		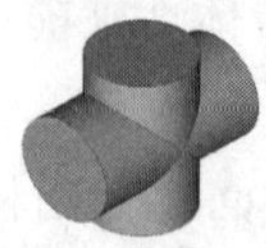	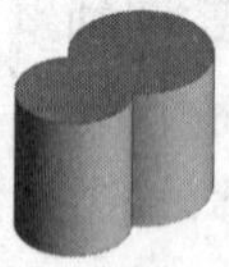		
投影图	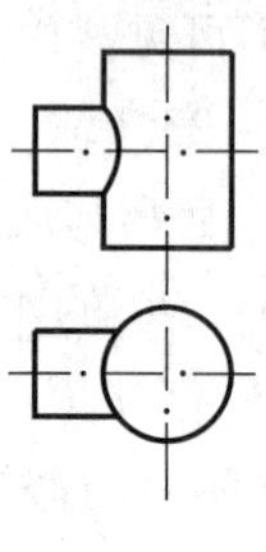	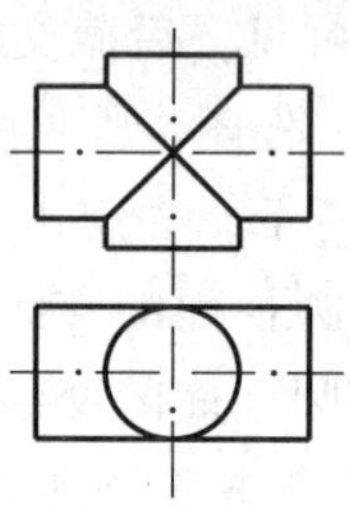	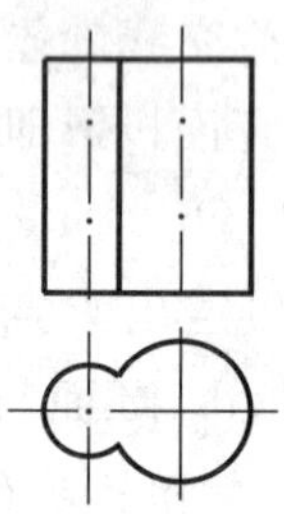	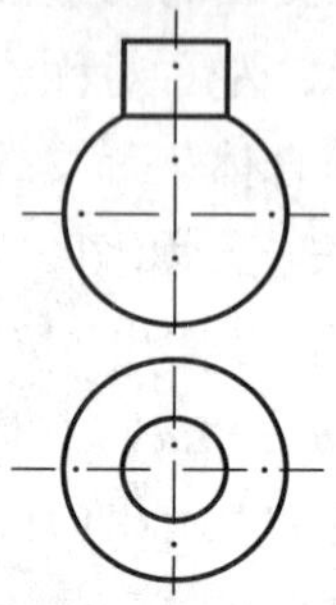	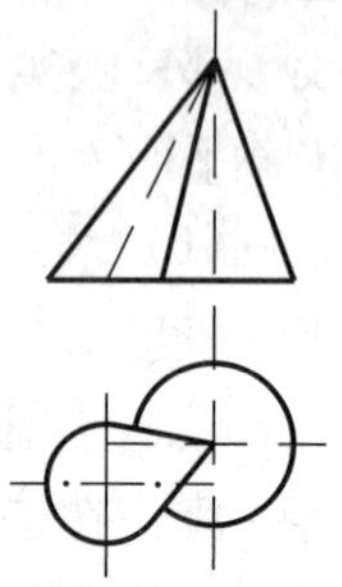
相贯体的位置及相贯线形状	轴线垂直相交的圆柱相贯，交线为闭合空间曲线	轴线垂直相交且直径相等的圆柱相贯，交线为椭圆	轴线平行的两圆柱相贯，交线为两直线	同轴回转体相贯，交线为垂直于轴线的圆	共锥顶两圆锥相贯，交线为两直线

扫码“看一看”

一、有平面立体参与的基本体相贯

由于平面立体可以看作是由多个平面围成的立体，所以，有平面立体参与的基本体相贯可以看成是组合平面切割基本体，进而简化作图过程。

例 12　如图 3-24（a）所示，棱线垂直于侧面的四棱柱与半球相贯，作出相贯线并补全相贯体的水平投影和侧面投影（图中双点划线表示暂时尚未确定的部分）。

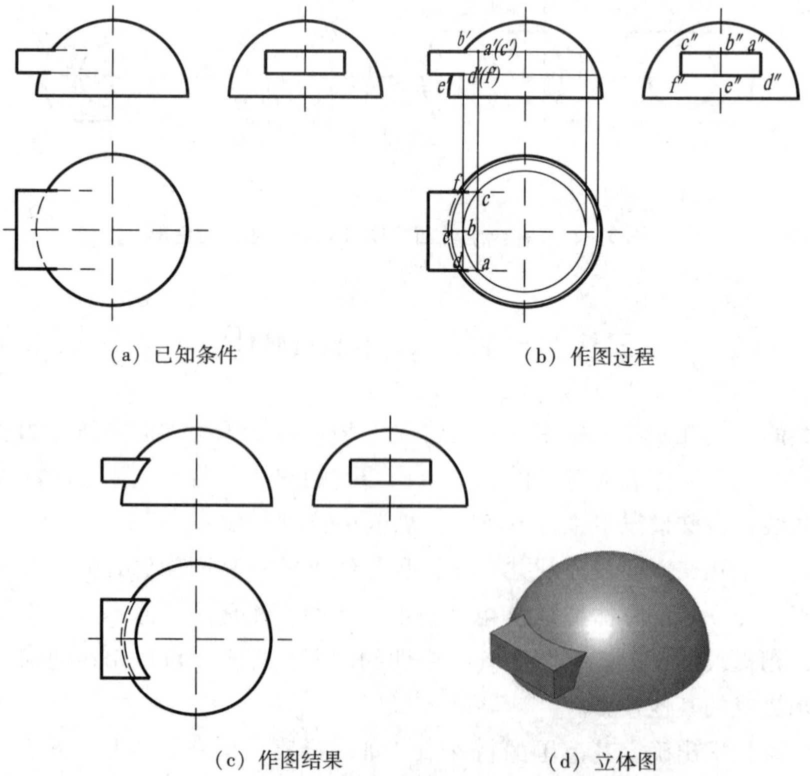

（a）已知条件　（b）作图过程

（c）作图结果　（d）立体图

图 3-24　补全四棱柱与半球相贯的水平投影和正面投影

决策认识论初探*

决策重要，决策难，决策需要科学化。实现决策需要科学化，有必要从根本道理上弄清楚决策究竟是什么，决策认识有什么特点，正确决策有什么条件。决策认识论的研究，对提高决策者的智慧和才能，具有重要意义。

一、决策是实践认识

人们常说决策是科学，是领导科学，因为决策有规律性，决策要经过认真的研究，其结果表现为概念、论断，要讲逻辑，讲是非，即有正确与错误之分。

人们又说决策是一种 art（艺术或技术），是领导艺术或社会技术，因为决策要善于审时度势，在多种方案中权衡利弊，择优而从，要讲技巧，讲效益，即有利多与利少、有利与有害之别。

两种说法都有道理，于是又有人说决策既是科学又是艺术，或者既不完全是科学又不完全是艺术。但这种介乎科学与艺术之间的东西到底是什么，似还有“辩证”（辨别、论证）一番的必要。

在日常生活和工作中到处有决策、决断，决策的主体是人，是群体（政党、政府部门）。领导者的重要职责，是对人们的行为目标和行为方式作决策。为了说明决策的特点、地位和作用，有必要从总体上考察经验认识、理论认识和实践认识的关系，特别是由理论到实践的转化。

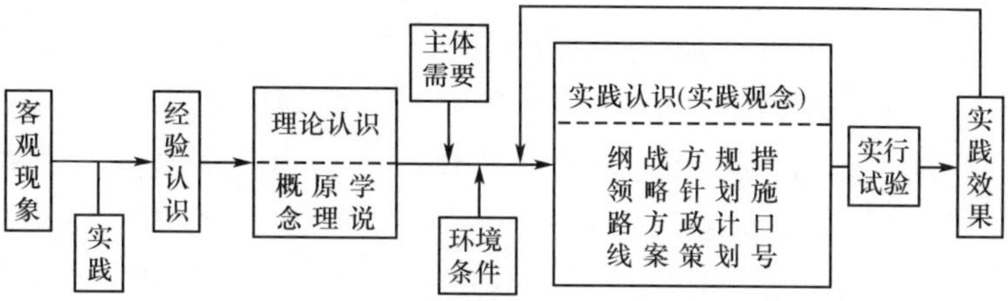

图 1

* 陈昌曙，原载《古今中外智慧之光》编写组，古今中外智慧之光，北京：中国经济出版社，1989 年。

如图1所示，人们的认识始于经验，再由经验上升到理论，在确认何种经验可靠或何种理论可信时，也要作决断或决策。但感觉经验、理论原则并不是决策的产物，而是客观事物及其本质的反映。通常说的领导决策，不是指对理论，比如对历史唯物主义原理或剩余价值学说做出决策。

人们所制定和选择的纲领、路线、方针、政策、计划、措施等也是一种认识，是对应当“做什么”和“怎么做”的认识，可以把这种认识写成文章、著作，作为信息传递。但它们却不同于回答事物“是什么”和“为什么”的理论认识，而是一种特殊的认识。这种特殊的认识可统称为实践认识或实践观念。决策首先是实践认识的形成，然后把选定的实践认识付诸实施。

实践认识或实践观念不是先验的，要以经验认识和理论认识为前提。正确的决策要符合客观事物的本性和规律，决策、实践认识是要讲是非的，广义地说，讲是非就与科学有关。那种不顾是非、只图功利的谋略只是实用主义的权术，那种违背客观事物本性和客观过程规律性的方案必然受挫或失败。

实践认识是人们根据主体需要和环境条件（如国情、省情）制定的，通常要在几种可能的纲领、路线、计划中做出选择，这种选定的中心是考虑到实行之后会产生何种效果。决策就是选定合理的实践观念，加以实施，并根据实践效果再补充修订原来的打算。

决策、实践认识可以也应当以正确的理论认识为指导。但确切地说，决策（包括正确决策）又不等同于科学认识或科学理论，领导机构可以做出决策，在10年内使生产总值增加一倍，或把大连、营口作为开放城市，或限定一对夫妇只能生一个孩子，这类决策无论对或不对，与科学理论都不是一回事，不能把这种同特定需要、特定环境条件相关的实践认识等同于理论原理。

二、实践与决策

如上所述，决策是实践认识或实践观念。就一定意义上说，得到正确的、有价值的实践认识，比得到正确的理论认识更为复杂。因为它要反映客观事物和过程，反映主体需要，反映多方面的环境条件，还要预见到实践效果，并把所有这些因素综合起来，在众多可能的方案（往往都有其道理和益处）中作决断。而科学认识是集中探究客观对象，且通常只有唯一解。这是两者的区别。决策过程复杂，只靠理论不可能逻辑地引申出实践认识，以为认真地研究了关于生产力的原理就会确定某省某年的基建投资规模，以为深刻理解了关于商品经济的学说就能提出我国价格改革的方案，无疑是把事情简单化了。

决策大致可以分为两种，一种是解决已经发生过的类似问题，另一种是解决正面投影应为曲线（没有积聚性），而且应该弯向轴线铅锤的大圆筒的轴线方向。作图步骤如图3－26（b）所示，按上述分析及投影关系，分别求出内、外交线。

当两圆柱的直径差别较大，并对相贯线形状的准确度要求不高时，允许采用近似画法。即用圆心位于小圆柱的轴线上，半径等于大圆柱半径的圆弧代替相贯线的投影。

（二）圆柱与圆锥相贯

例15　已知圆柱和圆锥正交相贯，试画全其正面投影和水平投影，如图3－27（a）所示。

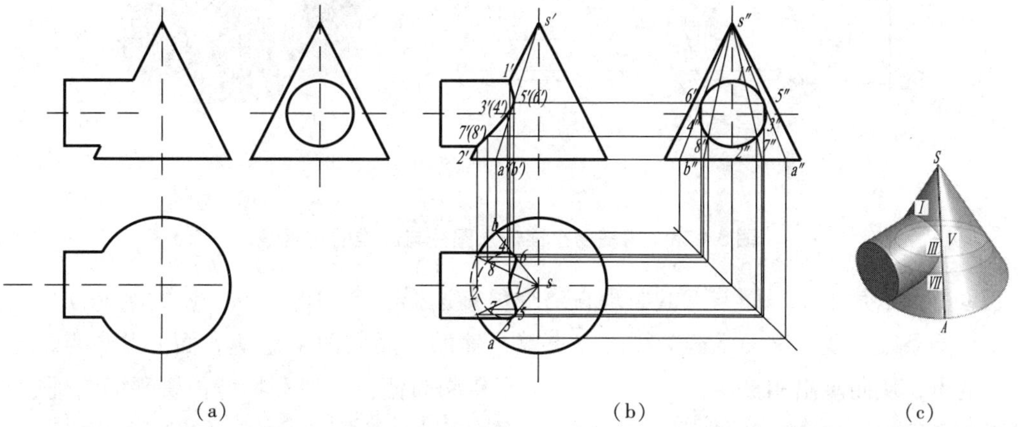

（a）　　（b）　　（c）

图3－27　表面取点法求圆柱与圆锥的相贯线

扫码“看一看”

分析：圆柱轴线为侧垂线，相贯线的侧面投影为圆。由于相贯线又在圆锥表面上，因此可利用圆锥表面取点法和辅助平面法，求出相贯线的水平投影和正面投影。

解法一：表面取点法。作图步骤如图3－27（b）所示。

（1）求特殊点。由侧面投影可以确定相贯线的最高点*I*、最低点*II*、最前点*III*、最后点*IV*。由*1″*、*2″*可直接求得*1′*、*2′*和*I*、（*2*）。过*III*、*IV*两点作水平辅助圆，其侧面投影为过*3″*、*4″*的水平直线，其正面投影也为水平直线。辅助圆的水平投影反映实形，它与圆柱水平投影轮廓线的交点为*3*、*4*，再由*3*、*4*求得*3′*、（*4′*）。过锥顶作圆柱侧面投影圆的切线*s″a″*、*s″b″*，得切点*5″*、*6″*，即最外辅助素线上点*V*、*VI*的侧面投影。利用辅助素线法，在圆锥表面上求得*V*、*VI*两点的水平投影和正面投影。

（2）求一般点。在*I*、*II*两点间适当位置作水平辅助圆，求得两立体表面的若干共有点。见图中*VII*、*VIII*两点，先在圆柱面有积聚性的侧面投影上作水平辅助圆的侧面投影，确定*7″*、*8″*，根据“宽相等”在辅助圆的水平投影上求得（*7*）、（*8*），进而可求得正面投影*7′*、（*8′*）。

（3）依次连点成光滑曲线。按相贯线侧面投影的顺序，分别连接同面投影各点成光滑曲线，得到相贯线的水平投影及正面投影。

（4）判别可见性。在正面投影上，前半相贯线的投影可见，后半相贯线的投影与前半重影。在水平投影上，上半圆柱面上相贯线的投影*3*、*5*、*1*、*6*、*4*、可见，*3*、*4*是相贯线水平投影的虚实分界点，线*3*（*7*）（*2*）（*8*）*4*不可见。

（5）按可见性补画立体正面投影、水平投影的轮廓线。在水平投影上圆柱的轮廓线画到*3*、*4*。圆锥的底圆被圆柱挡住的部分不可见，画成虚线。

解法二：辅助平面法。作图步骤如图3－28（a）所示。

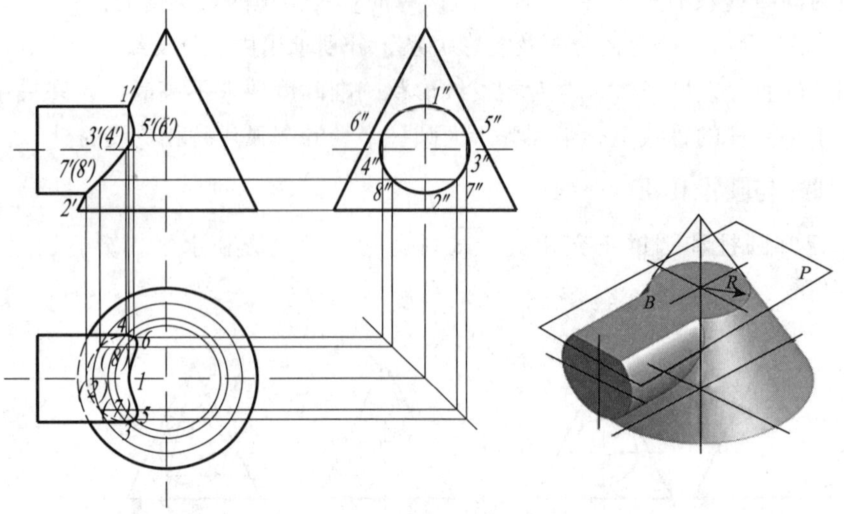

(a)　　　　　　　　　　(b)

图 3-28　用辅助平面法求圆柱与圆锥的相贯线

辅助平面法是根据三面共点的原理在适当位置选择一个辅助平面，使它与两立体表面截交，得到两条截交线，这两条截交线的交点就是辅助平面与两个立体表面的共有点，也即相贯线上的点，从而画出相贯线投影的方法。为了作图简便，一般取特殊位置平面为辅助平面，如投影面平行面，并使辅助平面与相贯的立体表面的交线为圆或直线。作图步骤如下。

（1）特殊点仍然可用表面取点法求出，如*Ⅰ*、*Ⅱ*、*Ⅲ*、*Ⅳ*。

（2）一般点 *5*、*6*、*7*、*8* 用辅助平面法求出：先定出 *5″*、*6″*、*7″*、*8″*，过 *5″*、*6″*和 *7″*、*8″*，分别作辅助平面 *P* 和 *Q*，求辅助平面与圆锥的截交线（水平圆线），由辅助平面与圆柱的结交线（平行圆柱轴线的四条直线），求截交线水平投影的交点 *5*、*6*、*7*、*8*，继而求得 *5′*、*6′*、*7′*、*8′*。

（3）判别可见性，连线并画出圆柱的转向轮廓线的水平投影。圆柱和圆锥的前半部分可见，因此相贯线正面投影可见，顺次连接 *1′*、*5′*、*3′*、*7′*、*2′*。圆柱、圆锥的后半部分不可见，它的相贯线的正面投影与前半部分重影。圆柱的上半部与圆锥的相贯线的水平投影可见，顺次连接 *4*、*6*、*1*、*5*、*3*，圆柱的下半部与圆锥的相贯线水平投影不可见，用虚线顺次连接 *4*、*8*、*2*、*7*、*3*。

（三）圆柱与球相贯

例 16　如图 3-29 所示，已知在半球上穿通了一个圆柱孔，要求补全这个穿孔半球的正面投影和侧面投影。

分析：由已知条件可知，半球与圆柱孔有共同的前后对称面，所以孔口曲线（相贯线）也是前后对称的。相贯线有两条，一条是球面与圆柱面的交线，是一条闭合的空间曲线，其水平投影与圆柱孔的水平投影重合，前半相贯线与后半相贯线的正面投影重合；另一条是半球的底面与圆柱面的交线，是水平的圆。由此可见，只需作出球面与孔壁圆柱面的相贯线的正面和侧面投影。作图步骤见图 3-29（a）。

（1）作特殊点。在水平投影上，定出最左、最右、最前、最后点 *A*、*B*、*D*、*C* 的投影 *a*、*b*、*c*、*d*。由于 *a*、*b* 在半球面正面投影的转向轮廓线上，可求出 *a′*、*b′*，点 *A*、*B* 分别是最低点、最高点。在半球面上过点 *C* 和 *D* 分别作平行于正面的辅助圆，可求出 *c′*、*d′*。由于这个穿孔半球前后对称，可按圆柱表面取点的方法求出 *a″*、*b″*、*c″*、*d″*。

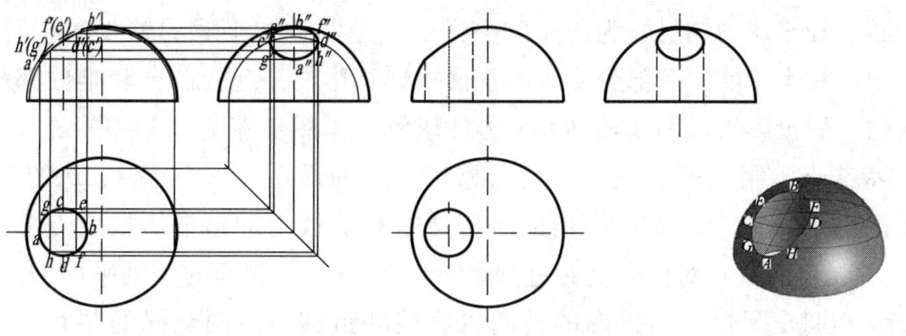

（a）已知条件，分析和作图过程　　（b）作图结果　　（c）

图 3－29　补全穿孔半球的正面投影和侧面投影

（2）求作一般点。在相贯线的水平投影上，定出与前后对称面距离相同的四个点 *E*、*F*、*G*、*H* 的水平投影 *e*、*f*、*g*、*h*，分别过点 *E* 和 *F*、*G* 和 *H* 作平行于正面的辅助圆，可求出 *e′*、*f′*、*g′*、*h′*。由这四个点的水平投影和正面投影可以求出 *e″*、*f″*、*g″*、*h″*。

（3）用光滑曲线、按顺序连接各点的同面投影，并判断可见性。相贯线的正面、侧面投影均可见，画成粗实线。

（4）补画立体的转向轮廓线，并判断可见性。

本题除了用表面取点法解题外，同样可以用辅助平面法作出，请读者试着练习。

三、圆锥和圆球相贯

由于圆锥和圆球表面都不具有积聚性，所以圆锥和圆球相贯与圆柱与圆柱相贯不同，不能够通过有积聚性的投影直接找到相贯线，所以，要借助于辅助圆面来作图。

扫码“看一看”

例 17　如图 3－30 所示，求作圆台与半球的相贯线。

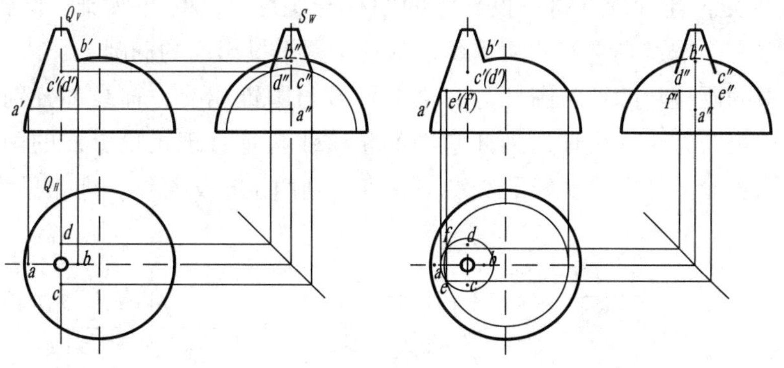

（a）　（b）

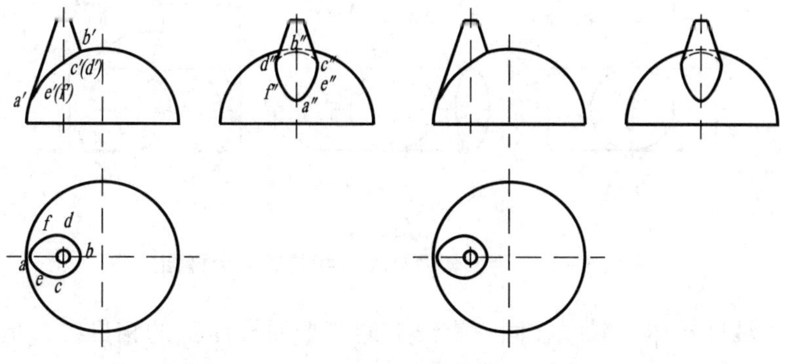

（c）　（d）

图 3－30　圆台与半球的相贯的作图过程

分析：圆台和半球的相贯线为封闭的空间曲线。圆台和半球的轴线在它们的前后对称面内，所以圆台和半球前、后部分交线的正面投影重影在一起。圆台和半球都没有积聚性，所以相贯线的三面投影需借助作辅助面的方法求解。作图步骤见图 3－30。

（1）求特殊点。用表面取点法，定出相贯线上的最左、最右点 A、B 的正面投影 a'、b'，并直接求出 a、b 及 a''、b''。用辅助平面法求相贯线上的最前、最后点 C、D 的投影，点 C 和 D 位于圆台的左右对称面上，过圆台轴线作平行于侧面的辅助平面 Q，Q 与圆台和半球的截交线分别是圆台侧面投影的转向轮廓线和半圆，由两交线的共有点求出 c''、d''，再由 c''、d''求出 c'、d' 和 c、d。如图 3－30（a）所示。

（2）求一般点 E、F。用辅助平面法，在 A 和 C、D 点之间作水平面 P，求出 e、f，再根据 e、f 求出 e'、f' 和 e''、f''。如图 3－30（b）所示。

（3）判别可见性，并用光滑曲线顺次连接相贯线上各点的同面投影。相贯线的水平投影可见，顺次连接 a、e、c、b、d、f。半球与圆台前半部分交线的正面投影可见，顺次连接 a'、e'、c'、b'，前、后部分交线的正面投影重影。半球与圆台左半部分交线的侧面投影可见，顺次连接 c''、e''、a''、f''、d''；右半部分不可见，c''、b''、d''连接成虚线。如图 3－30（c）所示。

（4）画出圆台转向轮廓线的投影。判断转向轮廓线的可见性，整理并最后完成全图，如图 3－30（c）、（d）所示。

四、相贯线的特殊情况

在一般情况下，两回转体的相贯线是空间曲线，但在某些特殊情况下，也可能是平面曲线或直线。现在介绍相贯线为平面曲线的几种比较常见的情况。

（1）轴线相交，且平行于同一投影面的圆柱与圆柱、圆柱与圆锥、圆锥与圆锥相交，若它们能公切于一个球，则它们的相贯线是垂直于这个投影面的椭圆。

图 3－31 中的圆柱与圆柱、圆柱与圆锥、圆锥与圆锥相交，轴线都分别相交且平行于同一投影面，还可公切于一个球，因此它们的相贯线是垂直于正投影面的两个椭圆，只要连接它们的正面投影的转向轮廓线的交点，就可得到两条相交直线，即相贯线（两个椭圆）的正面投影。

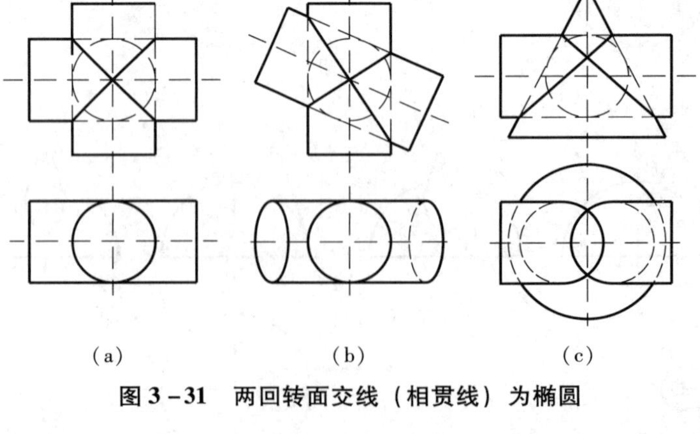

(a)　　(b)　　(c)

图 3－31　两回转面交线（相贯线）为椭圆

（2）两个同轴回转体（轴线在同一直线上的两个回转体）的相贯线，是垂直于轴线的圆。如图 3－32 所示的圆柱与半球、圆锥与半球、圆柱与圆锥相交，由于相贯体的轴线都是铅垂线，所以它们的相贯线都是平行于水平面的圆。

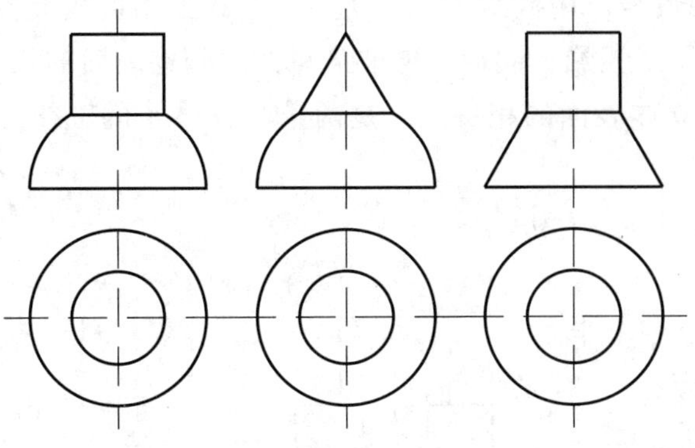

（a）　　　（b）　　　（c）

图 3 - 32　同轴线回转体相贯

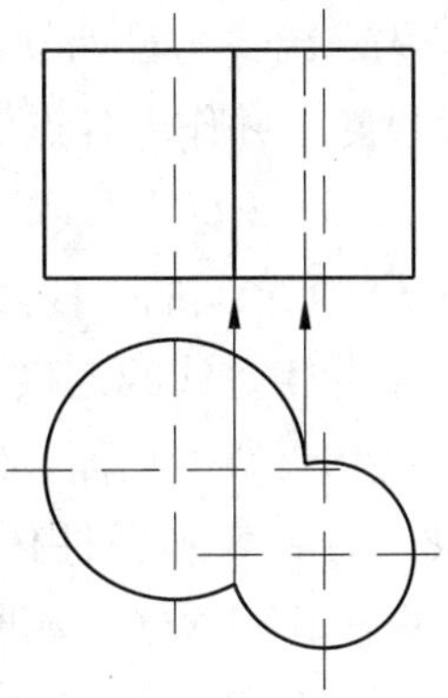

图 3 - 33　轴线平行的两圆柱相贯

（3）轴线平行的两圆柱相贯，其相贯线是相互平行的两条直线，如图 3 - 33 所示。

（4）共锥顶两圆锥相贯，相贯线是过圆锥顶点的两条直线，见表 3 - 3 所示。

五、组合相贯线

三个或三个以上的立体相交，其表面形成的交线，称为**组合相贯线**。工程上有时会遇到具有组合相贯线的零件，这些相交的立体仍构成一个整体，组成一个相贯体。组合相贯线的各段相贯线，分别是两个立体表面的交线；而两段相贯线的连接点，则必定是相贯体上的三个表面的共有点。

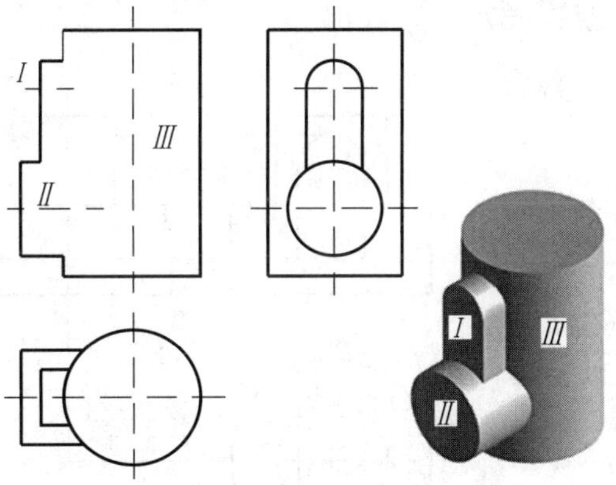

图 3 - 34　三体相交的已知条件

例 18　有一相贯体为三体相交，求作其相贯线的正面投影，如图 3 - 34 所示。

分析：由图可见，相贯体由 Ⅰ、Ⅱ、Ⅲ 三部分组成，Ⅱ、Ⅲ 为圆柱体垂直相交，Ⅰ 为半圆柱体，各基本形体的表面均有相贯线。其中 Ⅰ、Ⅱ 的表面垂直于侧面，故其侧投影有积聚性，相贯线的侧投影皆积聚其上。Ⅲ 的圆柱面垂直于水平面，其水平投影有积聚性，Ⅰ、Ⅲ 和 Ⅱ、Ⅲ 相贯线的水平投影皆积聚在一段圆弧上。作图步骤见图 3 - 35（a）、（b）。

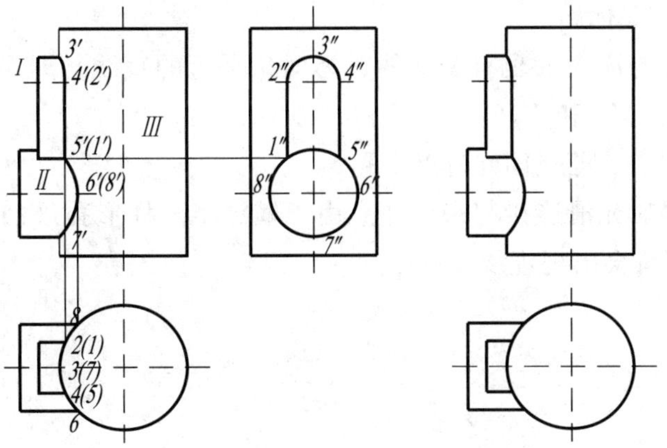

（a）　　　（b）

图 3 - 35　三体相交的相贯线

（1）先求出Ⅰ与Ⅲ两立体表面的相贯线，用数字1、2、3、4、5标出相贯线上各特殊点的侧面投影，并作出各点的正面和水平面投影；同理，再求Ⅱ与Ⅲ两圆柱表面的相贯线，用5、6、7、8、1标出；求出Ⅰ与Ⅱ两立体表面的相贯线，是两条与柱体Ⅱ的轴线的直线段，及点1、5之间的一段圆弧。

（2）求各相贯线的连接点，即三面共有点1和5。

（3）将相贯线的正面投影光滑连接起来。

例18 有一叠加圆柱体，横向穿了一个半圆柱孔，求作其相贯线，如图3－36所示。

分析：由图可见，相交体由Ⅰ、Ⅱ、Ⅲ三部分组成，Ⅰ、Ⅱ为同轴线的圆柱叠加在一起，Ⅲ为半圆柱形孔。三体相交后各基本形体的表面均有相贯线。Ⅲ垂直于正面，其正投影有积聚性。Ⅰ、Ⅱ两圆柱体垂直于水平面，其水平投影具有积聚性，与Ⅲ的相贯线的水平投影分别积聚在这两个圆的一段圆弧上。作图步骤见图3－37（a）、（b）。

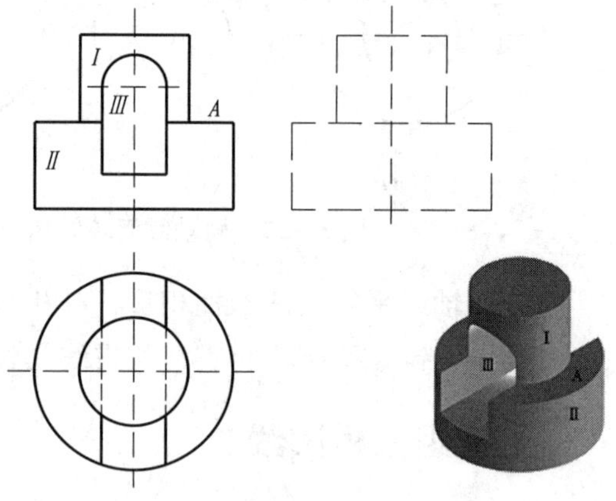

图3－36 三体相交的已知条件

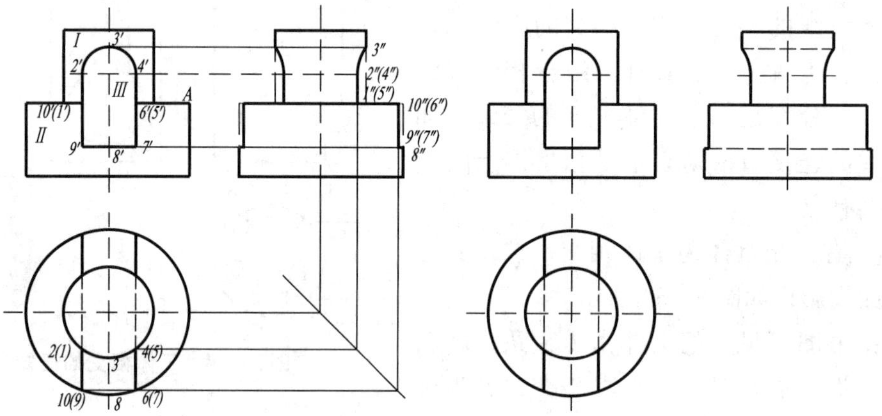

（a）　（b）

图3－37 三体相交的相贯线

（1）分别求出Ⅰ与Ⅲ两立体表面的相贯线，用1、2、3、4、5标出；Ⅱ与Ⅲ两体表面的相贯线，用6、7、8、9、10标出。

此外，圆柱Ⅱ的端面A与Ⅲ表面也有截交线，为两条平行的直线，即5 6与1 10，其三面投影分别为5 6和1 10，5′6′和1′10′及5″6″和1″10″。

（2）求各相贯线的连接点，即三面共有点1和5。

（3）将相贯线的正面投影光滑连接起来。注意由于横穿半圆柱形孔Ⅲ的存在，相贯体的水平投影图和侧面投影图皆会出现虚线。

复习思考题

一、简答题

1. 怎样在投影图中表示平面立体？怎样在投影图中判断和表明平面立体的轮廓线的可见性？怎样判断各个表面没有积聚性的投影的可见性？

2. 曲面投影的转向轮廓线是怎么形成的？它通常对曲面投影的可见性有什么意义？怎样判明曲面立体轮廓线的投影以及曲面投影的转向轮廓线的可见性？怎样判断曲面立体各个表面没有积聚性的投影的可见性？

3. 试比较作平面上的点和作曲面上的点的方法，有何异同之处？

4. 为什么平面立体的截交线一定是平面上的多边形？多边形的顶点分别是平面立体上哪些几何元素与截平面的交点和交线？当截平面垂直于投影面时，怎样求作平面立体的截交线？

5. 曲面立体的截交线通常是什么形状？还可能出现什么形状？当截平面为特殊位置平面时，怎样求作曲面立体的截交线？

6. 曲面立体的截交线上有哪些特殊点？怎样的点是曲面立体截交线上的一般点？作图时，在作出了全部特殊点后，应在什么地方再作一些一般点？

7. 平面与圆柱的交线有哪几种情况？为什么用表面取点、取线的方法就能简捷地作出轴线垂直与投影面的圆柱的截交线？

8. 平面与圆锥的交线有哪几种情况？圆锥面的三个投影都没有积聚性，可用哪两种方法在圆锥面上取点作截交线？

9. 平面与球的交线是什么？请分析当截平面分别平行、垂直、倾斜于投影面时，平面与球面的投影情况。为什么在球面上取点只能用辅助圆法？

10. 相贯线和相贯体是什么？相贯立体的轮廓线或曲面投影的转向轮廓线应画到哪里为止？

11. 两曲面立体的相贯线的基本性质是什么？怎样求作一些常见的相贯体（如圆柱、圆锥和球等）的相贯线？如何判断相贯线投影的可见性？

12. 求作回转体表面的相贯线常用哪两种方法？这两种方法分别适用于哪些场合？

13. 用辅助平面法求作两回转体表面的相贯线的基本原理是什么？怎样适当地选择辅助平面？

二、填空题

1. 立体由表面围成，根据表面的形状，可分为________立体和________立体两类；表面均为平面的立体称为________立体，常见的有：________、________等；表面为曲面或曲面与平面的立体称________立体，常见的有：________、________、________和________等。

2. 平面立体的截交线是一个多边形，它的顶点是平面立体的________或________与截平面的交点，它的边是截平面与平面立体表面的交线。

3. 围成平面立体的表面都是________，且都是由________所围成，而其又都由其两个端点来确定，因此，画平面立体的投影图就是画平面立体表面上各个多边形的投影，亦即画多边形的________和各个________的投影。画投影图时，应首先分析立体各________、________、________对投影面的相对位置，然后运用有关点、线、面的投影特点进行作图。

4. 在画立体的投影时，当轮廓线的投影为可见时，画________，不可见时，画________；当粗实线与虚线重合时，应画________。

5. 立体被截平面切割，截平面与立体表面的交线，称为________。

6. 求平面立体的截交线就是求立体________与________的交点和求截平面与________、________之间的交线。

7. 某些曲面可以看成由一条线按照一定的规律运动所形成的，这条运动的线称为________，而曲面上任一位置的此线称为________。

8. 曲面立体由曲面或由平面和曲面所围成，画曲面立体的投影图就是画曲面立体表面上________、________和________的投影。曲面投影的________是切于曲面的各投射线与投影面的交点的集合，它是曲面立体投影中可见表面与不可见表面的分界线。

9. 曲面立体的截交线通常是一条封闭的________，也可能是由截平面上的曲线和________所围成的平面图形或多边形。

10. 平面与圆柱面相交的截交线有如下三种情况：________、________、________。

11. 平面与圆锥面相交的截交线有如下五种情况：________、________、________、________、________。

12. 相交两立体的表面交线称为________，它包括实体表面的交线、实体表面穿孔的________、________与________的交线。

13. 曲面立体间的相贯线一般为封闭的________，特殊情况下也可不封闭，甚至是________、________或________等。

14. 在求作曲面立体间的相贯线时，常用的方法是________法和________法。

15. 轴线相交，且平行于同一投影面的圆柱与圆柱、圆柱与圆锥、圆锥与圆锥相交，若它们能公切于一个球，则它们的相贯线是________于这个投影面的________。

16. 两个同轴回转体的相贯线，是________轴线的________。

17. 轴线平行的两圆柱面相贯，其相贯线是相互________的________。

18. 共锥顶两圆锥相贯，相贯线是过圆锥顶点的________。

19. 三个或三个以上的立体相交，其表面形成的交线，称为________。

第四章　组合体

扫码“学一学”

以几何形体的观点看，任何复杂的机器零件，都可以假想是由一些简单的平面立体和曲面立体组成的，这样的简单立体就称为**基本体**，由基本体经过相互叠加、切割等方式而形成的组合物体，称为**组合体**。本章主要介绍应用投影理论解决组合体的画图和看图的基本方法，以及组合体的尺寸标注等内容。

第一节　三视图的形成及其特点

扫码“看一看”

一、三视图的形成

如图 4 –1 所示，按照 GB/T 4458. 1—2002《机械制图 图样画法 视图》的规定，应用第一角画法将物体置于第一分角内，使其处于观察者与投影面之间，得到物体的各面投影。GB/T 14692—2008《技术制图 投影法》规定，用正投影法所绘制的投影图，称为**视图**。正面投影一般是反映物体的主要形状特征、表示物体信息最多的视图，故称从前向后投影所得的视图为**主视图**，从上向下投影所得的视图为**俯视图**，从左向右投影所得的视图为**左视图**。

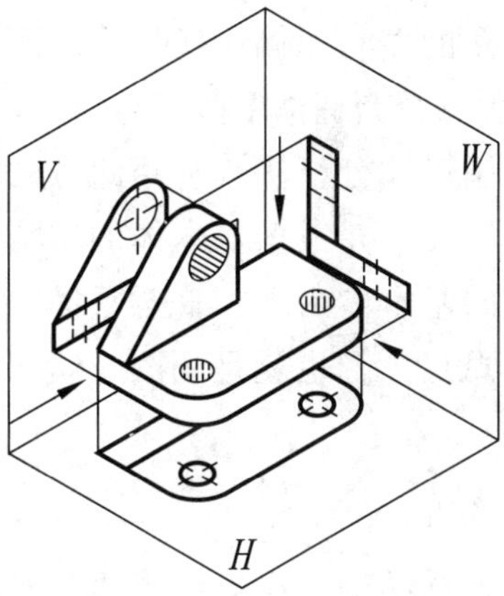

图 4 –1　三视图的形成过程

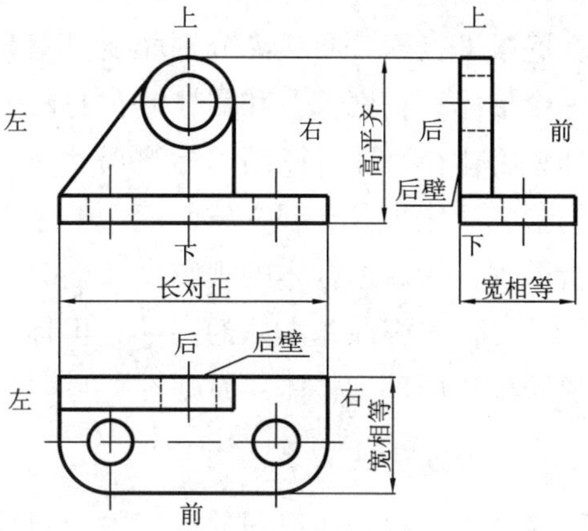

图 4 –2　三视图的投影特性

二、三视图的形成特点

如图 4 –2 所示，由投影面展开后的三视图可以看出：主视图反映物体的长和高，俯视图反映物体的长和宽，左视图反映物体的高和宽。由此可以得出三视图“主、俯视图长对正，主、左视图高平齐，俯、左视图宽相等且前后对应”的特性。此特性适用于物体的整体投影，也适用于物体局部结构的投影。应该注意：俯、左视图除了反映宽相等以外，前、后位置也应符合对应关系，即俯视图的下方和左视图的右方表示物体的前方，俯视图的上方和左视图的左方表示物体的后方。

第二节　组合体的组合方式

一、形体分析与线面分析

组合体的组合方式主要分为叠加、切割、综合三种。如图 4－3 所示，轴承座是叠加型物体，导向块为切割型物体。叠加包括叠合、相切和相交，切割包括平面切割和穿孔。

（a）轴承座　　（b）导向块

图 4－3　组合体的组成方式

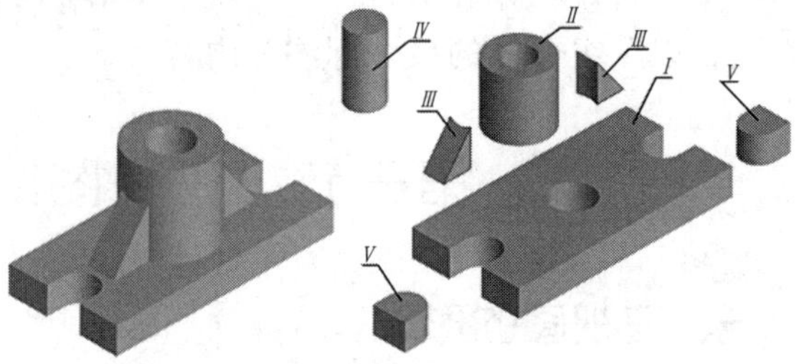

图 4－4　形体分析

（一）形体分析法

扫码“看一看”

将组合体分解为若干基本体，通过各基本体的形状，分析这些基本体的相对位置和组合关系，从而形成对整个物体结构形状的完整概念，这种方法称为形体分析法。

由图 4－4 可以看出，这个组合体是叠加型物体，它是由四棱柱底板 *Ⅰ*、圆柱体 *Ⅱ*、三棱柱肋板 *Ⅲ* 组成的。它们的组合形式和相对位置关系为：圆柱体 *Ⅱ* 与带圆柱面的肋板 *Ⅲ* 都是叠放在底板 *Ⅰ* 上面；肋板 *Ⅲ* 分别相交且对称于圆柱体 *Ⅱ* 的左右两侧；底板 *Ⅰ* 的两侧中间各挖去一个形体 *Ⅴ*；底板 *Ⅰ* 和圆柱体 *Ⅱ* 的正中间同轴挖去一个圆柱体 *Ⅳ*。

叠加型物体在画图、读图和标注尺寸时，经常要运用形体分析法。利用此方法可将复杂物体的形状简化为若干基本体，逐个绘制各基本体的视图，并根据基本体的组合方式对图形进行处理，形成组合体的视图。看图时，仍从简单的基本体入手，直至看懂整个组合体。标尺寸时，先标注基本体的尺寸，再标注组合体的总尺寸。也就是画图、读图和标注尺寸都遵循了从局部到整体的原则。

（二）线面分析法

扫码“看一看”

在绘制和阅读组合体视图的过程中，对比较复杂的组合结构，在运用形体分析法的基础上，对不易读懂的局部结构，还要结合线、面的投影特性进行分析，如分析物体的表面形状、物体上面与面的相对位置、物体表面的交线等，来帮助表达或读懂这些局部结构的形状，这种方法称为**线面分析法**。

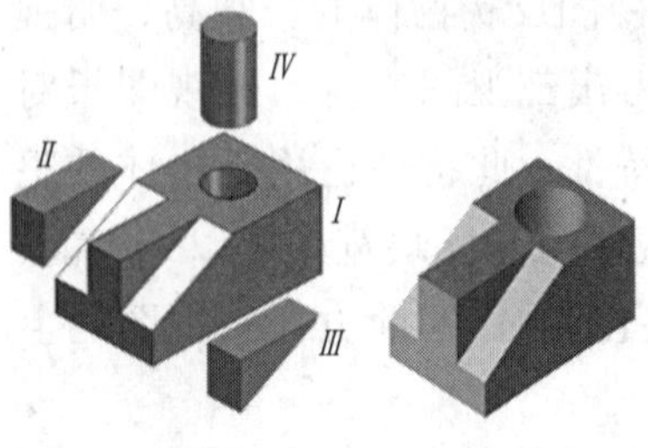

图 4－5　线面分析

由图 4－5 可以看出，这个组合体是切割型物体，它是由四棱柱 *Ⅰ*，在左端前后对称切割掉三棱柱 *Ⅱ*、*Ⅲ*，在右端上下贯通切掉圆柱 *Ⅳ* 以后形成的。可根据这个组合体表面的位置关系及表面的交线，想象出此物体的形成过程。

切割型物体在画图、读图和标注过程中，经常要用到线面分析法。画图时，可将复杂的组合体视为未被切割的完整物体，如图 4－5 中的四棱柱 *Ⅰ*，先绘制未被切割的基本体的视图，再根据组合体的切割方式逐步画出被切掉部分的视图，对图形进行处理，最后形成组合体的视图。看图时，仍从未被切割的整体入手，直至看懂各个局部。标尺寸时，也是先标注物体的整体尺寸，再标注组合体被切掉部分的尺寸。也就是画图、读图和标注尺寸仍然都遵循从整体到局部的原则。

扫码“看一看”

二、组合体的组合方式

（一）叠加

叠加的组合方式包括叠合、相切和相交三种。

1. 叠合　两个基本体的表面互相重合在一起的叠加方式称为叠合。两基本体上的贴合表面周围的表面可能处在同一表面上，也可能不是同一表面。表面过渡关系有以下两种情况。

（1）相邻两基本体除重合部分外，具有相互连接的一个面（共平面或共曲面）时，结合处没有分界线，在视图上也不画两表面的分界线，如图 4－6 中的主视图所示。

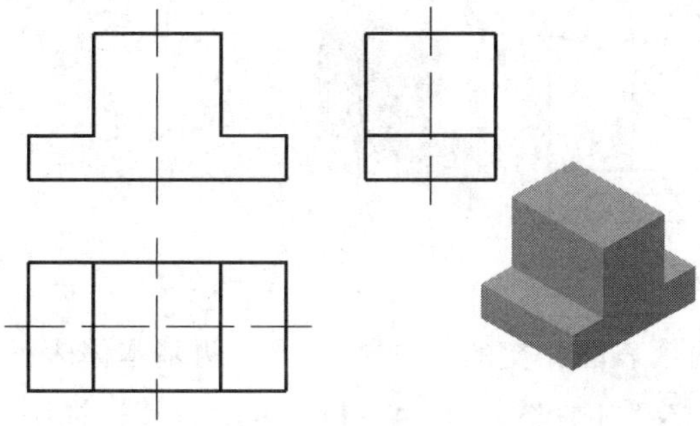

图 4－6　表面平齐

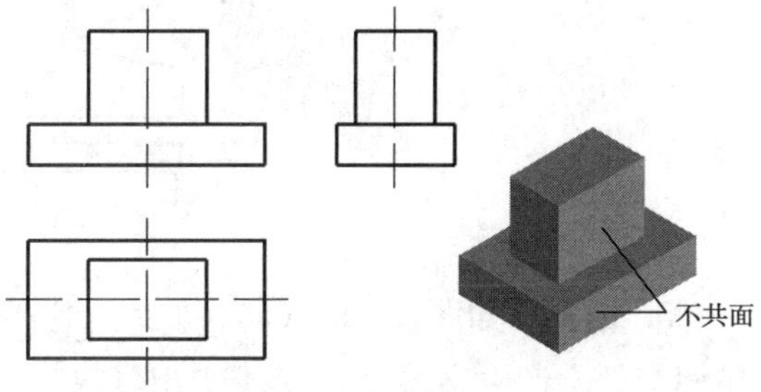

图 4－7　表面相错

（2）两基本体没有公共的表面时，在视图中两个基本体之间要画分界线。如图 4－7 所示，两基本体的表面相错，在主、左视图中画出了两表面间的分界线。

如图 4－8 所示的零件，由于底板和竖板的前后两表面处于同一平面上，所以主视图上两个形体叠加处不画线。而竖板上凸台的宽度比竖板小，圆柱面与竖板侧面不在同一平面内，所以应有分界线。

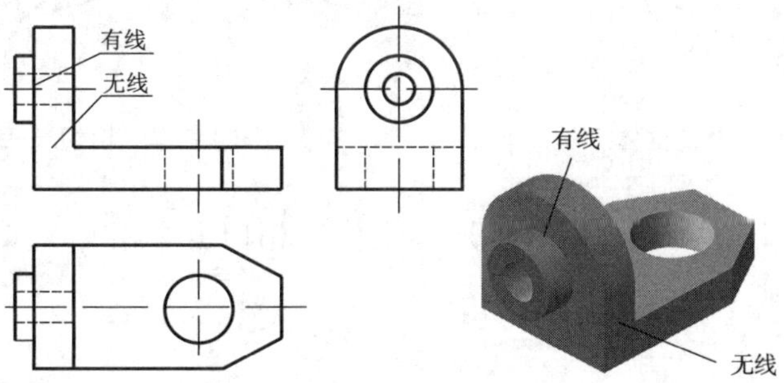

图 4－8　支架

2. 相切　两个基本体的表面（平面与曲面或曲面与曲面）光滑过渡时的叠加方式称为相切。相切叠加时，两基本体的表面在相切处不存在轮廓线，在视图上一般不画分界线。

如图 4－9 所示，由于底板前后面与圆柱面相切，因此，在主、左视图上不画底板前后侧面与圆柱面的分界线。底板顶面在主、左视图上的投影应画到切点 A、B 处为止。

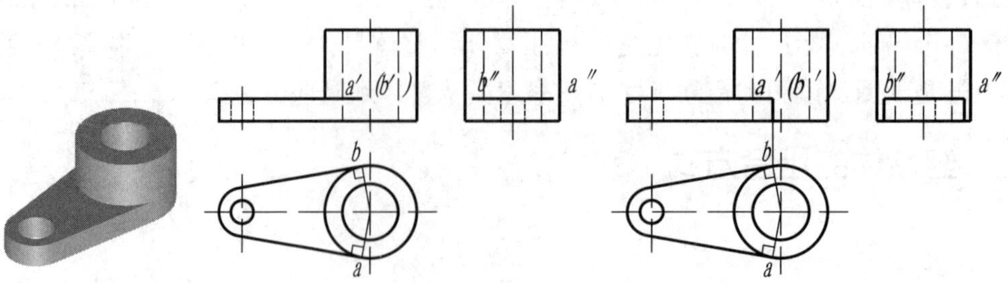

（a）立体图　　（b）正确画法　　（c）错误画法

图 4－9　表面相切的画法

如图 4－10 所示，当两曲面相切时，若两曲面的公切平面是投影面的垂直面，则在该投影面上相切处要画分界线；当两曲面的公切平面倾斜或平行于投影面时，在该投影面上不画相切处的分界线。

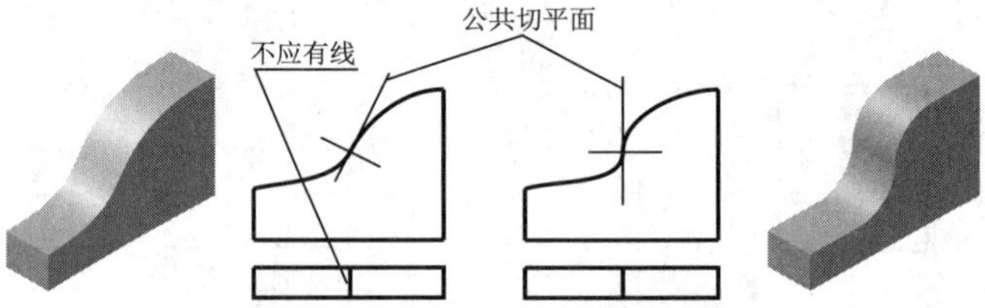

图 4－10　相切的特殊情况

3. 相交　如图 4－11（a）所示，组合体由两个表面相交的基本体组成，两基本体表面在相交处会产生交线（截交线或相贯线），应画出交线的投影。图 4－11（b）为其三视图，组合体中的耳板前后面与圆柱体表面相交有交线。

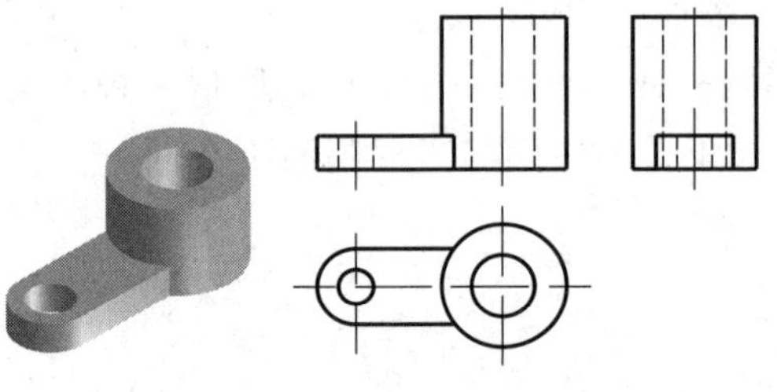

（a）　（b）

图 4－11　表面相交的立体

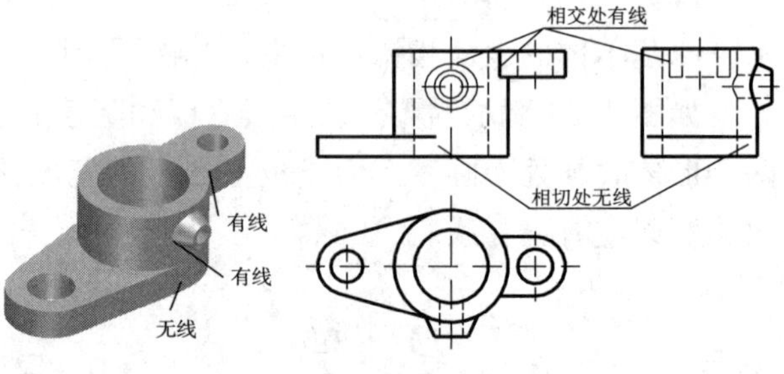

（a）　（b）

图 4－12　相切与相交画法示例

由图 4－12 的立体图可知，组合体形体表面有相切也有相交，二者的画法是不同的，注意三视图中表面相切和相交的不同画法。

（二）切割

1. 切割　用一个或几个平面或曲面去切割基本体的一部分，这时在基本体的表面会产生不同形状的截交线或相贯线。如图 4－13 所示的组合体，是由轴线铅垂的圆柱被正垂面和侧平面切割后形成的。

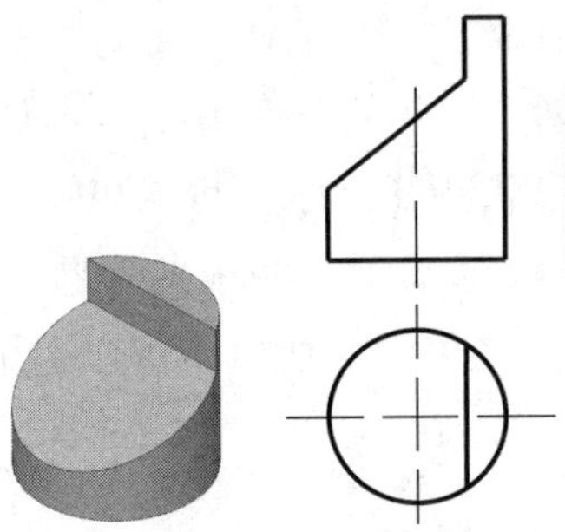

图 4－13 切割的画法

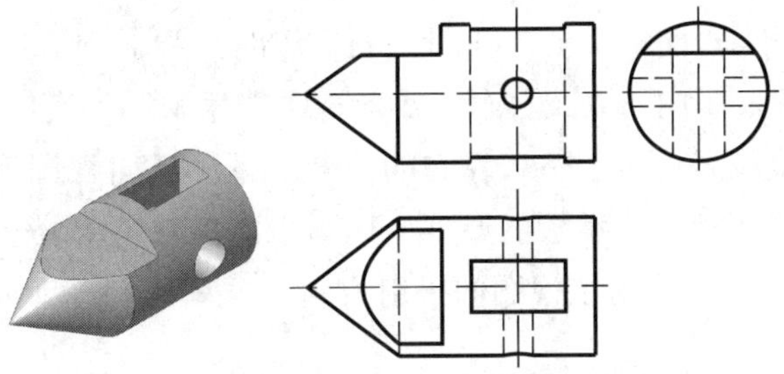

图 4－14 顶尖

2. 穿孔 当基本体被穿孔后，也会产生不同形状的截交线或相贯线。图 4－14 中的顶尖为圆锥和圆柱叠加后，又进行了三次切割：在顶尖左端用一水平面和一侧平面从零件上部切割去一块；在顶尖右端又用两个侧平面、两个正平面切割成一铅锤的矩形孔；再从前向后穿通一圆柱孔，这个圆柱孔贯穿了矩形孔的前、后壁面，属于以切割为主的组合体。

在实际应用中，组合体的组合方式并不一定是非叠加即切割，而是还存在一些既有叠加又有切割的复合型组合方式，这在分析组合体时是应该注意的问题，在此不再赘述。

第三节 画组合体的视图

组合体的组合方式不同，其画法的思路也不同。叠加型组合体本着由局部到整体的思路来绘制完成，切割型组合体则依照由整体到局部的方式来实施。

一、叠加型组合体的画图方法

现以图 4－15 所示的轴承座为例说明叠加型组合体绘制三视图的方法和步骤。

扫码“看一看”

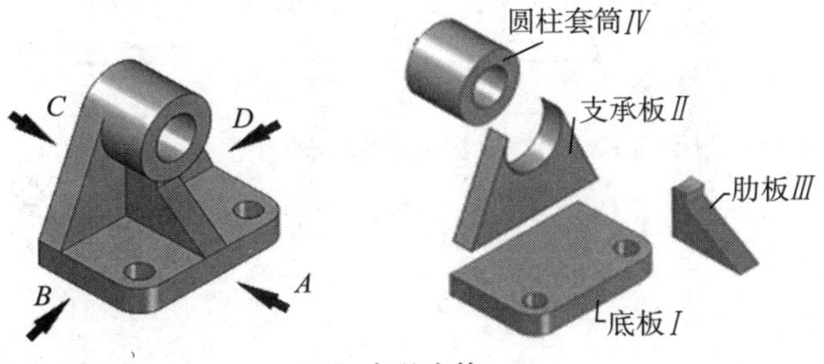

（a）组合体 （b）各基本体

图 4－15 轴承座的形体分析

（一）形体分析

应用形体分析法可将轴承座分解为四部分：底板Ⅰ、支承板Ⅱ、肋板Ⅲ、圆柱套筒Ⅳ。其中，底板、支承板和肋板三部分，左、右对称叠加在一起；支承板与底板后面共面；支承板与套筒表面光滑相切；肋板与套筒相贯，表面应有相贯线。

（二）视图的选择

主视图主要由组合体的安放状态和投射方向两个因素确定。确定主视图的投射方向是画图的一个关键。主视图一般应能够较明显地表达出组合体的主要形状特征及各部分间的相对位置关系，并使所有视图中不可见形体为最少、各个视图表达的清晰性最好。本题根据画图方便和放置稳定性来确定组合体的安放状态，选择自然安放位置。

如图4－16所示，通过A、B、C、D四个投射方向视图的比较，可以看出：A向与C向比较，A向实线多，视图清晰；B向与D向比较，B向的左视图会出现较多虚线，不如D向好；A向与D向比较，A向视图能反映圆柱套筒、支承板的形状特征，以及肋板和底板的厚度及各部分上下、左右的位置关系。D向视图能反映圆柱套筒的长度、肋板的形状特征以及底板和支承板的厚度，同时也能反映各部分上下、前后的位置关系。所以，可以选用A向或D向作为主视图的投射方向，这里我们选A向为主视方向。

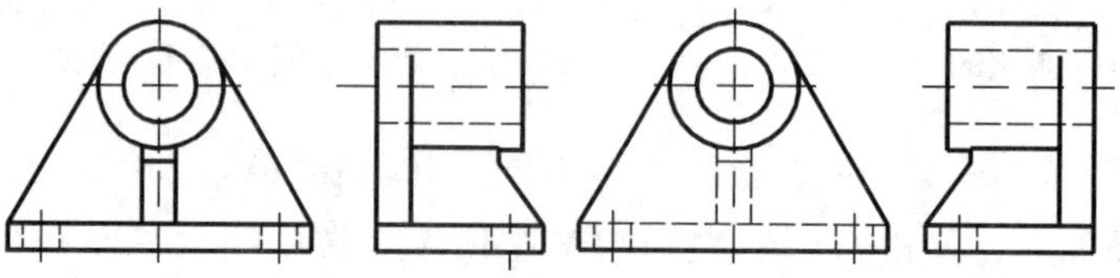
(a) 好　(b) 差　(c) 差　(d) 好

图4－16　选择主视图方向

（三）绘图步骤

1. 选择比例、确定图幅、布置视图　主视图确定以后，可根据实物大小，按国标规定选择适当的比例和图幅。在图纸上均匀布置这些视图，定出各视图的基线、对称线以及主要形体的轴线和中心线，如图4－17（a）所示。

2. 画底稿　绘图步骤如图4－17（b）～（e）所示，从反映组合体主要形状特征的主视图开始。用细实线先画主要基本体的三视图，且先画可见的图线，后画不可见的图线；再画次要基本体。逐个画出各形体的三视图，并根据基本体的组合关系处理图形的细节形状。

画图时应注意以下几个问题。

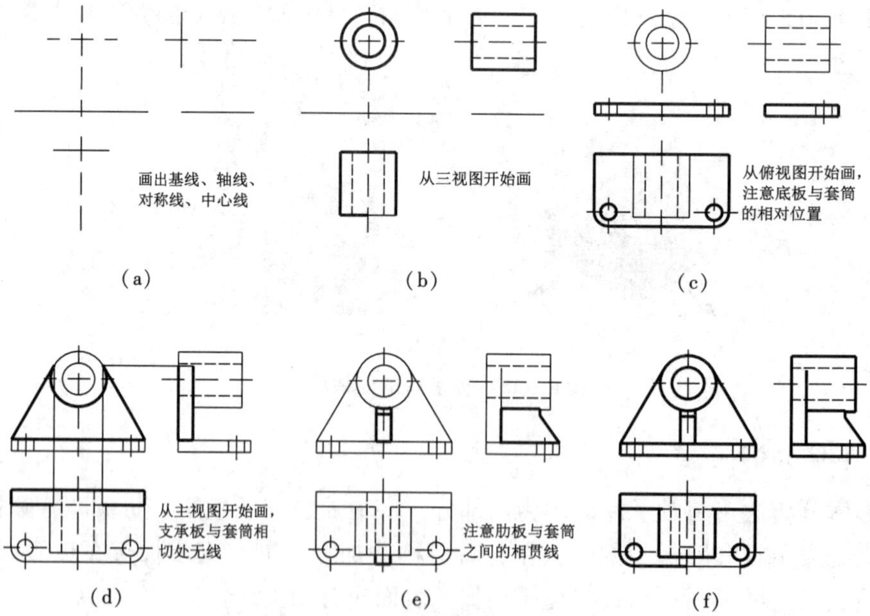

(a)　(b)　(c)　(d)　(e)　(f)

图4－17　轴承座的画图步骤

（1）要三个视图配合起来画，以便利用投影间的对应关系，使作图既快又准确。

（2）各形体之间的相对位置要正确，见图4－17（c）。

（3）各形体间的表面过渡关系要正确，见图4－17（d）、（e）。

由于套筒、支承板、肋板组合成一个整体，原来的轮廓线也发生了变化，如图4－17（d）中俯视图上套筒的轮廓线，图4－17（e）中左视图中套筒的轮廓线和俯视图上肋板与支承板间的分界线的变化。

3. 检查、加深　底稿画完后，要仔细检查有无错误，确认正确无误后，按可见性用正确的线型进行加深。

二、切割型组合体的画图方法

（一）形体分析

图4－18所示的导向块，可以看成是由四棱柱Ⅰ，依次切去了Ⅱ、Ⅲ、Ⅳ、Ⅴ而形成的。依此思路可以完成其三视图，绘图步骤见图4－19。

扫码“看一看”

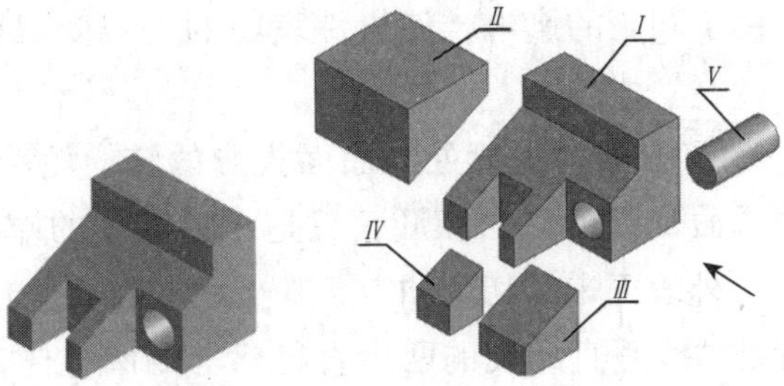

图4－18　导向块的形体分析

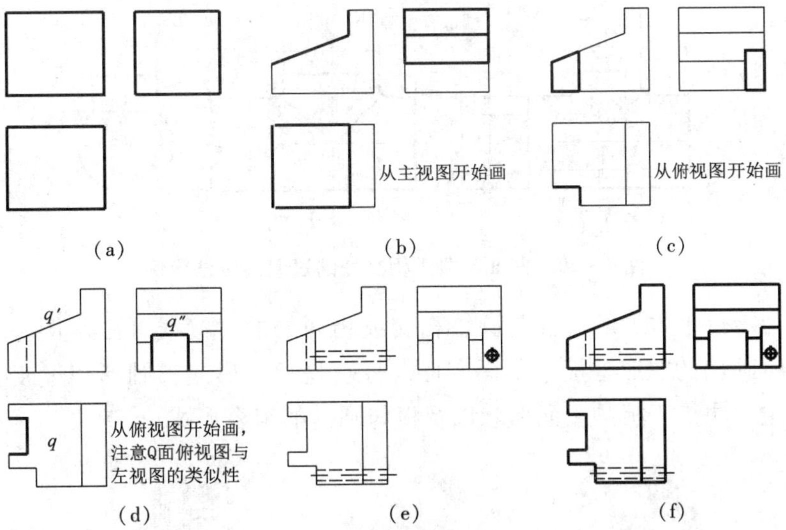

图4－19　导向块的绘图步骤

（二）视图的选择

按自然位置放好导向块，选定主视图的投影方向。

（三）绘图步骤

1. 绘图步骤　选择比例、确定图幅并布置视图的处理方法与叠加型组合体相同。

2. 画底稿　先画出这个四棱柱的三视图，然后，画切去形体Ⅱ后的三视图，这时要先画反映被切去部分实形的视图，再依次画出切去其他形体后的三视图，就完成了切割型组合体视图的绘制。画图时应注意以下几点。

（1）对于被切的形体，应先画出反映其形状特征的视图。例如，切去形体Ⅱ，应先画主视图。

（2）切割型组合体的特点是截面比较多。画图时，除了对物体进行形体分析外，还应对一些主要的截面图形进行线面分析。

根据平面的投影特性，平面除了有积聚性的投影外，其他投影都表现为一个封闭线框，例如图4－19（d）中的Q平面。作图时，利用这个规律，对面的投影进行分析、检查，可以快速、正确地画出图形，这就是线面分析法的具体应用。

3. 检查、加深 底稿画完后，要仔细检查，最后进行加深。

三、过渡线的画法

设备中有很多零件是铸造或锻造出来的，在铸件或锻件的表面相交处，通常有铸造圆角，使表面光滑过渡。由于圆角的影响，使机件表面的交线变得很不明显，这种交线称为过渡线。

如图4－20所示，除了在圆角过渡处的曲面投影的转向轮廓线相交处应画成圆角外，过渡线的画法与相贯线或截交线的画法相同，只是在过渡线的端部要留有空隙。图4－20（a）所示的三通管铸件，外表面未经切削加工，其交线应画成过渡线。图4－20（b）、（c）分别是实心铸件，前者是轴线垂直相交的两个直径相等的圆柱体，后者是同轴的圆柱体与球相交，由于相交处都是圆角过渡，所以都画成过渡线。

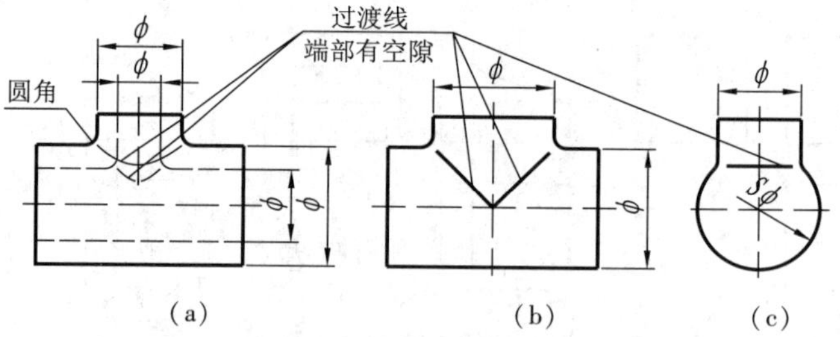

图4－20 曲面与曲面相交处的过渡线画法示例

图4－21为零件上常见的薄板与圆柱相交或相切处的过渡线画法示例。对照立体图可知：图中用细线画出的图形是板的断面实形，分别是长方形或长圆形；过渡线在主视图中的投影形状，主要决定于板的断面形状以及板与圆柱的组合形式。

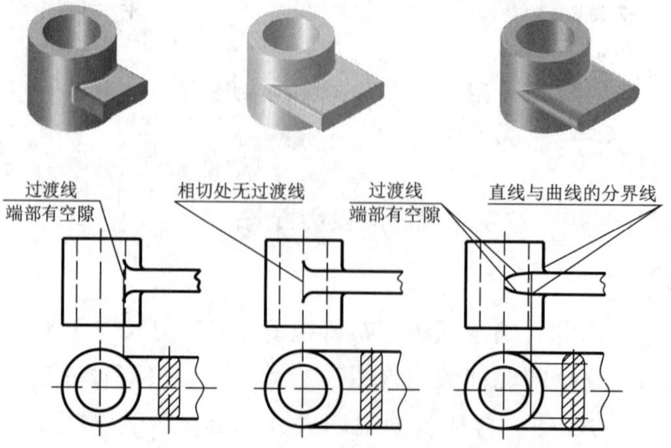

图4－21 平面与曲面相交或相切的过渡线画法示例

值得注意的是：应该画出在长方形板的前、后表面与圆柱面相交处的过渡线的正面投影；不能画出长方形板的前、后表面与圆柱面的切线的正面投影，也就是在相交处没有过渡线；在长圆形板的前、后端圆柱面和圆柱的公共切平面上的切线的交点处，过渡线的正面投影应留空隙。

第四节　组合体视图的尺寸标注

视图只能表达物体的形状，物体的真实大小及各部分间的相对位置关系，则要依靠标注尺寸来确定。组合体尺寸标注的基本要求如下。

（1）正确　所注尺寸应符合国家标准《技术制图》中有关尺寸注法的基本规定。

（2）完全　将确定组合体各部分形状大小及相对位置的尺寸标注完全，不能遗漏或重复。

（3）清晰　尺寸标注要布置匀称、清楚、整齐，便于阅读。

一、基本概念

扫码“看一看”

组合体的尺寸要标注完全，必须包含基本体的定形尺寸、定位尺寸和组合体的总体尺寸三方面的内容。以图 4－22 为例说明如下。

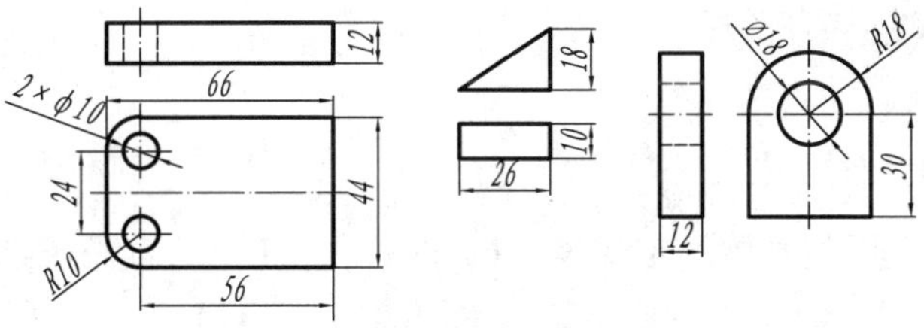

（a）定形尺寸标注

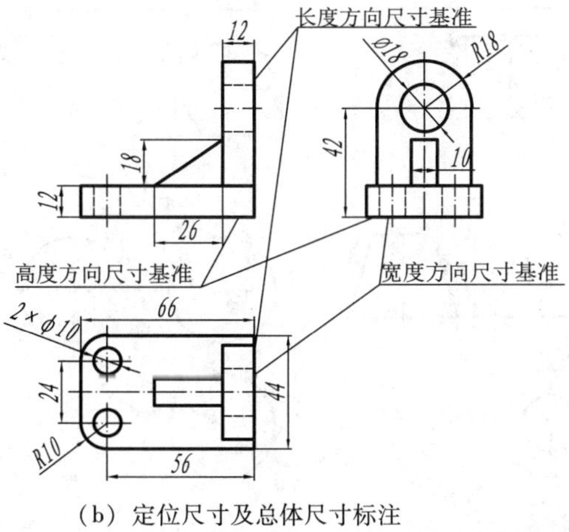

（b）定位尺寸及总体尺寸标注

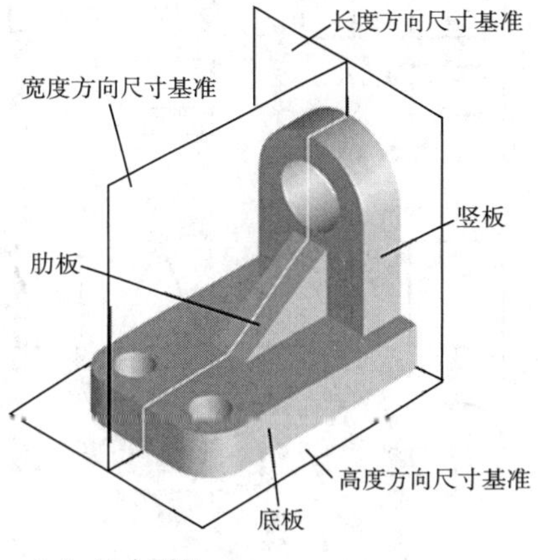

（c）尺寸基准

图 4－22　支架的尺寸分析

定形尺寸是指确定组合体中各基本体的形状和大小的尺寸。在图 4－22（a）中，把支架分为底板、竖板以及肋板三个基本部分，这三个部分的定形尺寸：底板长 56，宽 44，高 12，圆角 $R10$，两圆孔直径 $\phi10$；竖板长 12，宽 36，圆孔直径 $\phi18$，圆弧半径 $R18$；肋板长 26，宽 10，高 18。

定位尺寸是指确定组合体中各基本体之间相对位置的尺寸。如图 4－22（c）所示，俯视图中的尺寸 56 是底板上两圆孔的长度方向的定位尺寸，24 是两小孔间宽度方向的定位尺寸，左视图中的尺寸 42 是竖板孔 ϕ18 高度方向的定位尺寸。

总体尺寸是指组合体在长、宽、高三个方向的最大尺寸，即组合体总长、总宽、总高的尺寸。总体尺寸有时就是某形体的定形尺寸或定位尺寸。必须注意，如果组合体的定形尺寸和定位尺寸已标注完整，若再加注总体尺寸，就会出现多余尺寸时，一般不再标注总体尺寸，或需对某些尺寸作适当调整。在图 4－22（c）中，底板的长度尺寸 56，宽度尺寸 44 分别是组合体的总长和总宽尺寸，其总高尺寸是由尺寸 42 和 R18 相加来决定的。

有时在一些特殊场合为了绘图和读图清晰明显，也可以标注少量重复尺寸。图 4－22（a）中，底板的两个小圆角的圆心和两个圆柱孔的圆心是重合的，因而底板的总长、总宽尺寸 66 和 44，实际上是重复尺寸。

尺寸基准是指标注尺寸的起始位置（可以是线或面）。要标注定位尺寸，必须有尺寸基准。组合体有长、宽、高三个方向的尺寸，每个方向至少要有一个尺寸基准。标注每一个方向的尺寸，都应从基准出发确定各部分形体的定位尺寸。通常选取物体的底面、端面、对称平面、回转体轴线以及圆的中心线等作为组合体的尺寸基准，如图 4－22（b）、（c）所示。

扫码“看一看”

二、简单体的标注方法

（一）基本体的定形尺寸

图 4－23 是一些常用基本体的定形尺寸的注法。标注球面直径或半径时，要加字母 S。

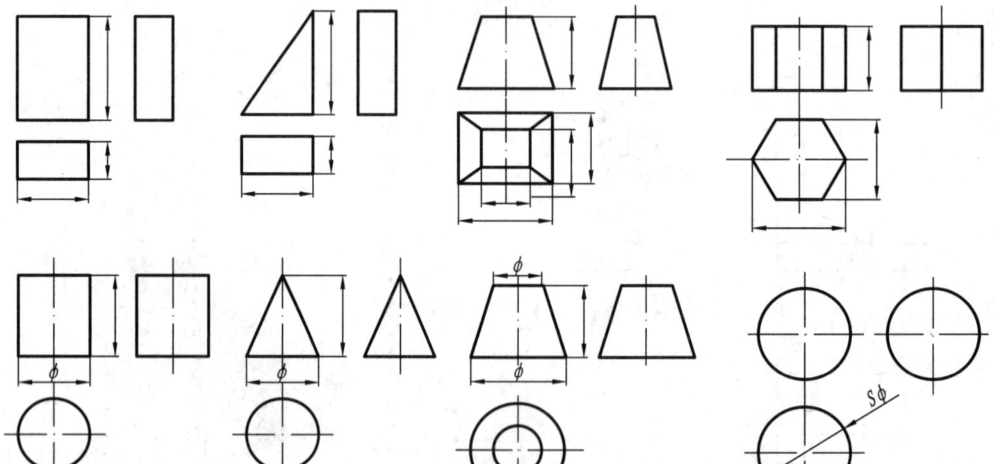

图 4－23　基本体的定形尺寸

（二）基本体的定位尺寸

图 4－24（a）～（d）是一些常见形体的定位尺寸的注法。从图中可以看出，在标注回转体的定位尺寸时，一般都是标注其轴线的位置；对称物体以对称面为基准，标注整体尺寸；不对称结构以较大的加工面为基准面，标定位尺寸。请同学注意观察各图之间的

区别。

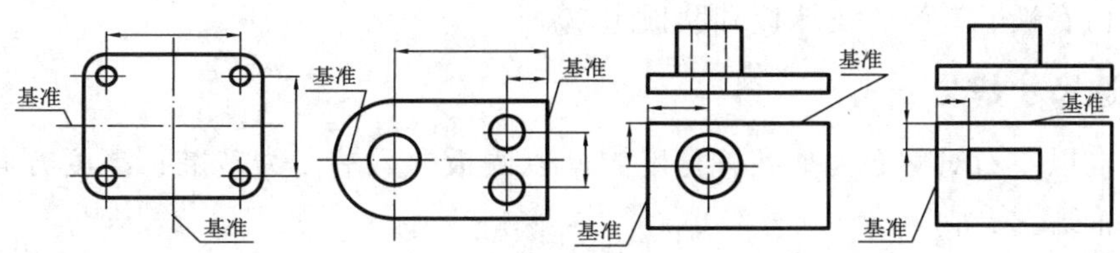

（a）　　（b）　　（c）　　（d）

图 4－24　一些常见形体的定位尺寸

（三）标注定形、定位尺寸时应注意的问题

（1）当基本体被平面截切时，除了标注基本体的定形尺寸外，还需标注截平面的定位尺寸，不要直接在截交线上标注尺寸，如图 4－25 所示。

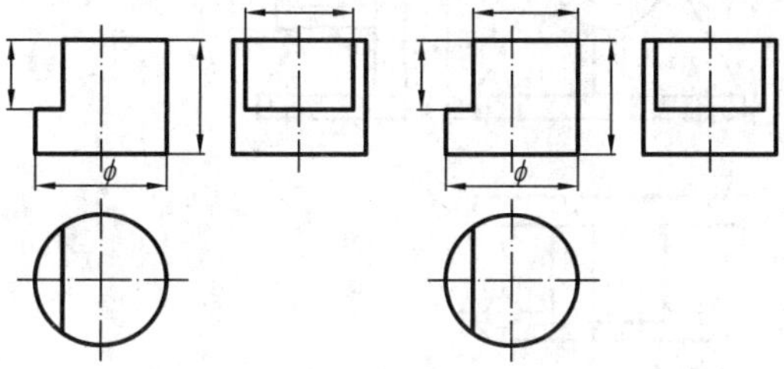

（a）错误　　（b）正确

图 4－25　表面具有截交线的尺寸注法

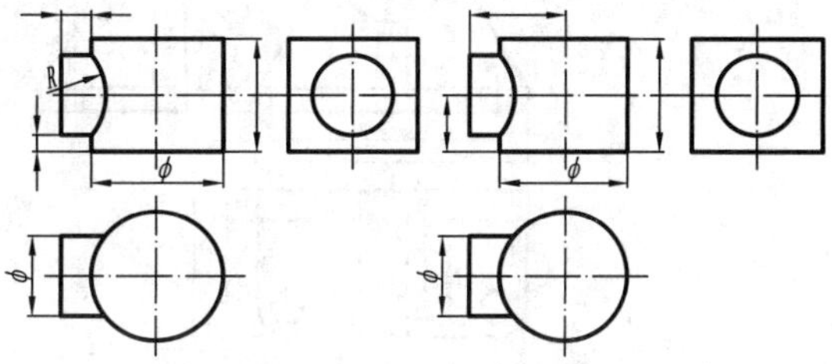

（a）错误　　（b）正确

图 4－26　表面具有相贯线的尺寸注法

（2）如图 4－26 所示，当组合体的表面具有相贯线时，应标注产生相贯线的两形体的定形、定位尺寸，而不允许直接在相贯线上标注尺寸。

（3）如图 4－27 所示，对称结构的尺寸，不论是定形尺寸还是定位尺寸，应标注整体尺寸，不能只标注尺寸的一半。

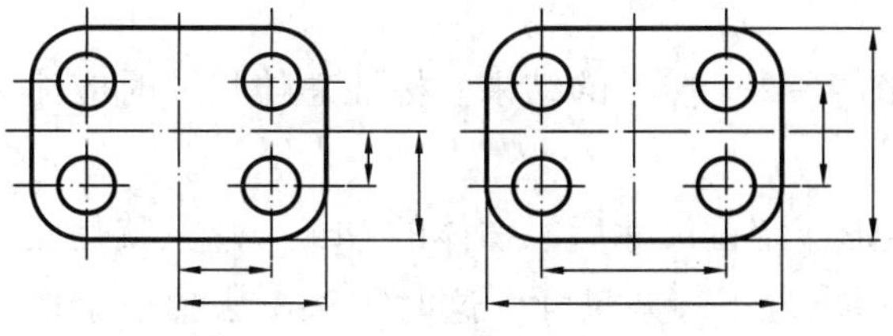

（a）错误　　（b）正确

图 4－27　对称结构的尺寸注法

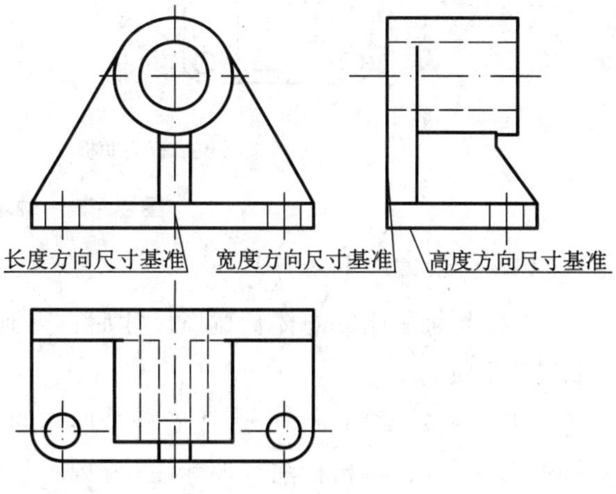

图 4－28　轴承座

扫码“看一看”

三、组合体的标注方法

形体分析法是标注组合体尺寸的基本方法，依照组合体组合方式是叠加或者切割的不同，而采用与绘图过程相统一的，由局部到整体或者由整体到局部的不同思路来完成。现以图 4－28 所示的轴承座为例来说明组合体的尺寸标注过程。

（一）形体分析

轴承座由底板、套筒、支承板和肋板组成。

（二）选尺寸基准

长度方向以左右对称面为基准；宽度方向以底板的后端面为基准；高度方向以底板的下底面为基准。

（三）逐个标注各个形体的定形、定位尺寸

（1）标注底板的尺寸，其中尺寸线上标有“a”的为定位尺寸，见图 4－29（a）。

（2）标注套筒的尺寸，见图 4－29（b）。

（3）标注支承板和肋板的尺寸，见图 4－29（c）。

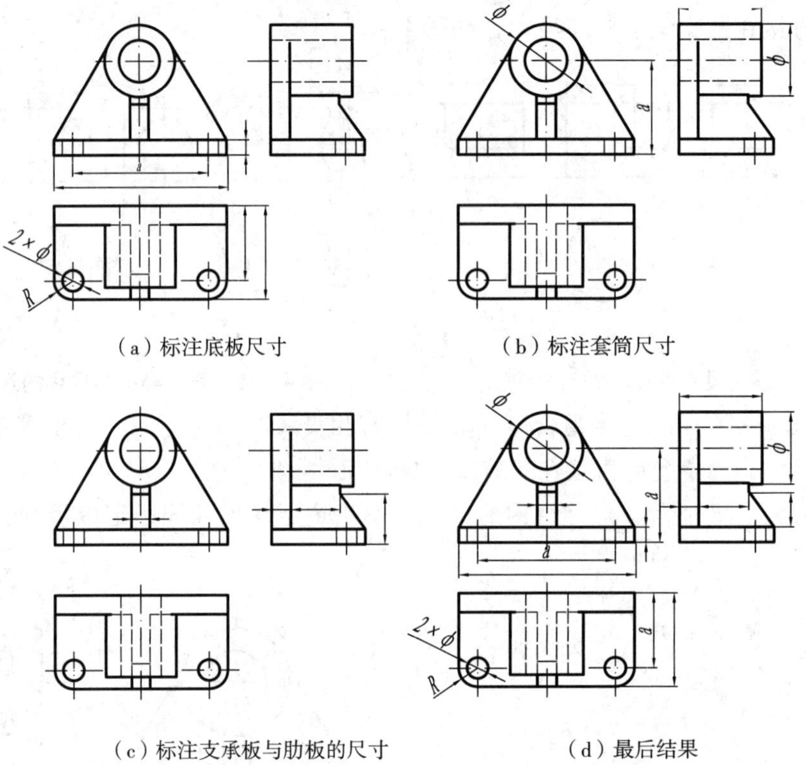

（a）标注底板尺寸　（b）标注套筒尺寸

（c）标注支承板与肋板的尺寸　（d）最后结果

图 4－29　轴承座的尺寸标注

（四）组合体的总体尺寸

考虑到轴承座的总体长宽高尺寸后，得到图 4－29（d）的结果。标注总体尺寸时应注意以下几项。

（1）图 4－30（a）中标注了每个形体的定形、定位尺寸后，物体的总长、总宽就是底板的定形尺寸，不再标注。但标注了总高尺寸后出现了多余尺寸，这时需调整去掉一个次要尺寸，如图 4－30（b）所示。

（2）当组合体的某一方向具有回转面结构时，由于注出了其定形、定位尺寸，该方向的总体尺寸一般不再标注，见图 4－31。

（五）尺寸布置的基本要求

（1）定形尺寸应尽量标注在反映形体特征的视图上，定位尺寸应尽量标注在反映形体间位置关系明显的视图上，并力求与定形尺寸集中放置在一起。

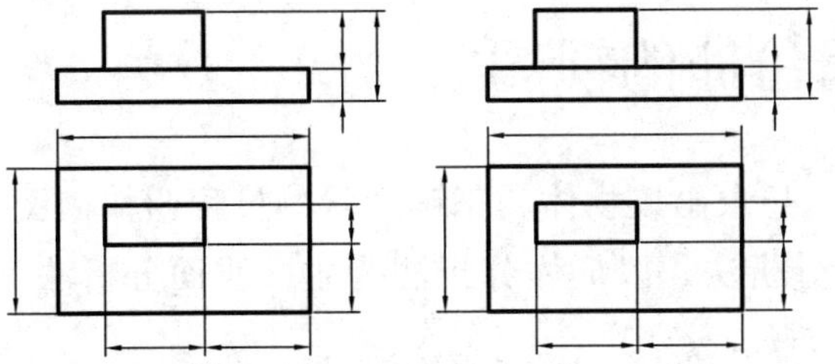

（a）错误　　（b）正确

图 4－30　标注总体尺寸

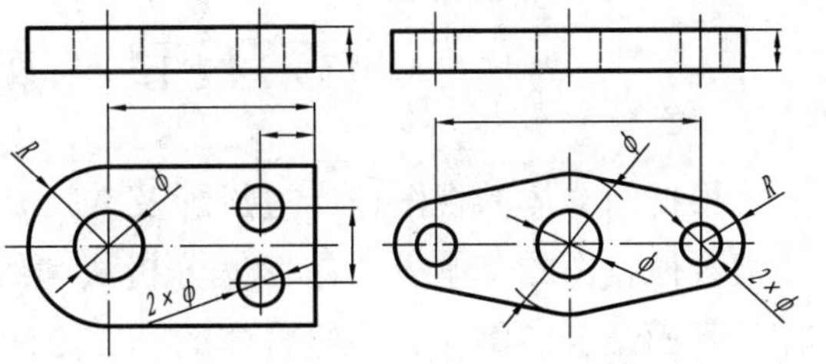

图 4－31　不标注总体尺寸的结构

（2）尺寸尽量注在视图外面，注在视图内时不能影响其清晰性，如图 4－32 所示。

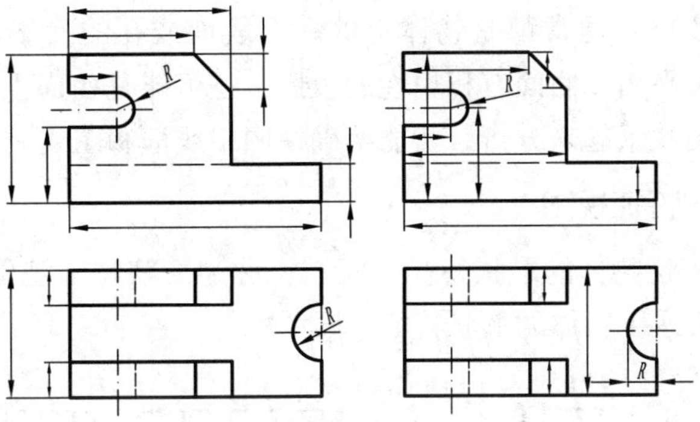

（a）清晰　　（b）不好

图 4－32　尺寸的布局

（3）同轴的圆柱、圆锥的径向尺寸，一般标注在非圆视图上，圆弧半径应标注在投影为圆弧的视图上，如图 4－33（a）所示，图 4－33（b）的标注不好。

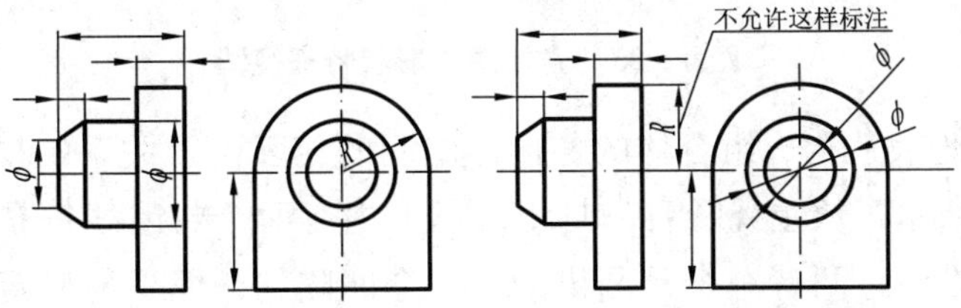

（a）清晰　　（b）不好

图 4－33　圆柱、圆锥、圆弧尺寸注法

（4）同一形体的尺寸尽量集中标注在形状特征明显的视图上，同一方向串联尺寸，箭头应互相对齐，排在同一直线上，如图 4－34 所示。

（5）避免在虚线轮廓上标注尺寸。

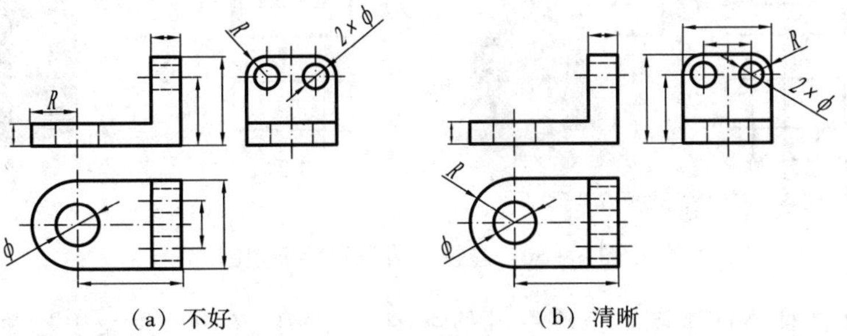

（a）不好　　（b）清晰

图 4－34　尺寸的集中标注

扫码“看一看”

第五节　读组合体的视图

根据组合体的视图，经过投影及空间分析，想象出该物体的正确形状的过程叫作**读图**。读组合体视图的基本方法是形体分析法和线面分析法，以形体分析法为主，线面分析法为辅。下面结合实例，介绍组合体的读图方法与步骤。

一、基本原则

（一）明确视图中线框和图线的含义

视图中每个封闭线框，通常都是物体上的一个表面或孔的投影。视图中的每条图线，可能是面与面的交线或平面或曲面有积聚性的投影，还可能是曲面立体投影的转向轮廓线。因此，必须将几个视图联系起来分析，才能明确视图中线框和图线的含义。

（二）要善于抓住特征视图

（1）最能清晰地表达物体的形状特征的视图，称为**形状特征视图**。图 4－35 中两个组合体的俯视图清晰地表达了物体的形状特征。

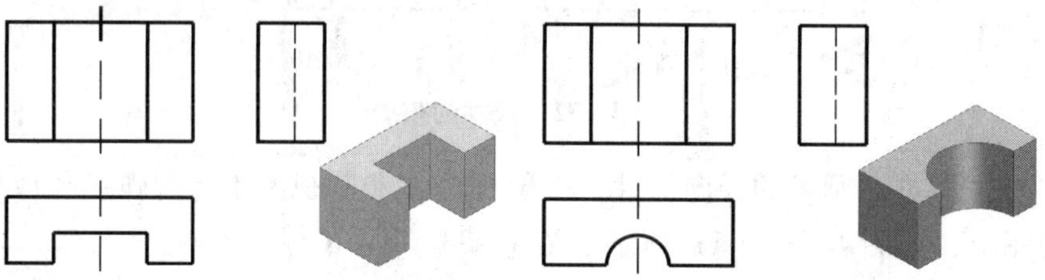

（a）　　（b）

图 4－35　俯视图为形状特征视图

（2）最能清晰地表达构成组合体的各形体之间的相互位置关系的视图，称为**位置特征视图**。如图 4－36 所示，从主视图看，封闭线框 *Ⅰ* 内有两个封闭线框 *Ⅱ* 和 *Ⅲ*，其形状特征比较明显。从俯视图看，两者一个是凸出的，一个凹陷的，但不能确定其对应关系。从图 4－36（a）的左视图看，很明显形体 *Ⅱ* 是凸出的，形体 *Ⅲ* 是孔。从图 4－36（b）的左视图看，形体 *Ⅲ* 是凸出的，形体 *Ⅱ* 是孔，所以，左视图清晰地表达了形体间的位置特征。

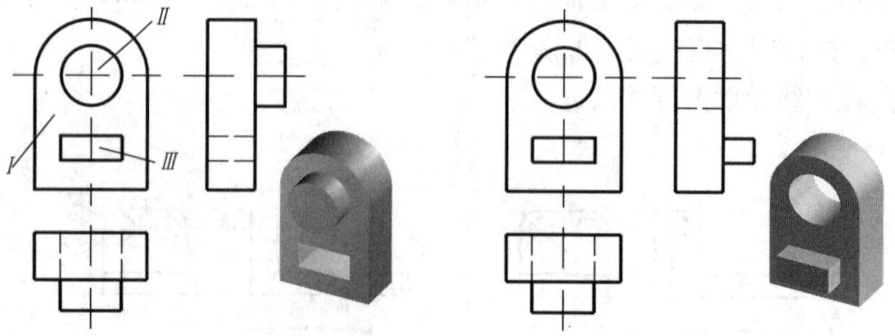

（a）　　（b）

图 4－36　左视图为位置特征视图

由此可见，抓住特征视图，再配合其他视图，就能比较快地想象出物体的形状。

物体的形状特征和位置特征并不一定集中在一个视图中，也可能分散在几个视图内。

如图 4－37 中的支座由四部分组成，Ⅰ、Ⅲ、Ⅳ的形状特征主要在主视图表达，Ⅱ的主要形状特征在左视图表达，Ⅱ上孔的形状特征在俯视图表达。它们的相互位置关系在三个视图上都有表达。所以，在抓住反映特征较多的视图的同时，还需所有视图全盘分析。

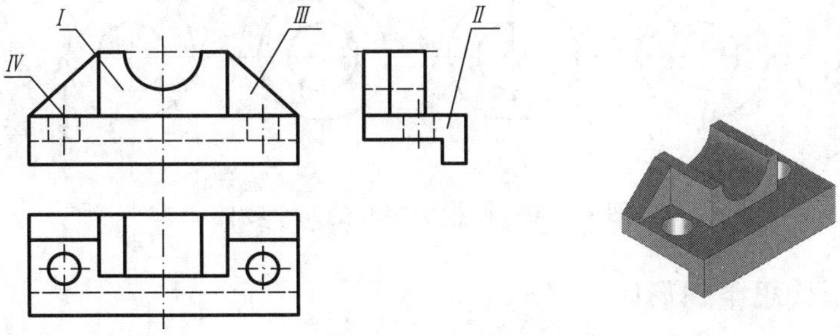

图 4－37　支座

（三）要注意视图中反映形体之间过渡关系的图线

构成组合体的形体之间表面过渡关系的变化，会引起视图中图线的变化。图 4－38（a）中的三角形肋板与底板及侧板间的连接线在主视图上是实线，表明它们的前面不共面，且此肋板在底板中间。图 4－38（b）中的三角形肋板与底板及侧板间的连接线在主视图上均为虚线，表明它们的前面共面，由俯视图可知，前后各有一块肋板。

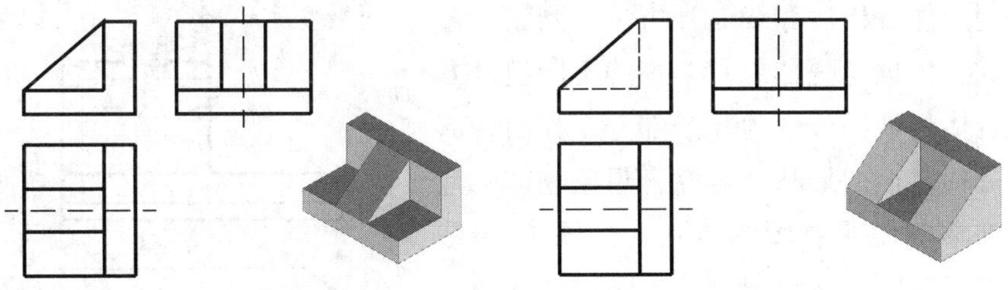

（a）　　　　（b）

图 4－38　虚、实线变化表明形体变化

又如图 4－39（a）中，由主视图上两形体的交线是两条直线，可以确定是两个直径相等的圆柱相交。而图 4－39（b）中，主视图上两形体在过渡处没有线，可以确定它是由一个平面立体（棱柱）的前后两个侧面与圆柱体表面相切形成的。

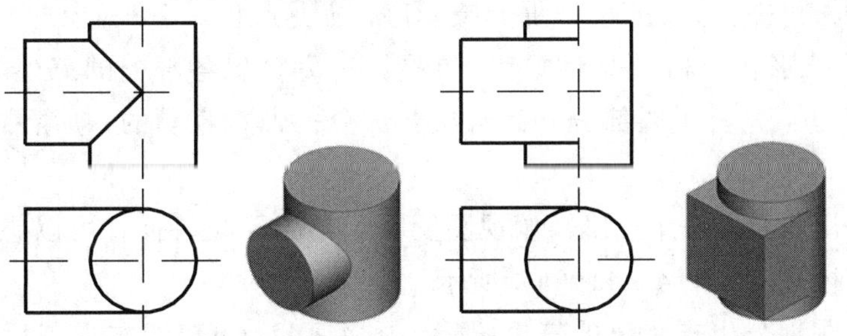

（a）　　　　（b）

图 4－39　根据表面的过渡关系确定物体的形状

（四）几个视图联系起来分析

一般情况下，一个视图不能确定立体的形状，看图时要把几个视图联系起来分析，才能判断物体的形状。图 4－40 中，俯视图都相同，配合主视图才可想象出各自的形状。

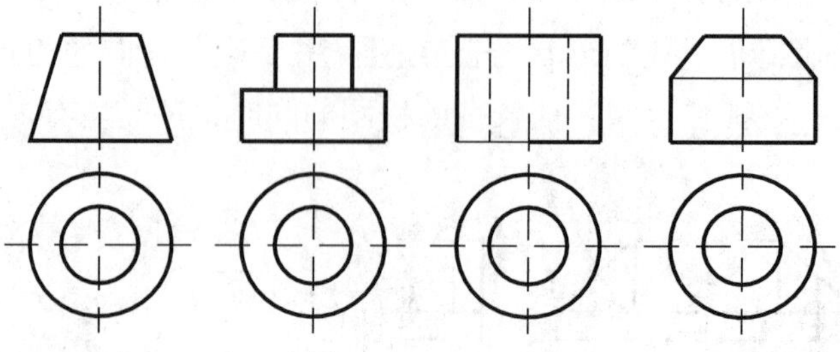

图4－40　俯视图相同的几个物体

（五）要善于构思空间形体

要迅速准确地构思出立体的空间形状，就必须多看、多想。读图的过程是不断地把想象中的物体与给定的视图进行比照的过程，也是不断地修正想象中的物体的形状的思维过程。要始终把空间想象和投影分析结合起来进行。把根据所绘视图构思的物体空间形状，与所给视图不断反馈、对照，不断修正二者间的差异，直至完全一致。

扫码"看一看"

二、方法和步骤

（一）读图的基本方法

就是利用形体分析法和线面分析法，判断组合体的组合方式，依据是叠加或者切割的不同组合方式，再把组合体的视图分解为几个部分，找出各部分的投影，分析它们的形状，再综合想象物体的整体形状。下面举例说明看图的步骤，如图4－41，已知轴承座的三视图，想象出它的空间形状。

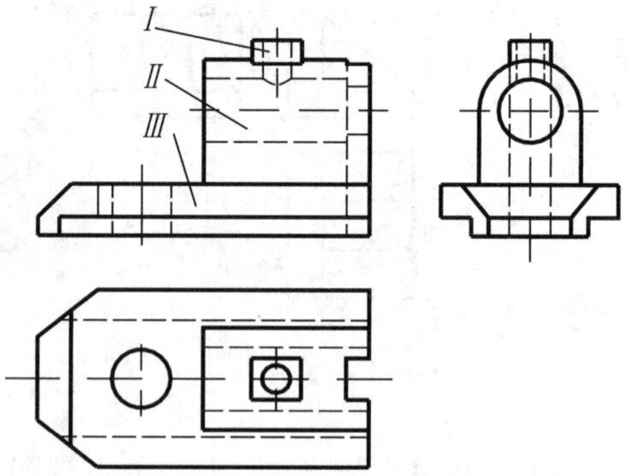

图4－41　轴承座的三视图

1. 画线框，对投影　首先用分线框、对投影的方法分析出构成组合体的基本形体有几个，想象出各基本形体的形状。然后分析各形体间的相对位置、组合方式、表面过渡关系，最后综合想象出整体形状。如图4－41所示，从主视图上看，有三个封闭的粗实线框，把整体分成*I*、*II*、*III*三部分，经分析可知，*I*是凸台，*II*是支承座，*III*是底板。

2. 依投影，想形状　利用投影规律，在视图上划分出各部分的三视图，判断其形状。看图的一般顺序是：先看主要部分，后看次要部分；先看容易的，后看难的；先看整体，后看细节。

首先，划分出凸台的三个投影，俯视图反映了它的形状特征，可以想象出它是中间穿了一个圆孔的四棱柱，如图4－42（a）所示。

用同样的方法划分出支承座的三个投影，图4－42（b）的左视图反映了它的形状特征。由三个投影可以想象出它的空间形状。

如图4－42（c）所示，划分出底板的三个投影。经分析，底板是由一个长方体经过多次切割而成。从主视图上看，左上角被切去一块；从俯视图上看，左端前后各被切去一块；从左视图上看，下部前后部位均被切去一块。

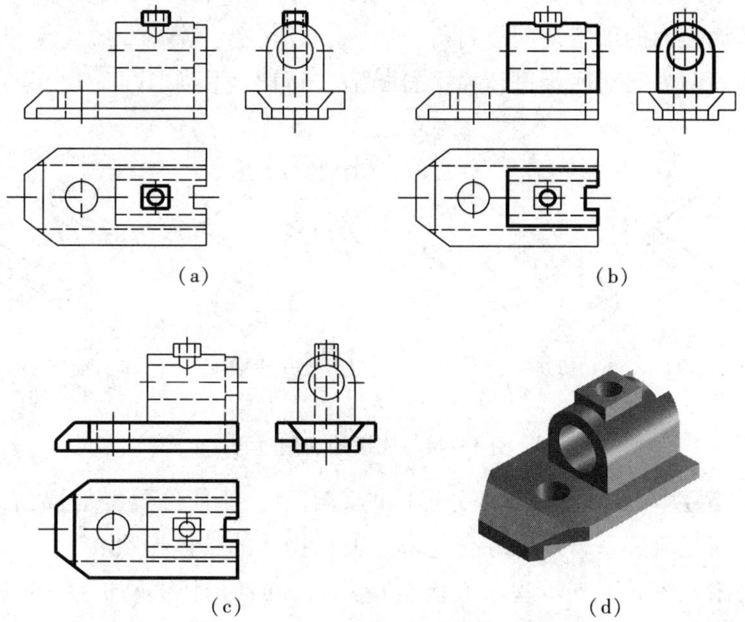

图 4－42 轴承座的读图

用形体分析方法只是对底板有了大概的了解，要得出其形状还需进行线面分析。

3. 线面分析，抓特征 首先分析出切割前的基本形体的形状是用什么位置平面切割的，找出切割后断面的特征视图，从而分析出形体的表面特征，最后综合想象出整体形状。为了便于分析，现将底板的三个投影从原视图中分离出来，如图 4－43 所示。

利用视图上各表面的投影规律，对底板的表面进行线面分析，划分出每个表面的三个投影，弄清它们的形状，分析各组成部分相对位置关系和连接关系。

如图 4－43（a）所示，封闭线框 p 在主视图上对应的投影是直线 p'，所以 P 为正垂面，其水平投影和侧面投影是一个梯形，P 面的空间形状为梯形。

如图 4－43（b）所示，封闭线框 q' 在俯视图上对应的投影是直线 q，所以 Q 面为铅垂面，其正面投影和侧面投影为七边形，所以底板左端前后两个面的形状为七边形。

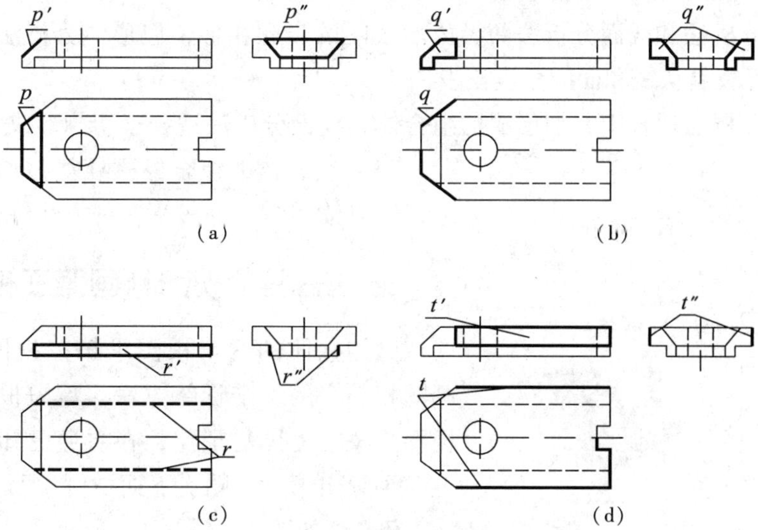

图 4－43 底板的读图过程

用同样的方法可以得出平面 R 与 T 均为正平面，正面投影反映实形，底板上的这两个表面为矩形。其他表面的形状请同学自行分析。

从形体和线面两方面对底板进行投影分析后，得出底板如图 4－42（c）所示，其切割过程见图 4－44。

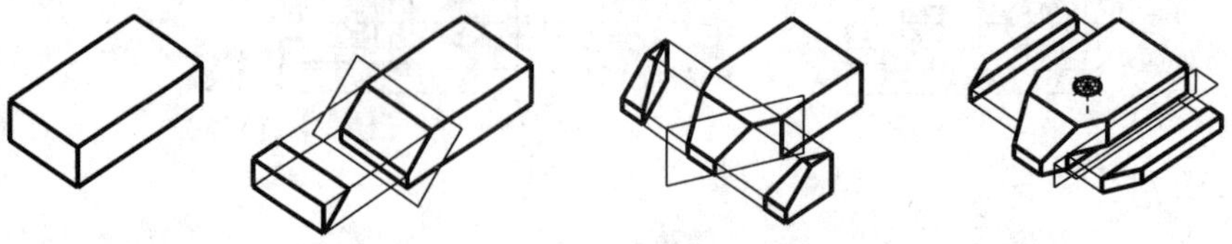

（a）切割前原形　（b）切去左上角　（c）左前后侧对称切割　（d）前后底部及圆孔、凹槽切割

图 4－44　底板的切割过程

4. 综合起来想整体　在看懂每部分形体的基础上，抓住位置特征视图，分析各部分间的相对位置及表面过渡关系，最后综合起来想象出物体的整体形状。

从轴承座的俯视图看，支承座与底板右端共面、前后对称叠加在一起后，在右端中间切了一个方槽。凸台与支承座相交，中间钻了一个与轴承孔相通的圆孔。综合起来可以想象出轴承座的空间形状如图 4－42（d）所示。

（二）读图的步骤

读图的一般步骤是：先主后次，先易后难，分清叠加和切割。

先主后次：先看主视图，后看其他视图。先找特征视图，后对照其他视图。先确定组合体的主要结构，后确定次要结构。

先易后难：把构成组合体的各形体中，形体结构比较容易确定的先读出来，比较难读的部分放在后边。

分清叠加和切割：对于叠加型组合体，要先局部后整体，先想象各基本形体的形状，后想象整体形状；对于切割型组合体，要先整体后局部，先分析切割型组合体在切割前的形状，再根据表面的形状特征，想象组合体的切割过程，最后想象组合体的整体形状。

综合起来看，在读图的过程中还应该注意以下几点。

（1）形体分析法和线面分析法两者虽然读图的步骤相似，但形体分析法是从体的角度出发，线面分析法是从线和面的角度出发。

（2）形体分析法适合于叠加形成的组合体，线面分析法适合于切割形成的组合体。

（3）组合体的组合方式往往叠加和切割兼而有之，所以读图时，一般是两种方法综合使用。

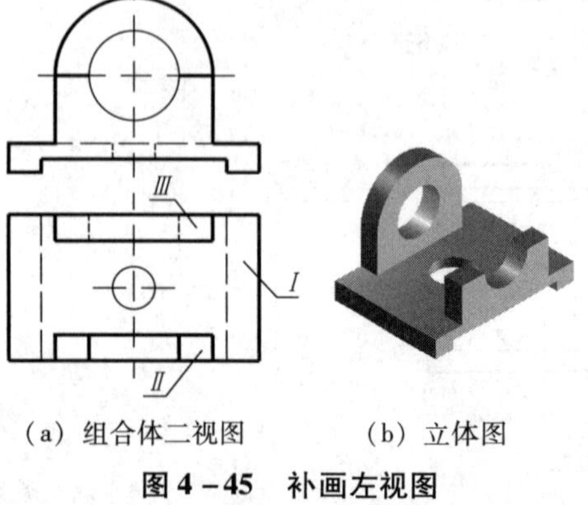

（a）组合体二视图　（b）立体图

图 4－45　补画左视图

三、由两个视图补画第三视图

已知立体的两个视图求第三视图，是一种读、画图相结合的综合训练方法。首先根据物体的已知视图想象出物体的形状，在看懂已知两视图的基础上，再画出第三视图。下面举例说明作图步骤。

例 1　如图 4－45（a）所示主、俯视图，补画其左视图。

首先，采用形体分析法，从主视图入手，和俯视图一起分析，把整体分为Ⅰ、Ⅱ、Ⅲ三个部分。然后，看懂视图并想象各基本形体的形状。最后综合想象出整体的形状，如图4－45（b）所示。

看懂组合体的形状后，即可画出其左视图，作图步骤如图4－46所示。

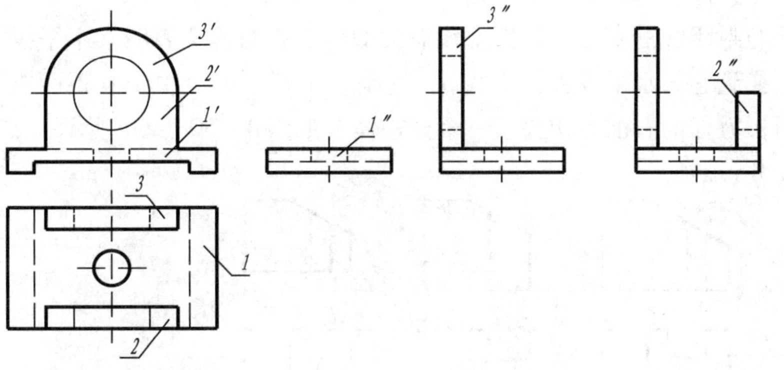

（a）组合体二视图　（b）画形体Ⅰ的视图　（c）画形体Ⅱ的视图　（d）画形体Ⅲ的视图

图4－46　补画左视图的步骤

例2　如图4－47所示，已知支座的主、俯视图，求作左视图。

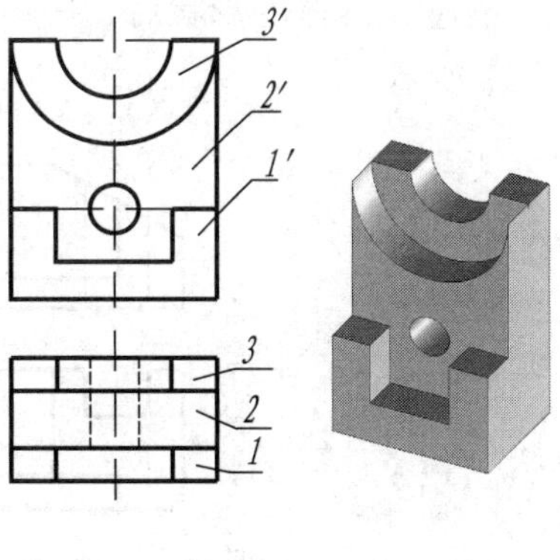

（a）主、俯视图　（b）立体图

图4－47　支座

图4－47（a）中，主视图有三个长度相等的实线框1′、2′、3′，在俯视图上没有类似形和它们成对应关系，所以它们的水平投影是积聚成直线。又因主视图上这三个线框相邻，它们是分别与三条直线相对应。由于三个线框的正面投影都是可见的，且俯视图上1、2、3均为实线，所以Ⅰ面在前，Ⅱ面在中间，Ⅲ面在后。线框2′上有一个小圆，是一个前后贯通的圆柱孔。看懂三个线框的层次关系后，再用形体分析法对构成支座的各个形体进行分析，想象出支座的形状如图4－47（b）所示，即可画出其左视图。作图步骤如图4－48所示。

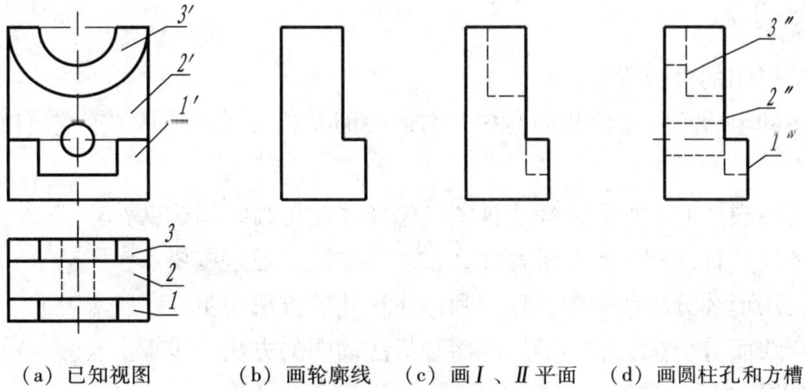

（a）已知视图　（b）画轮廓线　（c）画Ⅰ、Ⅱ平面　（d）画圆柱孔和方槽

图4－48　补画支座的左视图

例3　如图4－49所示，已知物体的主、俯视图，求作左视图。

读懂已知的两个视图，想象物体形状的切割过程。从主视图和俯视图的外部轮廓可知，该物体是由一个长方体切割而成的。俯视图上的线框 n 在主视图上的对应投影是直线 n'，表明长方体的左上角被正垂面切去了一个三棱柱，如图 4－50（a）所示。

俯视图后面有一个方形缺口，对应主视图上的两条虚线分析，说明后面切掉一个方槽，如图 4－50（b）所示。

主视图上的封闭线框 p' 在俯视图上没有类似形与其对应，表明其水平投影有积聚性，找到它的水平投影为直线 p，这是一个正平面。由于其正面投影可见，表明长方体的右前方切去了一个棱柱体，如图 4－50（c）所示。

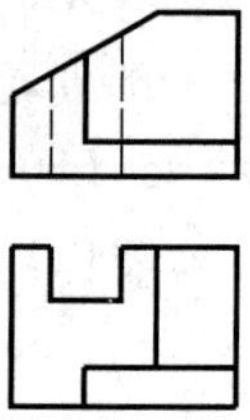

图 4－49　组合体视图

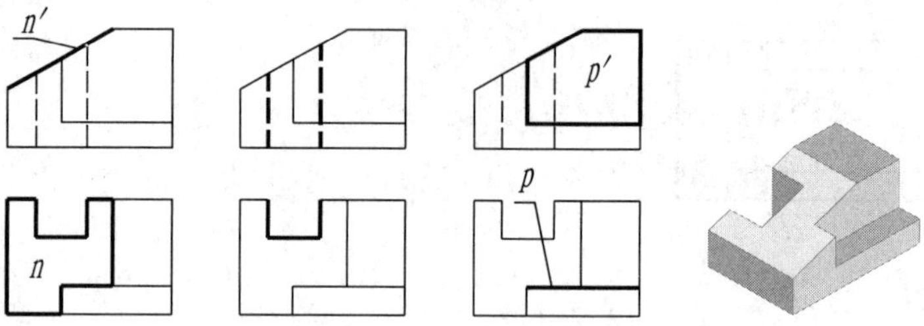

（a）　（b）　（c）　（d）

图 4－50　读图过程

看懂组合体的形状后，按顺序分别画出长方体被切去各块后的左视图，作图步骤如图 4－51 所示。

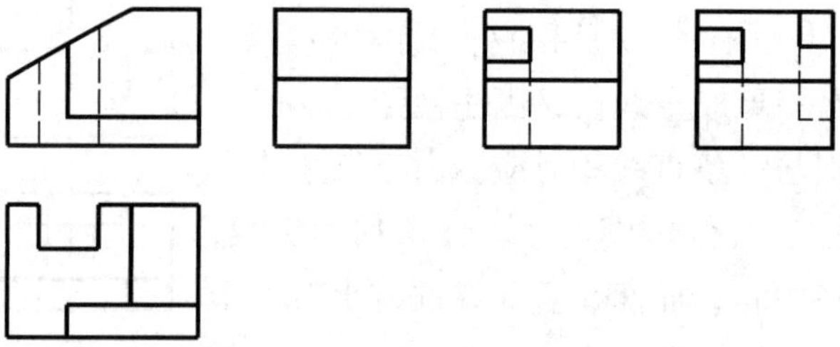

（a）　（b）　（c）

图 4－51　补画左视图的过程

复习思考题

一、简答题

1. 试述三视图的投影特性。

2. 组合体的组合形式有哪几种？各基本体表面间连接关系有哪些？它们的画法各有何特点？

3. 画组合体视图时，如何选择主视图？怎样才能提高绘图速度？

4. 组合体尺寸标注的基本要求是什么？怎样才能满足这些要求？

5. 试述运用形体分析法画图、读图和标注尺寸的方法与步骤。

6. 什么叫线面分析法？试述运用线面分析法读图的方法与步骤。

二、填空题

1. 从几何形体的角度看，复杂的机器零件一般都可以假想是由一些简单的平面立体和曲面立体组成的，我们将简单立体称为________；由基本体经过相互叠加、切割等方式而形成的组合物体，称为________。

2. 将组合体分解为若干基本体，弄清各基本体的形状，分析这些基本体的相对位置和组合关系，从而形成对整个物体结构形状的完整概念，这种方法称为________。

3. 三视图具有主、俯视图长对正，主、左视图________，俯、左视图________且________的特性。

4. 分析比较复杂的组合体视图时，通常在运用________的基础上，对不易看懂的局部，还要运用________法。

5. 组合体的组合方式一般有________、________、________、________、________等五种。

6. 组合体的画图方法一般分________、________、________、________、________等五个步骤。

7. 机器中有很多零件是铸造或锻造出来的，在铸件或锻件的表面相交处，通常有铸造圆角，使表面光滑过渡。由于圆角影响，使机件表面的交线变得很不明显，这种交线称为________。

8. 组合体的尺寸要标注完全，必须包含基本体的________、________和组合体的________三方面的内容。

9. 定形尺寸应尽量标注在________的视图上，定位尺寸应力求标注在反映形体间________明显的视图上，并尽量与定形尺寸集中在一起。

10. 尺寸应力求注在视图________，也可注在视图________，但不能影响其清晰性。

11. 读组合体视图的基本方法是________法和________法，以前者为主，后者为辅。

12. 读图的基本原则是：明确视图中________和________的含义，要善于抓住________，要注意视图中反映形体之间________的图线，几个视图________起来分析，要善于构思________。

13. 读图的一般步骤是：________，________，分清________和________。

扫码“学一学”

第五章　轴测图

第一节　简　介

一、概述

轴测图是将物体连同其参考直角坐标系，沿不平行于任一坐标面的方向，用平行投影法将其投射在单一投影面上所得到的图形。它能同时反映出物体长、宽、高三个方向的尺度，有较强的立体感，易于识图。在 GB/T 14692－2008《技术制图 投影法》中，对轴测投影做了基本阐述。

（一）基本概念

建立在物体上的坐标轴在投影面上的投影叫作**轴测轴**。轴测轴间的夹角叫作**轴间角**。

轴测轴上单位长度与相应投影轴上的单位长度的比值称为**轴向伸缩系数**，OX、OY、OZ 轴上的伸缩系数分别用 p_1、q_1 和 r_1 表示，简化伸缩系数分别用 p、q 和 r 表示。

以图 5－1 为例，坐标轴 OX、OY、OZ；轴测轴 O_1X_1、O_1Y_1、O_1Z_1。轴间角 $\angle X_1O_1Y_1$、$\angle X_1O_1Z_1$、$\angle Y_1O_1Z_1$。X 轴轴向伸缩系数 $O_1A_1/OA=p_1$，Y 轴轴向伸缩系数 $O_1B_1/OB=q_1$，Z 轴轴向伸缩系数 $O_1C_1/OC=r_1$。

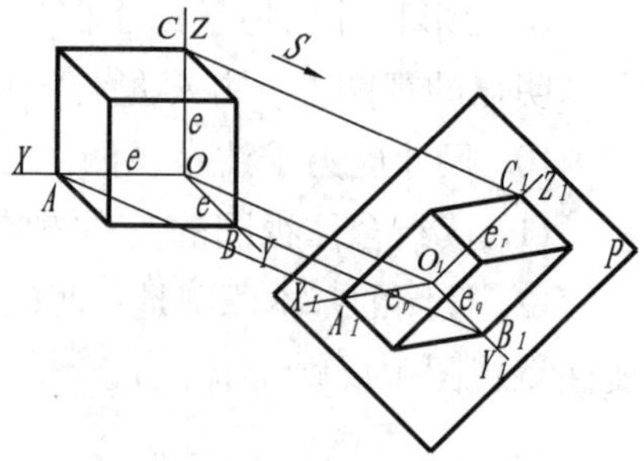

图 5－1　轴测图基本参数

（二）基本特性

由于轴测投影采用的是平行投影法，所以它仍保持平行投影的性质。

（1）物体上平行于坐标轴的直线段的轴测投影仍与相应的轴测轴平行。

（2）物体上相互平行的线段的轴测投影仍相互平行。

（3）物体上两平行线段或同一直线上的两线段长度之比，在轴测投影后保持不变。

（三）基本要求

（1）轴测投影是将物体连同其参考直接坐标系，沿不平行于任一坐标面的方向，用平行投影法将其投射在单一投影面上所得的具有立体感的图形。

（2）轴向伸缩系数之比 $p:q:r$ 应采用简单的数值，以便于作图。

（3）轴测图中的三根轴测轴应配置成便于作图的特殊位置，绘图时，轴测轴随轴测图同时画出，也可以省略不画。

（4）轴测图中，应用粗实线画出物体的可见轮廓，必要时，可用细虚线画出物体的不可见轮廓。

二、分类

轴测投影分正轴测投影和斜轴测投影两类。正轴测投影又分正等轴测图（$p=q=r$）、正二轴测图（$p=r\neq q$）、正三轴测图（$p\neq q\neq r$），斜轴测投影分斜等轴测图（$p=q=r$）、斜二轴测图（$p=r\neq q$）、斜三轴测图（$p\neq q\neq r$）。

三、投影特点

如表 5－1 所示为各类轴测投影的特点。

表 5－1　轴测投影特点

特性		正轴测投影			斜轴测投影		
		投射线与轴测投影面垂直			投射线与轴测投影面倾斜		
轴测类型		等测投影	二测投影	三测投影	等测投影	二测投影	三测投影
简称		正等测	正二测	正三测	斜等测	斜二测	斜三测
应用举例	伸缩系数	$p_1=q_1=r_1=0.82$	$p_1=r_1=0.94$ $q_1=p_1/2=0.47$	视具体要求选用	视具体要求选用	$p_1=r_1=1$ $q_1=0.5$	视具体要求选用
	简化系数	$p=q=r=1$	$p=r=1$ $q=0.5$			无	
	轴间角	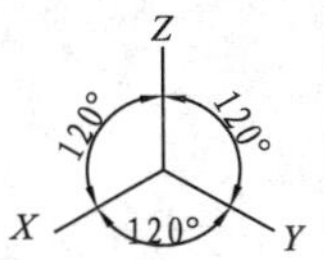	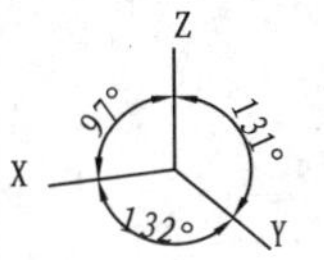			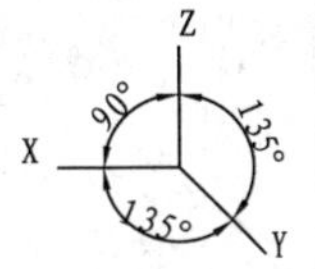	
	例图	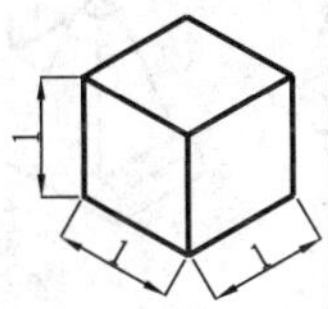	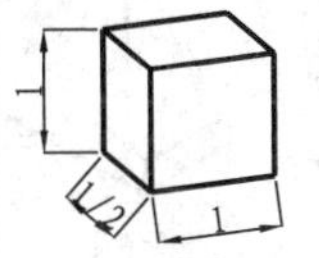			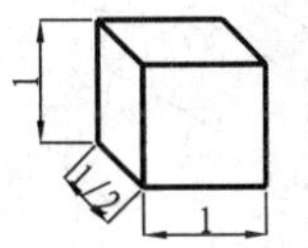	

第二节　正等轴测图

一、正等轴测图的形成

如图 5－2 所示，正等轴测图的轴向伸缩系数为 $p_1=q_1=r_1=0.82$，为了作图简便起见，常采用简化系数，即 $p=q=r=1$。轴间角：$\angle X_1O_1Y_1=\angle X_1O_1Z_1=\angle Y_1O_1Z_1=120°$。采用简化系数作图时，沿各轴向的所有尺寸都用真实长度量取，简捷方便。由于画出的图形沿各轴向的长度都分别放大了约 $1/0.82\approx1.22$ 倍，因此，图形与用各轴向伸缩系数 0.82 画出的轴测图是相似的图形，但对物体形状的表达没有影响。

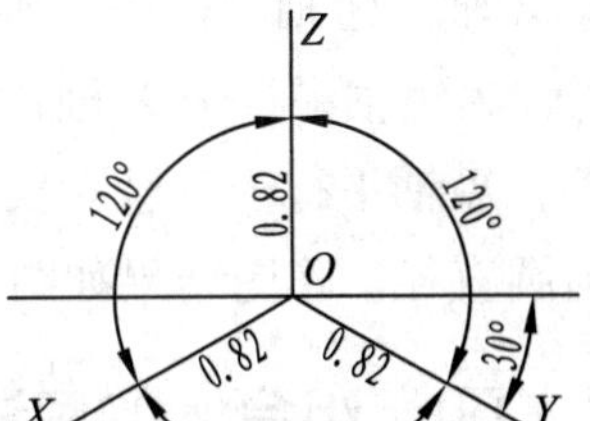

图 5－2　正等轴测图的轴间角

二、平面立体的画法

根据物体在正投影图上的坐标，画出物体的轴测图，称为用坐标法**画轴测图**。这种方法是画轴测图的基本方法。因各物体的形状不同，除基本方法外，还有切割法、堆积法、综合法。

例 1　如图 5－3 所示立体，试画出其正等轴测图。

分析：根据四棱柱的特点，选四棱柱的底面中心作为坐标原点，过此点的三条线作为坐标轴。坐标轴选定后，就可以沿 X、Y、Z 三个坐标量出四棱柱的长、宽、高，并将其对应关系移到轴测图上，以定出各棱线的投影。作图步骤如下。

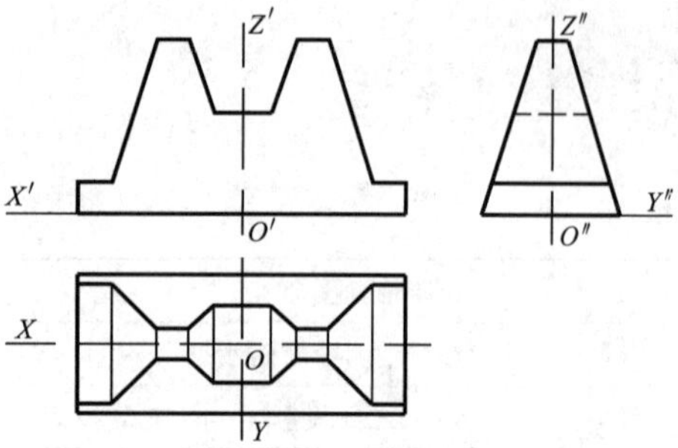

图 5－3　立体三视图

（1）在正等轴测图中，根据轴间角 120°画出三个坐标轴。在轴上按三视图的长宽高尺寸，分别作三轴的平行线，得到四棱柱的正等轴测图，如图 5－4（a）所示。

（2）根据三视图中的尺寸，在正等轴测图上画出立体前后斜面和左右水平切面的位置，并将相关点相连，如图 5－4（b）所示。

（3）根据三视图中的尺寸，在正等轴测图上画出中间水平切面和与之相邻的两个斜面的位置，连线相关点，得到被水平切面、斜切面切割后的立体，如图 5－4（c）所示。

（4）擦去不必要的作图线，加粗可见轮廓线，即得到立体的带虚线和不带虚线的正等轴测图 5－4（d）、（e）。

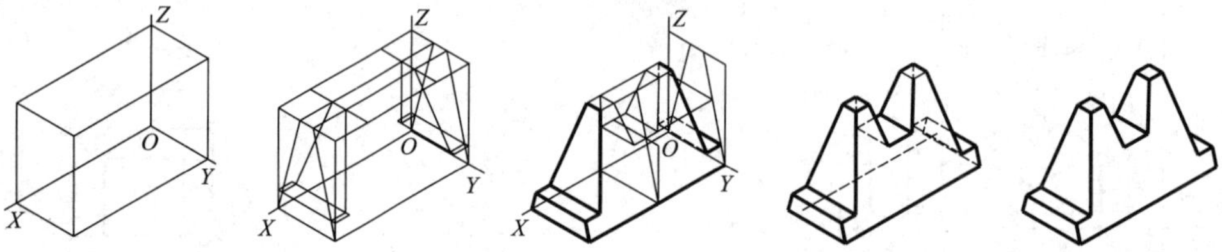

（a）　（b）　（c）　（d）　（e）

图 5－4　平面立体的正等轴测图绘图步骤

三、回转体的画法

在正等轴测图中，平行于坐标面的圆都是椭圆，可用四段圆弧连成的近似椭圆画出。平行于 H 面的椭圆，长轴垂直于 Z 轴，短轴平行于 Z 轴；平行于 W 面的椭圆，长轴垂直于 X 轴，短轴平行于 X 轴；平行于 V 面的椭圆，长轴垂直于 Y 轴，短轴平行于 Y 轴。长轴约为 $0.98D$，短轴约为 $0.57D$，D 为圆直径。作图结果如图 5－5 所示。

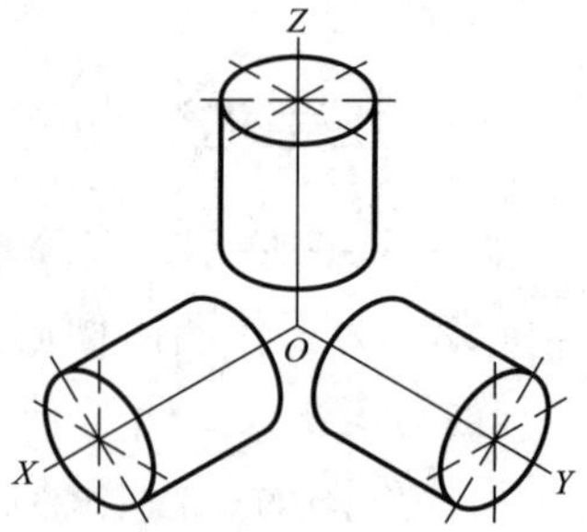

图 5－5　圆柱的正等轴测图

四、组合体的画法

画组合体的轴测图时，同样可用形体分析法。对于切割型组合体仍可用切割法，对于叠加型组合体仍可用叠加法，有时也可两种方法并用。画图时应注意组合体各组成部分的相对位置，及由于切割或叠加而出现的交线。

例 2　如图 5－6 所示为一组合体的三视图，试画出其正等轴测图。

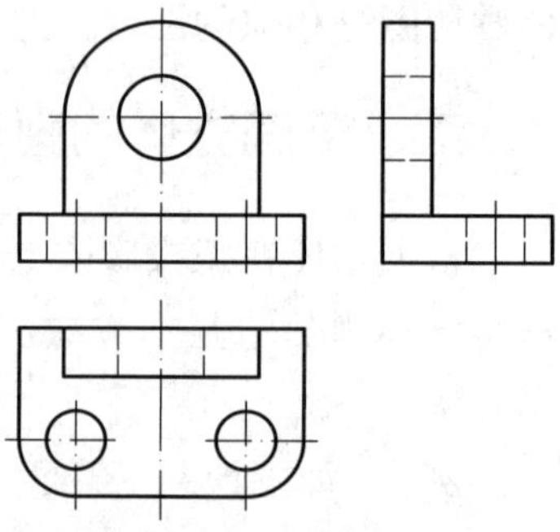

图 5－6　组合体三视图

此立体可以看作是两个叠加的四棱柱，经切割之后获得的，所以，可以以四棱柱为基础，逐步经切割得出其正等轴测图。作图步骤如下。

（1）布置正等轴测图的三根轴线位置，并画出两个四棱柱体，如图5－7（a）所示。

（2）在上方四棱柱上切割半圆柱和圆柱孔，得到相应的椭圆，如图5－7（b）所示。

（3）在下方四棱柱上切割出圆柱孔和圆角得到椭圆，如图5－7（c）所示。

（4）绘制带有虚线的立体结构，如图5－7（d）所示。

（5）去掉虚线，得到立体的正等轴测图，如图5－7（e）所示。

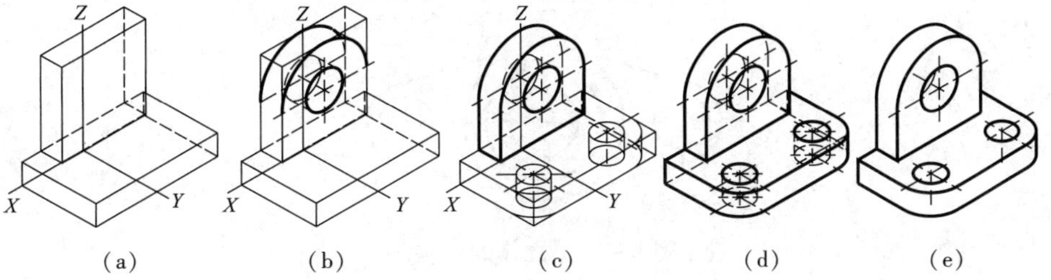

图5－7　组合体的正等轴测图图步骤

第三节　斜二测图

一、斜二测轴测图的形成

采用斜二测投影时，通常使两坐标轴与轴测投影面平行，另一轴测轴与这两根轴分别成135°角，如图5－8所示。这样，物体上平行于坐标面 *XOZ* 的直线、曲线和平面图形在正面斜轴测图中都反映实长和实形。

在斜二轴测投影中，轴向伸缩系数：$p_1 = r_1 = 1$，$q_1 = 0.5$。轴间角：$\angle X_1O_1Z_1 = 90°$，$\angle X_1O_1Y_1 = \angle Y_1O_1Z_1 = 135°$。

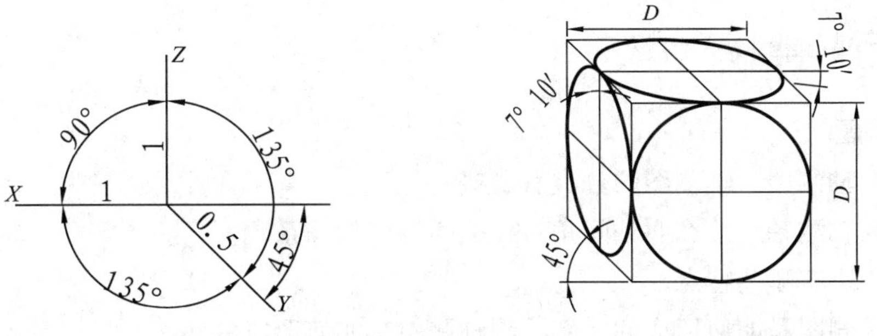

图5－8　斜二轴测图的轴间角　　图5－9　圆的斜二测画法

二、平行于坐标面的圆的画法

图5－9给出了立方体表面上的三个内切圆的斜二测图：平行于坐标面 *XOZ* 的圆的斜二测投影仍是大小相同的圆；平行于坐标面 *XOY* 和 *YOZ* 的圆的斜二测投影是椭圆。

平行于坐标面 *XOY* 和 *YOZ* 的圆，其斜二测投影为长、短轴大小分别相同的椭圆，可用由四段圆弧相切拼成的近似椭圆画出。长轴方向与相应坐标轴夹角约为7°10′，偏向于椭圆外切平行四边形的长对角线一边，长轴长度约为1.06*D*，短轴垂直于长轴，长度约为 *D*/3，*D* 为圆的直径。

三、画法举例

试画出如图 5－10 所示组合体的斜二轴测投影。

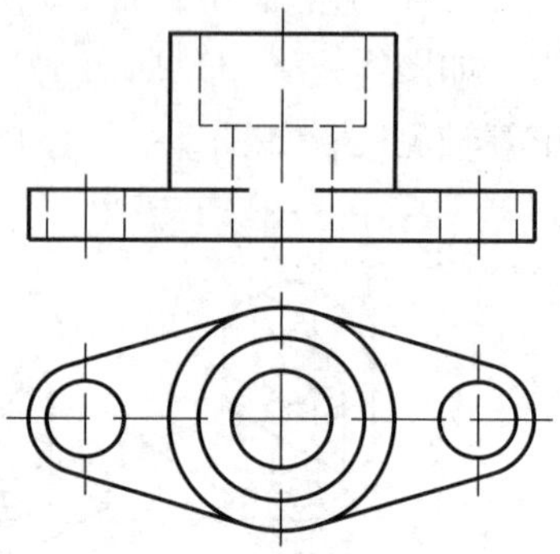

图 5－10 立体的结构

在正投影图中，取立体底板大圆端面的圆心为坐标原点，Y 轴与圆台轴线重合，绘制斜二轴测图的轴测轴；在坐标平面 XOZ 内，依立体三视图中的俯视图原样画出底板正投影；按底板厚度的一半，即轴向伸缩系数 0.5，沿 Y 轴向前再画出一个底板俯视图，即为底板的斜二测投影。继续沿 Y 轴向前取圆柱筒长度一半找到圆柱筒前端圆心，依圆柱筒原尺寸画出筒体端面，并连接圆柱筒外转向轮廓线，得到筒体斜二测投影。擦去不必要的作图线，加深可见轮廓线，完成斜二轴测图。作图过程和结果如图 5－11 所示。

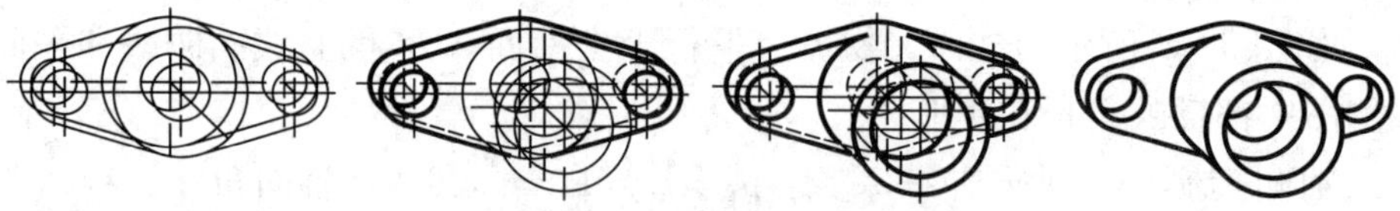

图 5－11 立体的斜二测画图步骤

复习思考题

一、简答题

1. 什么叫轴测图？轴测图的分类有哪些？
2. 什么叫轴测轴？什么叫轴间角？什么叫轴向伸缩系数？
3. 轴测投影有哪些特点？
4. 正等轴测图是如何形成的？斜二测轴测图是如何形成的？
5. 回转体的正等轴测画法有什么特点？
6. 平行于坐标面的圆的斜二测画法有何特点？

二、填空题

1. 建立在物体上的坐标轴在投影面上的投影叫作________。轴测轴间的夹角叫作________。轴测轴上单位长度与相应投影轴上的单位长度的比值称为________。

2. 轴测投影分________投影和________投影两类。正轴测投影又分________、________、________，斜轴测投影分________、________、________。

3. 正等轴测图的轴向伸缩系数为 $p_1 = q_1 = r_1 =$ ________，为了简便起见，常采用简化系数，即 $p = q = r =$ ________。轴间角：$\angle X_1O_1Y_1 = \angle X_1O_1Z_1 = \angle Y_1O_1Z_1 =$ ________。

4. 在正等轴测图中，平行于坐标面的圆都是________，可用四段圆弧连成的________画出。平行于 H 面的椭圆，长轴________Z 轴，短轴________Z 轴；平行于 W 面的椭圆，长轴垂直于________轴，短轴平行于________轴；平行于 V 面的椭圆，长轴垂直于________轴，短轴平行于________轴。

5. 斜二测投影通常使两坐标轴与轴测投影面________，另一轴测轴与这两根轴分别成________角，轴向伸缩系数：$p_1 = r_1 =$ ________，$q_1 =$ ________。轴间角：$\angle X_1O_1Z_1 =$ ________，$\angle X_1O_1Y_1 = \angle Y_1O_1Z_1 =$ ________。

6. 斜二测投影中，平行于坐标面 XOZ 的圆的斜二测投影仍是大小相同的________；平行于坐标面 XOY 和 YOZ 的圆的斜二测投影是________。

扫码“学一学”

第六章　机件常用表达方法

当机件的形状和结构比较复杂时，如仍沿用两视图或三视图，就很难把立体结构的外形准确、完整、清晰地表达出来。为此，GB/T 4458. 1—2002《机械制图 图样画法 视图》、GB/T 4458. 6—2002《机械制图 图样画法 剖视图和断面图》、GB/T 17451—1998《技术制图 图样画法 视图》、GB/T 17452—1998《技术制图 图样画法 剖视图和断面图》、GB/T 17453—2005《技术制图 图样画法 剖面区域的表示方法》，以及 GB/T 16675. 1—2012《技术制图 简化表示法 第 1 部分：图样画法》等国家标准规定了各种画法——视图、剖视图、断面图、局部放大图、简化画法和其他规定画法等，本章将重点介绍一些常用的基本表达方法。

第一节　视　图

按照 GB/T 17451—1998《技术制图 图样画法 视图》的规定，视图有基本视图、斜视图和局部视图等三种，画图时可以按照需要选用，下面对此分别作以介绍。

扫码“看一看”

一、基本视图

在三投影面体系中，*V* 面之前增加一正立面，*H* 面之上增加顶面，*W* 面对面增加左侧面，构成正六面体，将机件正放在体内，从机件的前、后、左、右、上、下等六个方向，向六个基本投影面投影得到六个**基本视图**，如图 6－1（a）所示。除了主、俯、左视图之外，新增加的三个视图分别是：由右向左投影所得的右视图，由下向上投影所得的仰视图、由后向前投影所得的后视图。

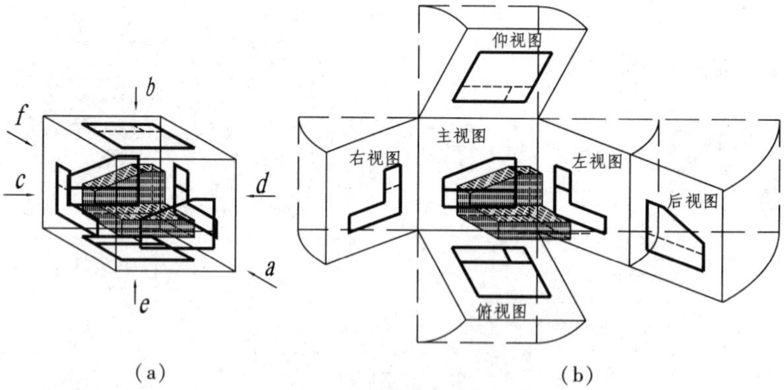

（a）　　　　（b）

图 6－1　基本视图的获得与展开

六个基本视图的展开方法如图 6－1（b）所示，正面保持不动，其他投影面按箭头所示方向旋转到与正面共处在同一平面。六个基本视图在同一张图样内按图 6－2 配置时，各视图一律不注图名，仍符合“长对正、高平齐、宽相等”的投影规律。如不按图 6－2 配置，应在视图的上方标出视图的名称“×”向，在相应的视图附近用箭头指明投射方向，并标注上同样的字母，如图 6－3 所示。

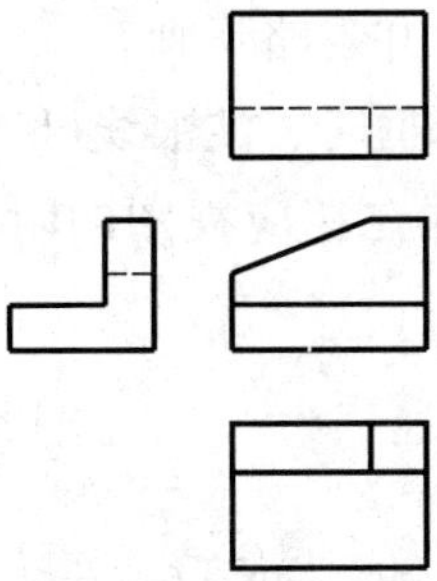

图 6－2　六个基本视图的配置

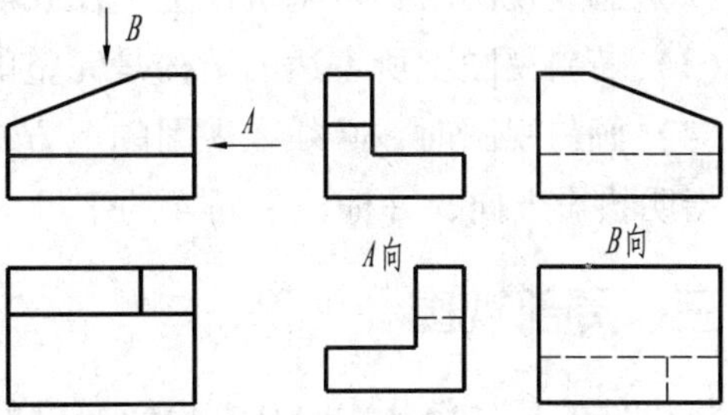

图 6－3　基本视图的其它配置方式

表达机件时，应优先选用主、俯、左等三个基本视图。

二、斜视图

图 6－4 为压紧杆的三视图，它具有倾斜结构，其倾斜表面为正垂面，且在左、俯视图上都不反映实形。为了表达倾斜结构的实形，如图 6－5 所示，可沿箭头 A 的方向，把倾斜部分结构投影到平行于倾斜表面、并垂直于 V 面的新投影面 H_1 上，从而得到倾斜表面的实形。这种将机件向不平行于任何基本投影面的平面投影所得的视图，称为斜视图。

扫码"看一看"

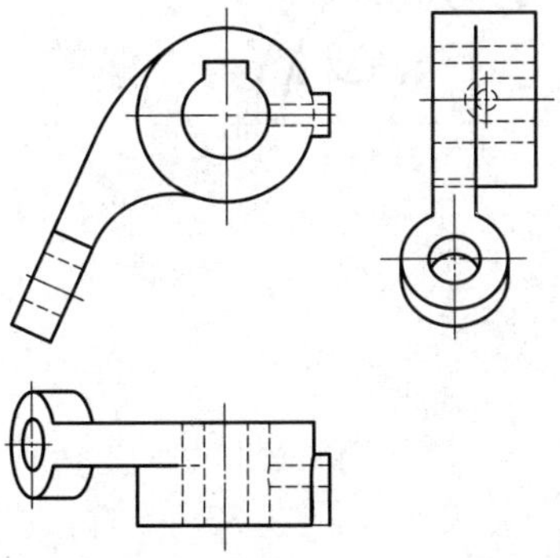

图 6－4　压紧杆的三视图

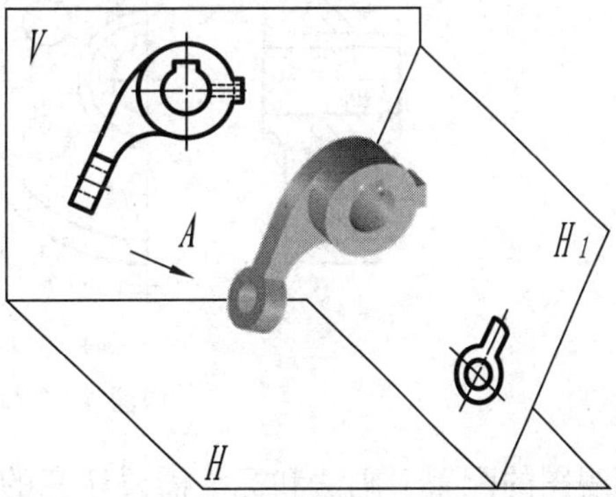

图 6－5　压紧杆斜视图的形成

斜视图的配置、画法和标注需要注意的有以下几点。

（1）斜视图一般按投影关系配置，如图 6－6（a）中的 A 向视图。也可将斜视图配置在适当的地方，在不致引起误解时，允许将图形旋转，表示该视图名称的大写拉丁字母应靠近旋转符号的箭头端，如图 6－6（b）所示。

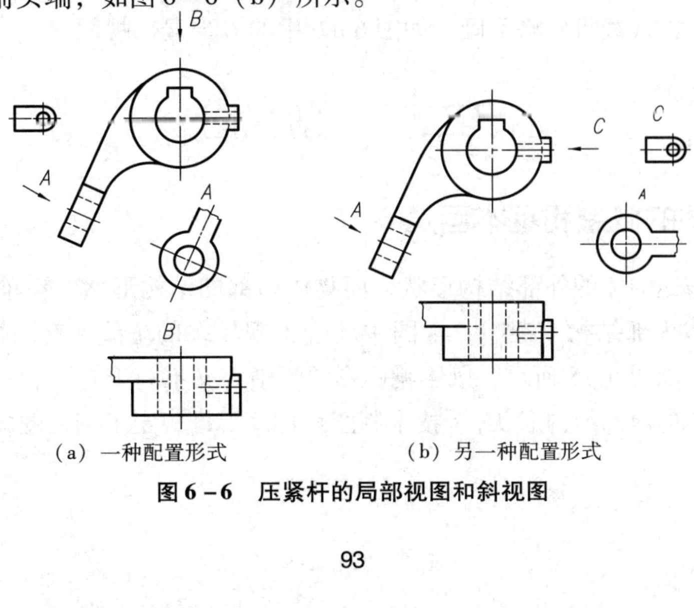

（a）一种配置形式　　（b）另一种配置形式

图 6－6　压紧杆的局部视图和斜视图

（2）画斜视图时，可将机件上不反映实形的部分用波浪线断开，并省略不画。

（3）若斜视图上所表达的结构是完整的，且外形轮廓又呈封闭线框时，波浪线可省略。

（4）画斜视图时，必须在视图的上方标出视图的名称“×”，并在相应视图的附近用箭头指明投影方向，并标注上同样的字母，如图6－6（a）所示。

三、局部视图

将机件的某一部分，向基本投影面投射所得的视图，称为局部视图，如图6－6中的*B*向、*C*向视图。当物体的某一局部形状尚未表达清楚，但又无需另画一个基本视图时，可用局部视图表达。因为压紧杆的倾斜结构已用斜视图表达，所以，俯视图画成断去倾斜部分的局部视图即可。

为节省绘图时间和图幅，对称构件或零件的视图可只画一半或四分之一，并在对称中心线的两端画出两条与其垂直的平行细实线，如图6－7所示。这是一种特殊的局部视图，实际上是用对称中心线代替了断裂边界的波浪线。

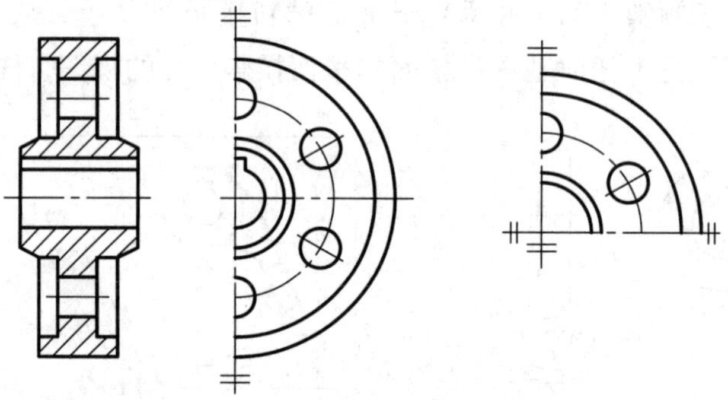

（a）　　（b）

图6－7　局部视图

局部视图的配置、画法和标注需要注意的有以下几点。

（1）局部视图可按投影关系配置，此时若中间没有其他图形隔开，可省略标注，如图6－6（b）中的俯视图。

（2）局部视图布置在适当位置时，应在局部视图上方标注视图名称“×”，在相应的视图附近用箭头指明投射方向，并标注上同样的字母，如图6－6（b）中*C*向局部视图。

（3）局部视图的断裂面边界的投影用波浪线绘制，但是，当局部结构完整、外形轮廓又呈封闭线框时，波浪线可省略不画，如图6－6中的*C*向局部视图。

第二节　剖视图

扫码“看一看”

一、剖视图的概念和基本画法

视图主要是表达物体的外部结构形状，而物体内部的结构形状，在前面视图中是用虚线表示的。当物体内部结构复杂时，视图中就会出现较多的虚线，有时内、外结构的虚、实线重叠在一起，如图6－8所示，既影响图形的清晰，又不利于看图和标注尺寸。为了完整清晰地表达物体的内部结构形状，《技术制图》国家标准规定了剖视图的画法。

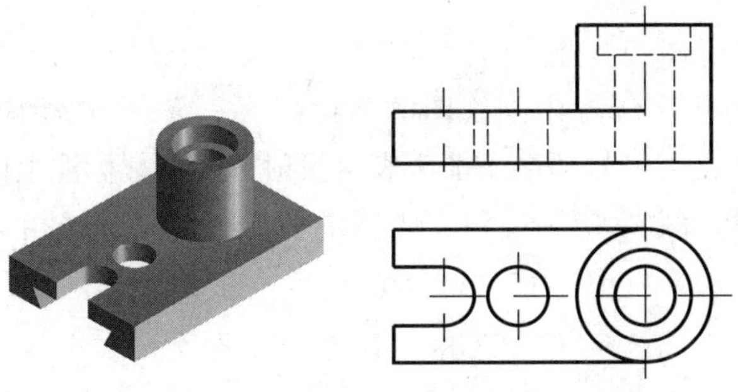

图6-8 机件的三视图

（一）剖视图的概念

GB/T 17452—1998 中规定了剖视图的概念和画法。假想用剖切面剖开物体，剖切面与物体的接触部分称为**剖面区域**。为了便于识图和区分物体的材料类别，剖面区域应画出剖面符号。若不需在剖面区域中表示材料的类别，可绘制通用剖面线，即适当角度（最好与主要轮廓或剖面区域的对称线成45°角）的细实线。

假想用剖切面剖开机件，将处在观察者和剖切面之间的部分移去，而将其余部分向投影面投射所得的图形，称为**剖视图**，简称**剖视**，如图6-9（c）所示。

（二）画剖视图的步骤

1. 确定剖切面的位置 为了表达机件的内部结构，选用的剖切面一般为平面，并与投影面平行，且往往通过机件内部的孔、槽的轴线或对称面。如图6-9（a）所示，剖切平面通过基座的前后对称面及孔的中心线，并与 V 面平行。

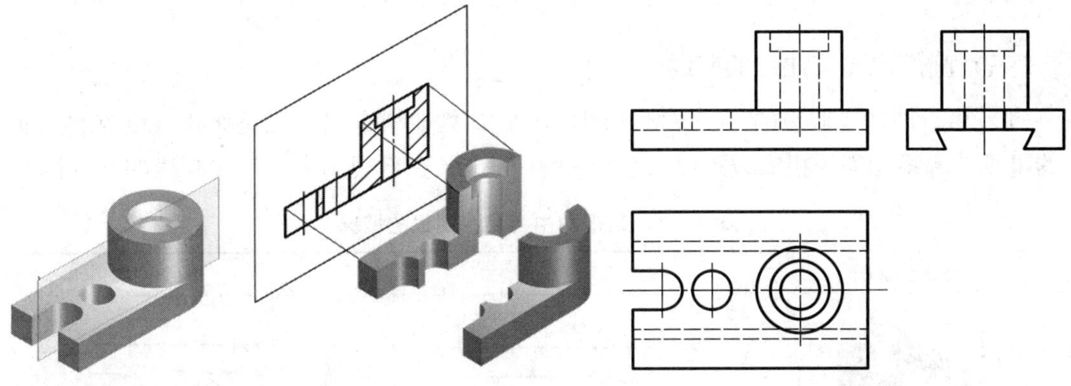

（a）剖切平面通过孔轴线剖切　（b）剖视图的形成　（c）剖视图

图6-9 剖视图的概念

2. 画剩余部分的视图 剩余部分有剖切平面与机件实体的截交线、由截交线围成的剖面和剖切平面后面的可见轮廓线，交线与轮廓线用粗实线绘制。

3. 画剖面符号 为区别机件上实体和空心两部分，国家标准 GB 4457.5—2013《机械制图 剖面区域的表示法》和 GB/T 17453—2005《技术制图 图样画法 剖面区域的表示法》中规定，在机件的剖面上，要画剖面符号，不同材料使用不同的剖面符号（参见第一章的表1-5）。对金属材料的剖面符号，画成与水平方向倾斜45°角、互相平行、方向一致、间隔相等的细实线，简称**剖面线**。当图形的主要轮廓线与水平方向成45°角时，该图形的剖面线应画成与水平成30°或60°角的细实线。表达同一机件的不同图形，剖面线方向应一致、间隔相等。

4. 剖视图的标注

（1）一般应在剖视图上方用字母标出剖视图的名称“×—×”，在相应的视图上，需用剖切符号表示出剖切位置，剖切符号两端用箭头表示投射方向，并标注上同样的字母。

剖切符号为断开的粗实线，线宽 $1d \sim 1.5d$，要尽量不与图形轮廓线相交，如图 6－10 中 *B*—*B* 剖视图。

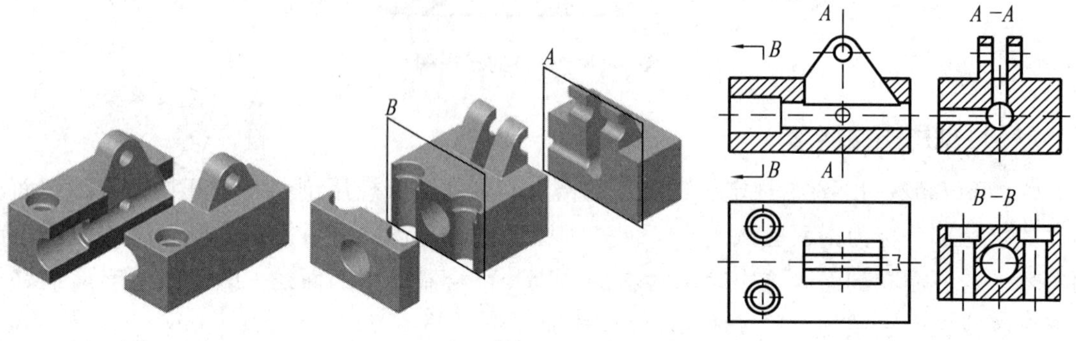

(a)　(b)　(c)

图 6－10　定位块的剖视图

（2）当剖视图按照投影关系配置，中间没有其他图形隔开时，可省略箭头如图 6－10 中的 *A*—*A* 剖视图。

（3）当单一剖切平面通过零件的对称面或基本对称面，且剖视图按照投影关系配置，中间没有其他图形隔开时，可省略标注，如图 6－10 中的主视图。

（4）当单一剖切平面的剖切位置明显时，局部剖视图可省略标注，如图 6－9（c）所示。

（三）画剖视图应注意的问题

（1）由于剖切是假想的，视图画成剖视图后，其他视图仍应完整画出，处在剖切面后边的可见轮廓线，需用粗实线画出，表 6－1 中列出了在剖视图中容易漏画线的几种情况。

表 6－1　剖视图中容易漏划线的情况

轴测剖视图	正确画法	漏线示例
	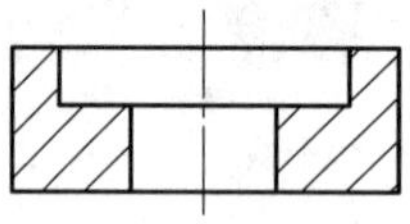	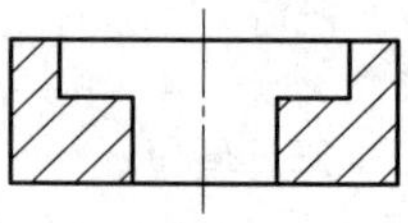
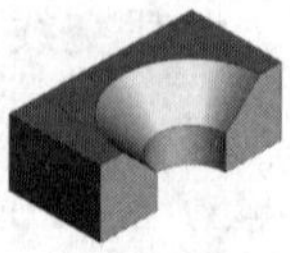	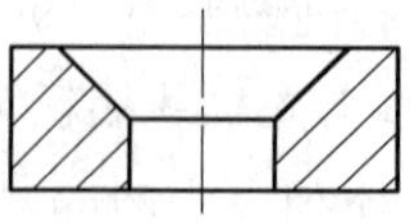	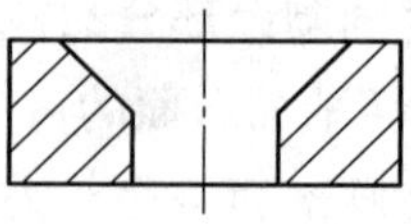
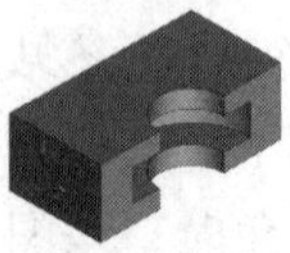	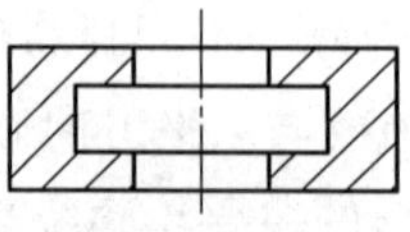	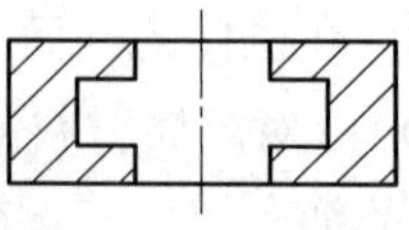

续表

轴测剖视图	正确画法	漏线示例
	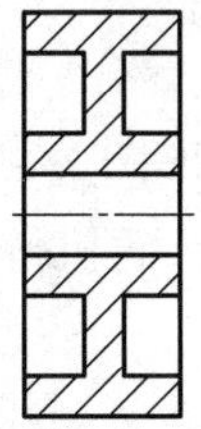	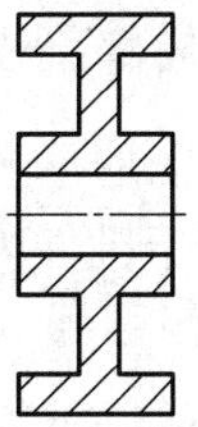

（2）根据国标规定，在完整清晰地表达出零件各部分的结构形状后，可省略视图中的虚线。所以，在剖视图中，虚线一般省略不画，只有尚未表达清楚的结构，才用虚线画出。

（3）基本视图配置的规定同样适用于剖视图，即剖视图可按投影关系配置在与剖切符号相对应的位置上，如图 6－10 所示中的 *A—A* 剖视图；也允许配置在其他适当的位置，如图6－10 所示中的 *B—B* 剖视图。

二、剖视图的种类

剖视图按照剖切面不同程度地剖开物体的情况，可以分为全剖视图、半剖视图和局部剖视图。

扫码“看一看”

（一）全剖视图

假想用剖切平面完全地剖开机件所得的剖视图，称为**全剖视图**，如图 6－9（c）、图 6－10 所示。当机件的外部结构简单，且已表达清楚时，内部结构较复杂，常采用全剖视图。

扫码“看一看”

（二）半剖视图

当机件具有对称平面时，在垂直对称平面的投影面上投射所得的图形，可以以对称中心线为界，一半画成视图，另一半画成剖视图，这种合成的图形称为**半剖视图**，如图 6－11（c）所示。

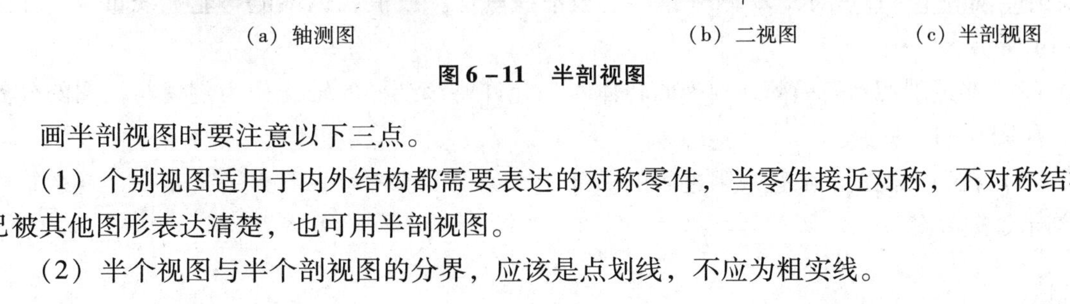

（a）轴测图　　（b）二视图　　（c）半剖视图

图 6－11　半剖视图

扫码“看一看”

画半剖视图时要注意以下三点。

（1）个别视图适用于内外结构都需要表达的对称零件，当零件接近对称，不对称结构已被其他图形表达清楚，也可用半剖视图。

（2）半个视图与半个剖视图的分界，应该是点划线，不应为粗实线。

（3）采用半剖视图后，零件内部结构已在半个剖视图中表达清楚，因此在半个视图上不画虚线。

（三）局部剖视图

用剖切平面局部地剖开机件所画的剖视图，称为**局部剖视图**，如图 6－12 所示。局部剖视图适用于机件内、外的结构都需表达，而机件又不对称，不能采用半剖视图的时候。

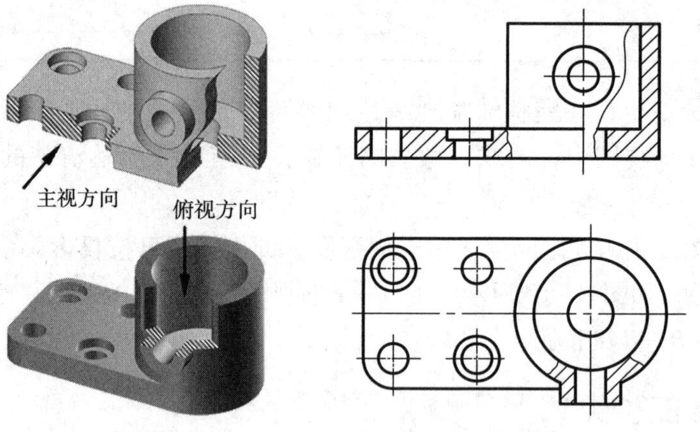

（a）轴测图　　（b）局部剖视图

图 6－12　局部剖视图

当机件的轮廓线与对称中心线重合，不宜采用半剖视图，可用局部剖视图，如图 6－13 所示。表达轴、杆、手柄等实心零件上的孔、槽等内部局部结构时，可用局部剖视图，如图 6－14 所示。

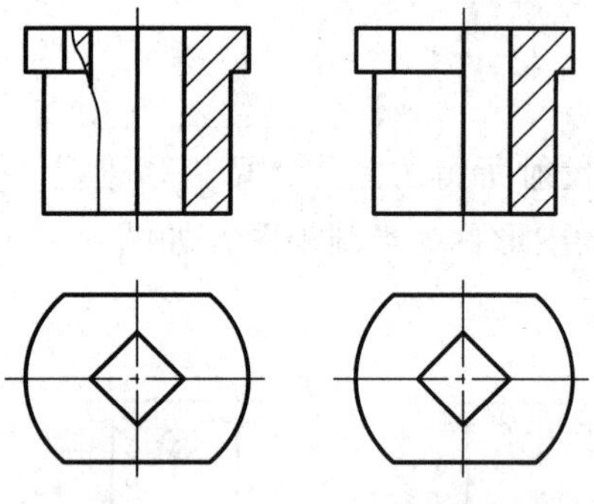

图 6－13　不宜采用半剖视图的零件

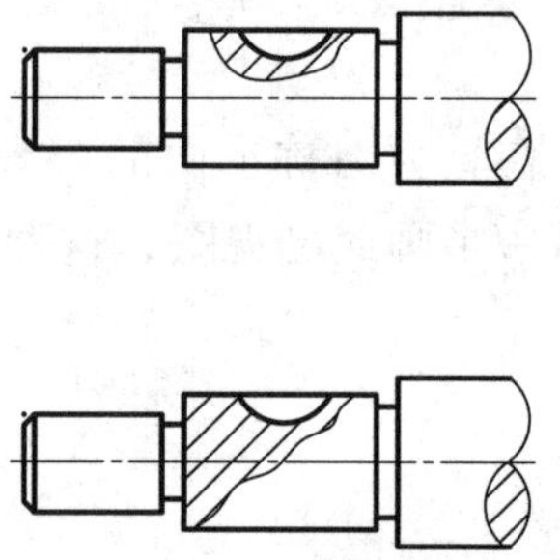

图 6－14　键槽局部剖视图

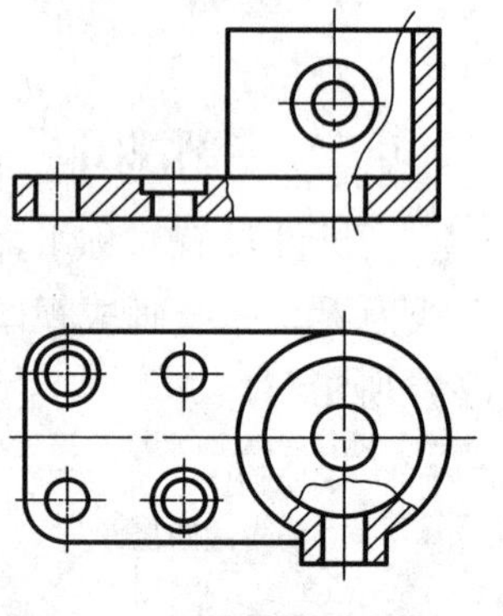

图 6－15　断裂线错误画法

画局部剖视图时应注意以下三点。

（1）局部剖视图上，视图与剖视图的分界线是波浪线，此线可认为是断裂面边界的投影。因此，波浪线应画在机件的实体部分上。既不能超出图形轮廓之外，又不能画入孔、槽之中，如图 6－15 所示，是两种错误的波浪线画法。波浪线也不能与轮廓线重合，如图 6－14 所示。

（2）当被剖切到的局部结构为回转体时，允许将该结构的轴线作为剖视与视图的分界线，如图 6－16 所示。

（3）在一个视图上不宜采用过多的局部剖，免得图形零散。图 6－17 是一个复杂结构的剖示处理方案。

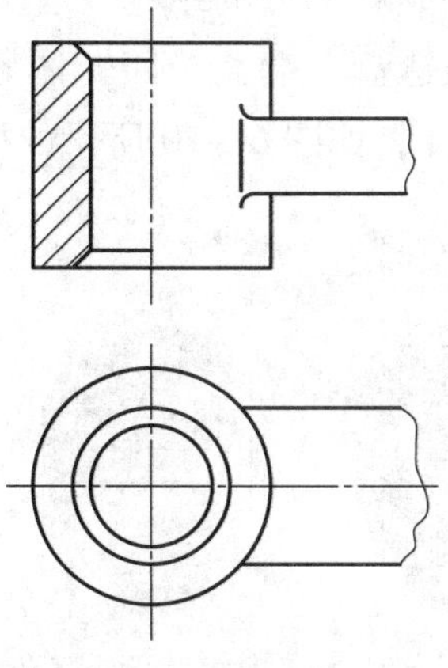

图 6－16　局部剖视画法

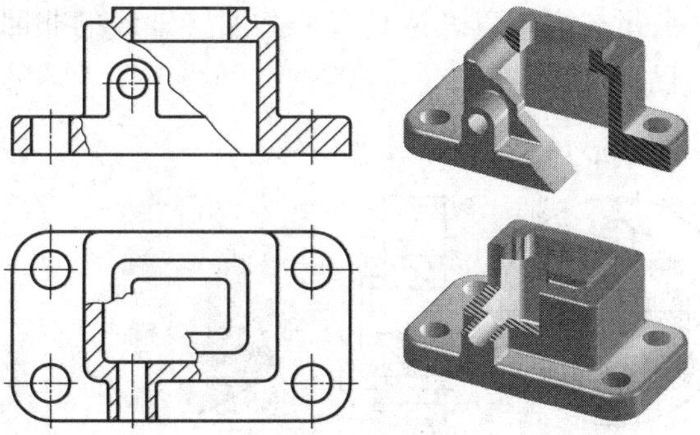

图 6－17　局部剖视图方案选择

三、剖切面的种类

国标规定，剖切面可以是平面或曲面。绘图时根据机件的结构特点，从下列三种切面中选用：①单一剖切面；②几个平行的剖切平面；③几个相交的剖切面。

扫码"看一看"

不论采用哪种剖切面，都可以得到全剖视图、半剖视图和局部剖视图。绘图时，应根据机件的结构特点，恰当地选用剖切面。分述如下。

（一）单一平面剖切

平行于基本投影面的单一平面剖切，如图 6－9、图 6－10 所示。

用不平行于任何基本投影面的平面剖切机件的方法称为斜剖。如图 6－18（a）中为表达机件倾斜部分的内部结构，采用一个通过该结构两孔中心线的正垂面剖开机件，然后向与剖切平面平行的辅助投影面投射，即得到该部分内部结构的实形，画出了剖视图。

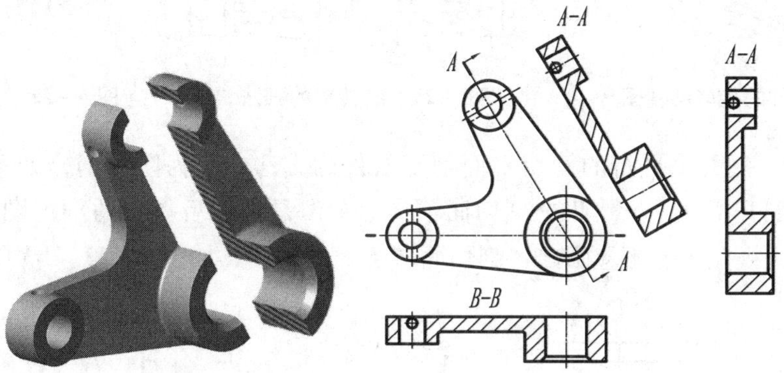

（a）斜剖方法轴测图　　（b）按照斜剖方法画的剖视图

图 6－18　斜剖视图画法

扫码"看一看"

斜剖视图必须标注，为看图方便，斜剖视图一般布置在箭头所指方向，并与基本视图保持对应的投影关系。但是，为了合理布图，也可以将图形转平画出，此时，要在视图上方标注"×—×旋转"，如图 6－18（b）所示。

（二）几个平面剖切

1. 旋转剖　两相交的平面剖切，交线垂直于基本投影面。这种剖切方法称为**旋转剖**。此时应注意以下三点。

（1）画剖视图时，先假想按剖切位置剖开机件，然后将倾斜部分的结构及有关部分旋转到与选定的投影面平行后，再进行投射。旋转剖适用于表达盘、端盖等回转体零件，如图 6－19 所示。也可以表达具有公共回转轴线的非回转体零件，如图 6－20 所示的摇杆。

扫码“看一看”

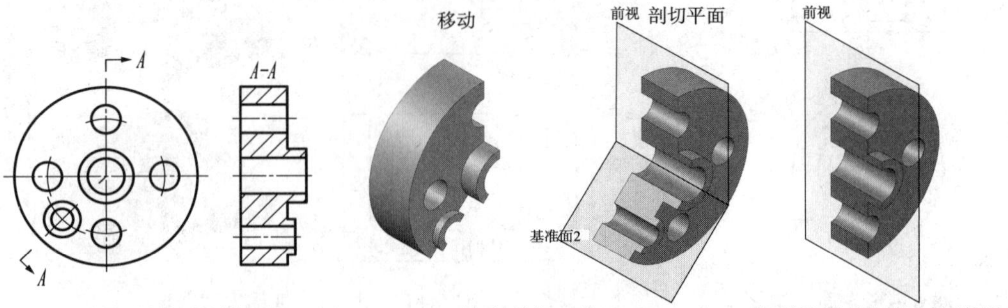

凸台转到中间后的剖视图　　用平面剖切零件　　斜面剖切的结构转平台再投影

图 6－19　盘盖的旋转剖视图

（2）在剖切平面后的其他结构，一般仍按原来位置投射，如图 6－20 俯视图中的小孔。

（3）当纵向剖切肋板时，应将肋板按照没剖绘制。如图 6－21 所示机件的肋板，仍按照未剖绘制。

（4）用旋转剖绘制的剖视图需进行标注，如图 6－19、6－20、6－21 所示。

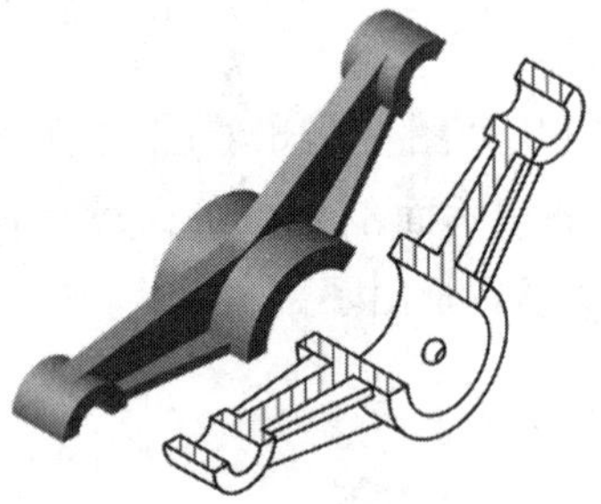

图 6－20　摇杆的旋转剖视图

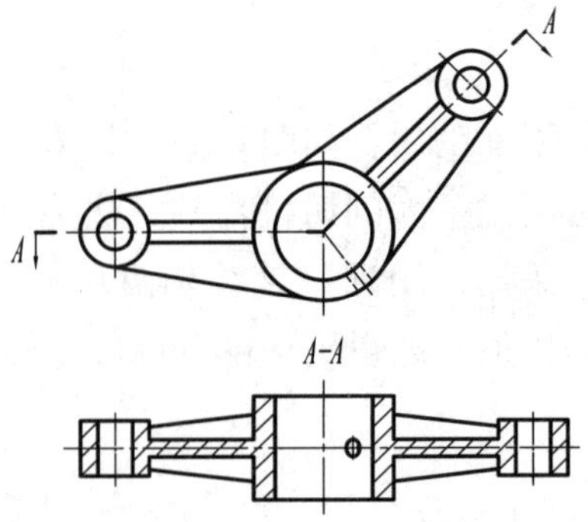

图 6－21　旋转剖的画法

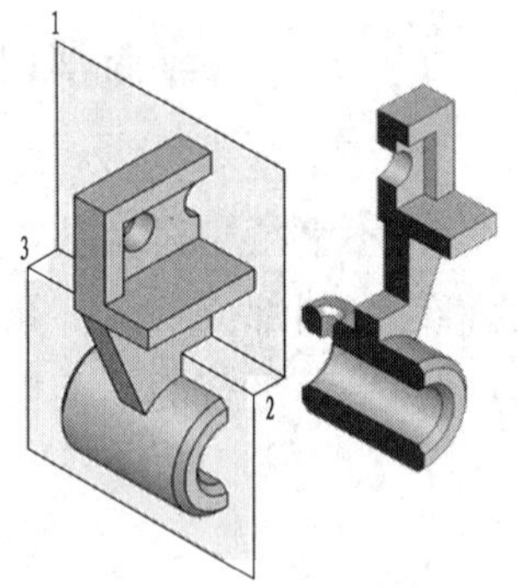

图 6－22　阶梯剖轴测图

2. 阶梯剖　用几个平行的剖切平面剖开机件的方法，称为**阶梯剖**，如图 6－22 所示，用两个侧平面剖开机件，虽然两个剖切面不共面，但是剖切后得到的剖视图应画成一个完整的图形。在剖视图中，不应画出各剖切面转折处的界线，如图 6－23（b）所示。

扫码“看一看”

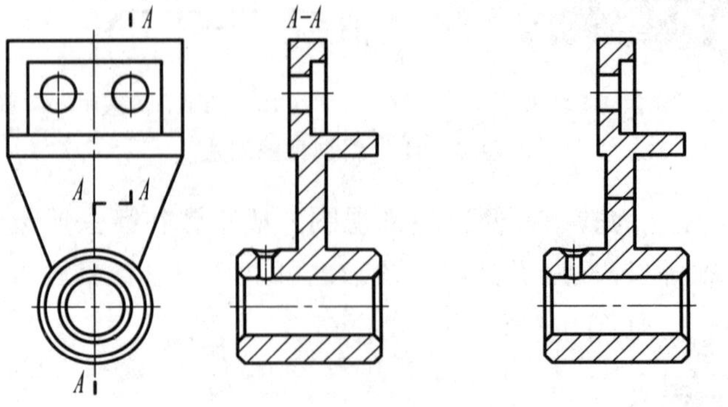

（a）正确　　（b）转折处画出界线错误

图 6－23　阶梯剖转折处无界线

在剖视图中不应出现不完整要素，如图 6 – 24 所示。

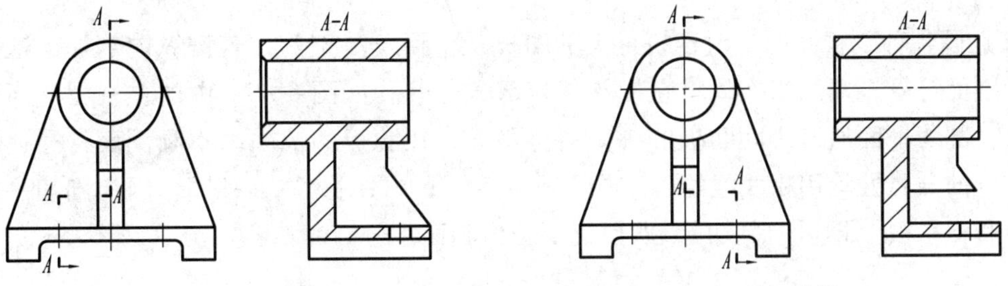

（a）正确　　　　（b）错误

图 6 – 24　阶梯剖不应出现不完整要素

只有当两个元素在图上具有共同中心线或轴线时，才可以用对称中心线或轴线为界、各画一半，如图 6 – 25 所示。用阶梯剖方法画的剖视图要进行标注。

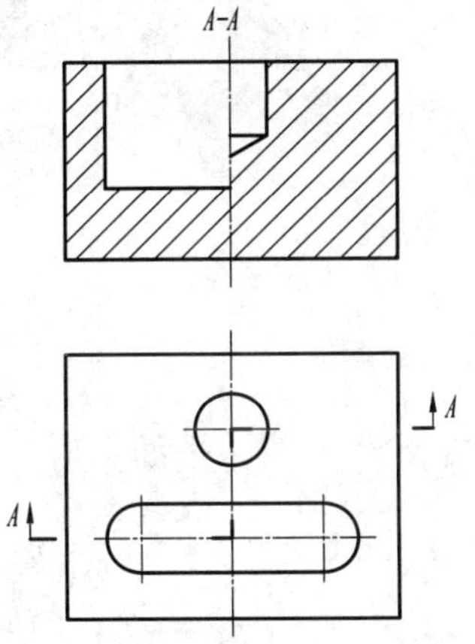

图 6 – 25　阶梯剖画法

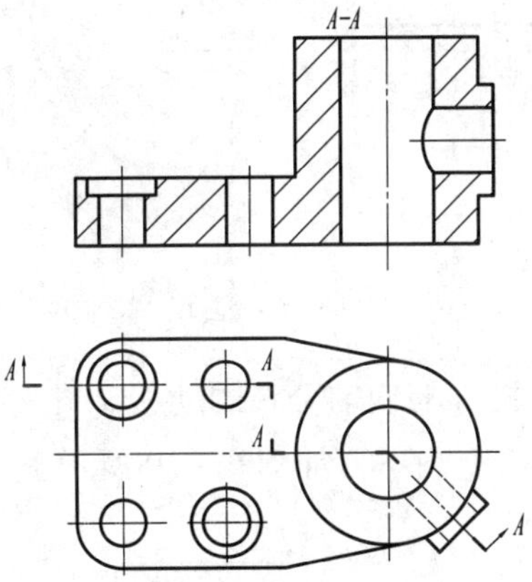

图 6 – 26　复合剖画法

3. 复合剖　除旋转、阶梯剖以外，用组合的剖切平面剖开机件的方法称为复合剖。如图 6 – 26、6 – 27 所示。

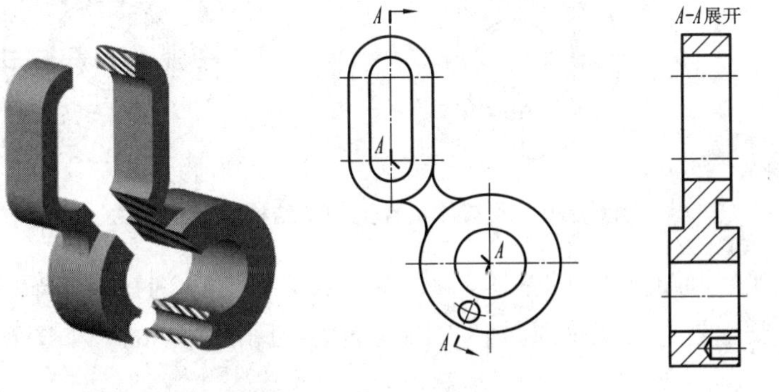

图 6 – 27　复合剖展开画法

组合的剖切平面是由投影面的平行面和垂直面组成，倾斜于投影面的剖切面剖切到的结构，一般按旋转剖的方法绘制。如图 6 – 26 中，组合剖切平面由两个正平面和一个铅垂面组成，倾斜于 *V* 面的铅垂面剖切到的结构要旋转到与 *V* 平行后再绘制主视图。

画复合剖视图时必须标注。在图 6 – 27 中，因两处倾斜结构都要旋转到与 *W* 面平行后再绘制左视图，因此左视图用了展开画法，应在剖视图上方注明“ ×—× ”展开。

扫码“看一看”

四、剖视图中肋板和轮幅的画法

（1）画各种剖视图时，对于机件上的肋板、轮辐及薄壁等，若按纵向剖切，这些结构都不画剖面符号，而用粗实线将它们与邻接部分分开。如图6－28中的左视图，当采用全剖视时，剖切平面通过中间肋板的纵向对称平面，在肋板的范围内不画剖面符号，肋板与其他部分的分界处均用粗实线绘出。如图6－28中的“*A*—*A*”剖视图，因为剖切平面垂直于肋板和支承板（即横向剖切），所以仍要画出剖面符号。

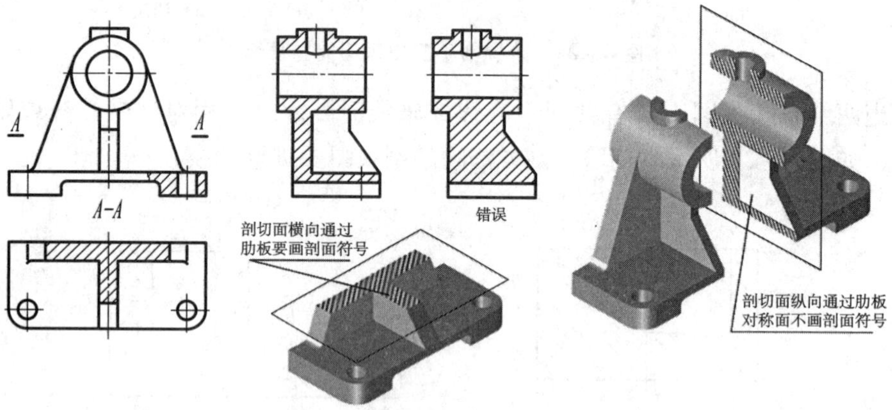

图6－28　剖视图中肋板画法

（2）回转体机件上均匀分布的肋板、孔等结构不处于剖切平面上时，可假想将这些结构旋转到剖切平面上画出，如图6－29所示。

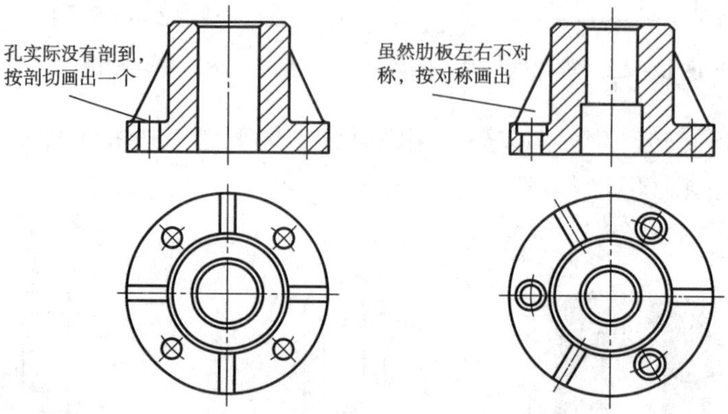

图6－29　回转体机件上均布结构的简化画法

（3）当剖切平面通过辐条的基本轴线（即纵向）时，剖视图中辐条部分不画剖面符号，且不论辐条数量是奇数还是偶数，在剖视图中要画成对称的，如图6－30所示。

图6－30　剖视图中辐条的画法

第三节　断面图

用假想剖切面将物体的某处切断，仅画出该剖切面与物体接触部分的图形，称为**断面图**，亦可简称**断面**，如图 6－31 所示。

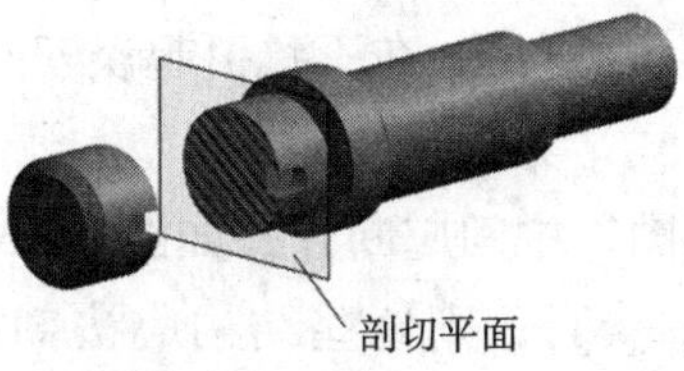

(a) 断面图的形成

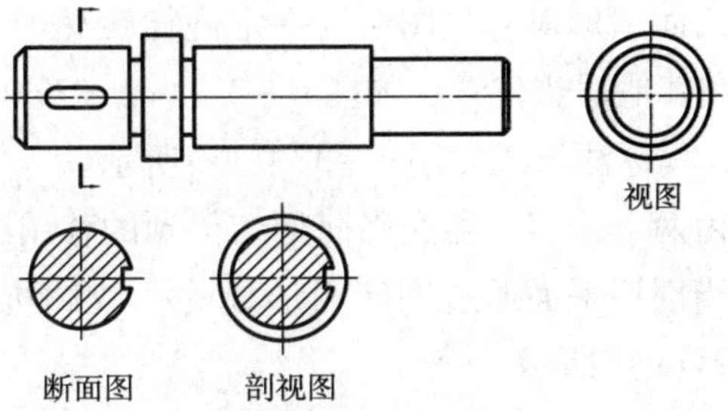

(b) 断面图与剖视图

图 6－31　断面图的形成及与剖视图的比较

图 6－31 表示了断面图和剖视图的区别，断面图与剖视图在表示局部断面上，断面图要显得更清楚一些，一目了然，重点突出，也便于标注尺寸。

断面图的种类分为移出断面图和重合断面图。

扫码“看一看”

一、移出断面图

如图 6－32 所示，断面图画在视图之外，称为**移出断面图**。

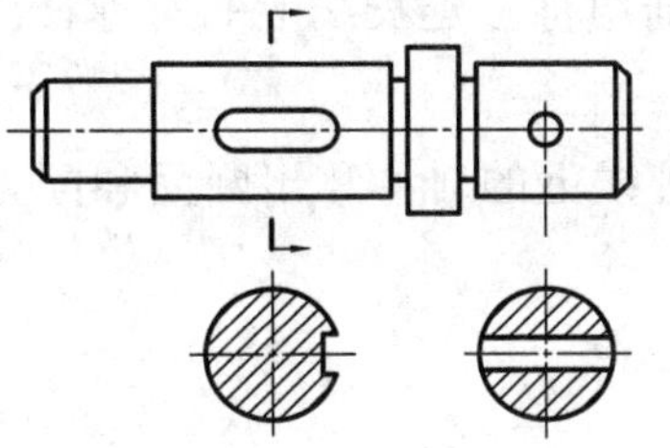

(a)

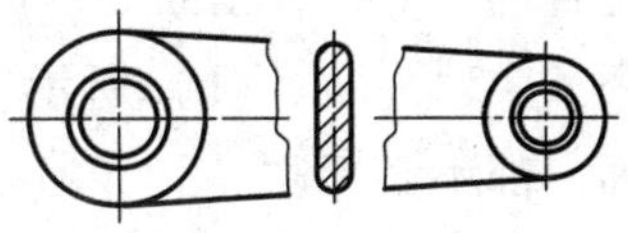

(b)

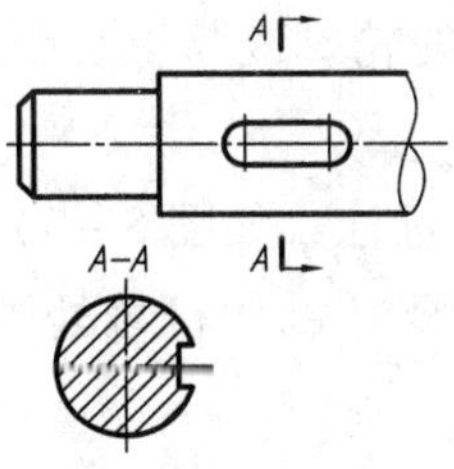

(c)

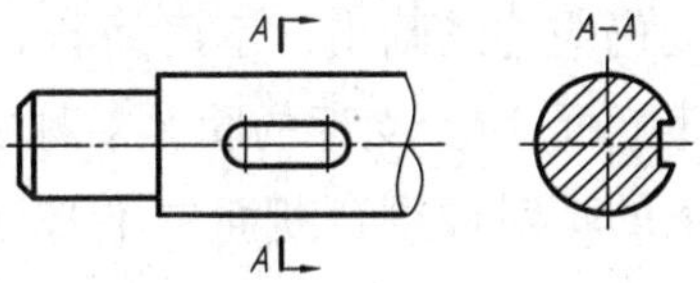

(d)

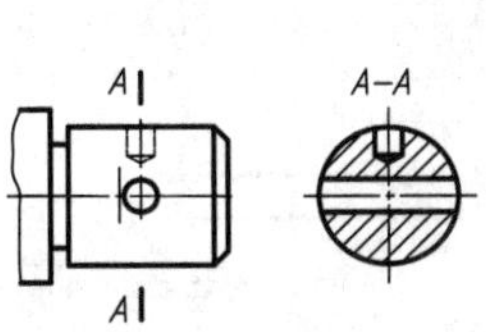

(e)

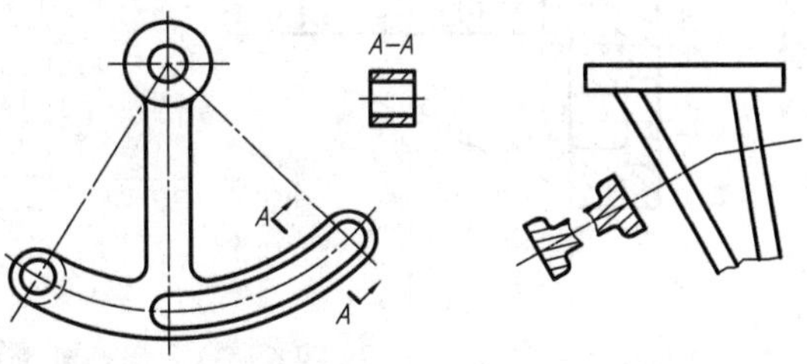

(f)

图 6－32　移出断面图的配置

（一）移出断面图的配置

移出断面图通常按以下原则绘制和配置。

（1）如图 6－32（a）所示，移出断面图的轮廓用粗实线绘制，断面的投影内画剖面符号，并尽量画在剖切符号或剖切平面迹线的延长线上。剖切平面迹线是剖切平面与投影面的交线，用细点划线表示。

（2）断面图形对称且图形按一定规律变化时，画在视图的中断处。必要时，可将移出断面配置在其他适当位置，如图 6－32（c）、（d）、（e）所示。在不致引起误解时，允许将图形旋转，其标注形式如图 6－32（f）所示。

（3）由两个或多个相交平面剖切得到的移出断面图，中间应断开，如图 6－32 所示。

（4）当剖切平面通过回转面形成的孔或凹坑的轴线时，则这些结构应按剖视图绘制，如图 6－32（e）所示。

（5）当剖切平面通过非圆孔时，会导致出现完全分开的两个剖面图形，这些结构应按剖视图绘制，如图 6－32（f）所示。

（二）移出断面图的标注

（1）如图 6－32（c）、（f）所示，移出断面一般应用剖切符号表示出剖切的位置，用箭头表示投影方向，并注上字母，在断面图上方应用同样的字母标出相应的名称“×—×”。

（2）如图 6－32（a）所示，配置在剖切符号延长线上的不对称移出断面，可省略字母。

（3）如图 6－32（d）、（e）所示，不配置在剖切符号延长线上的对称移出断面，以及按投影关系配置的不对称移出断面，可省略箭头。

（4）如图 6－32（a）、（b）所示，剖切平面迹线上的对称移出断面和配置在视图中断处的移出断面，都不必标注。

扫码“看一看”

二、重合断面图

在不影响图形清晰的条件下，断面也可按投影关系画在视图内。画在视图内的断面称为重合断面，重合断面的轮廓线用细实线绘制。当视图中的轮廓线与重合断面图形重合时，视图中的轮廓线仍应连续画出，不可间断。

如图 6－33（a）所示支架的肋，对称的重合断面不必标注；如图 6－33（b）所示，配置在剖切符号上的不对称重合断面，不必标注字母，但仍要在剖切符号处画出表示投影方向的箭头。

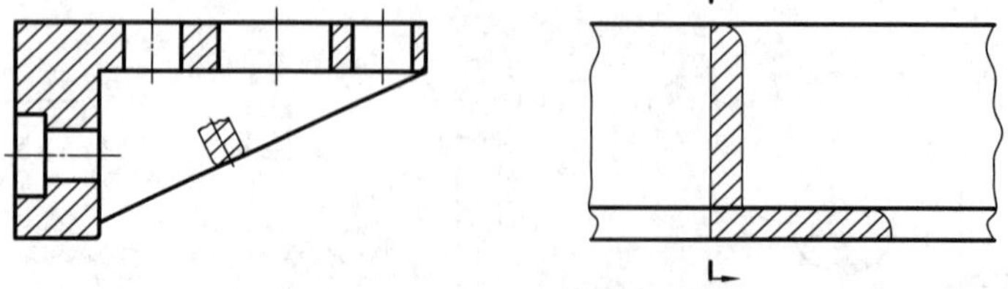

（a）支架　　　　（b）角钢

图 6－33　重合断面图

第四节 局部放大图、简化画法和其他规定画法

为使图形清晰和画图简便，国标中规定了局部放大图和图样的简化表示方法。

一、局部放大图

将图样中所表示的物体部分结构，用大于原图形的比例所绘出的图形称为局部放大图，如图 6－34 所示。

扫码“看一看”

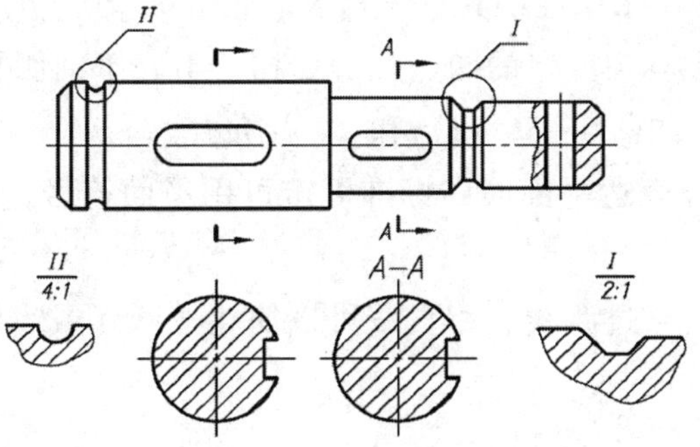

图 6－34 局部放大图

当机件上的细小结构在视图中表达不清楚或不便于标注尺寸和技术要求时，可采用局部放大图。局部放大图可画成视图、剖视、断面，它与被放大部分的表达方式无关。

画局部放大图时应注意以下几项。

（1）局部放大图应尽量配置在被放大部位的附近。局部放大图应用细实线圈出被放大的部位，当同一机件上有几个部位需要放大时，须用罗马数字依次标明被放大的部位，并在局部放大图的上方标出相应的罗马数字和所采用的比例。

（2）当机件上被放大的部分仅一处时，局部放大图的上方只需注明所采用的比例。同一机件上不同部位的局部放大图，当图形相同或对称时，只需要画出一个，必要时可用几个图形表达同一被放大部分的结构，如图 6－35 所示。

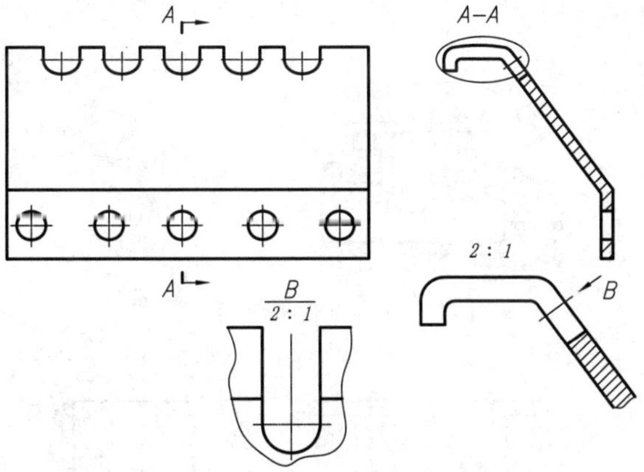

图 6－35 用几个图形表达一个放大结构

二、简化画法和其他规定画法

在能够准确表示机件形状和结构的条件下，为使画图简便，可采用包括规定画法、省

扫码"看一看"

略画法、示意画法等在内的图示方法。

（1）在不引起误解时，零件图中的移出断面允许省略剖面线，但剖切位置和断面图的标注仍按规定标注，如图6-36（a）所示。

（2）当机件上具有较多相同结构，且按一定规律分布时，只需画出若干个完整的结构，其余用细实线连接，在零件图中则必须注明这些相同结构的总数，如图6-36（b）所示。

（3）若干直径相同且成规律分布的孔，可以只画出一个或几个，其余用点画线表示中心位置，在零件图中则应注明孔的总数，如图6-36（c）所示。

（4）网状物、纺织物或机件上的滚花部分，可在轮廓线附近用细实线画出示意，并在零件图的视图部分或技术要求中注明其具体要求，如图6-36（d）和（e）所示。

（5）在零件回转体上均匀分布的肋、孔等结构，不处于剖切平面上时，可按这些结构旋转到剖切平面上画出，如图6-36（f）和（g）所示。

（6）当图形不能充分表达平面时，标准规定可用平面符号，即相交的两细实线表示，如图6-36（h）所示。

（7）在不引起误解时，过渡线、相贯线可以简化成圆弧或直线代替，如图6-36（i）和（j）所示。

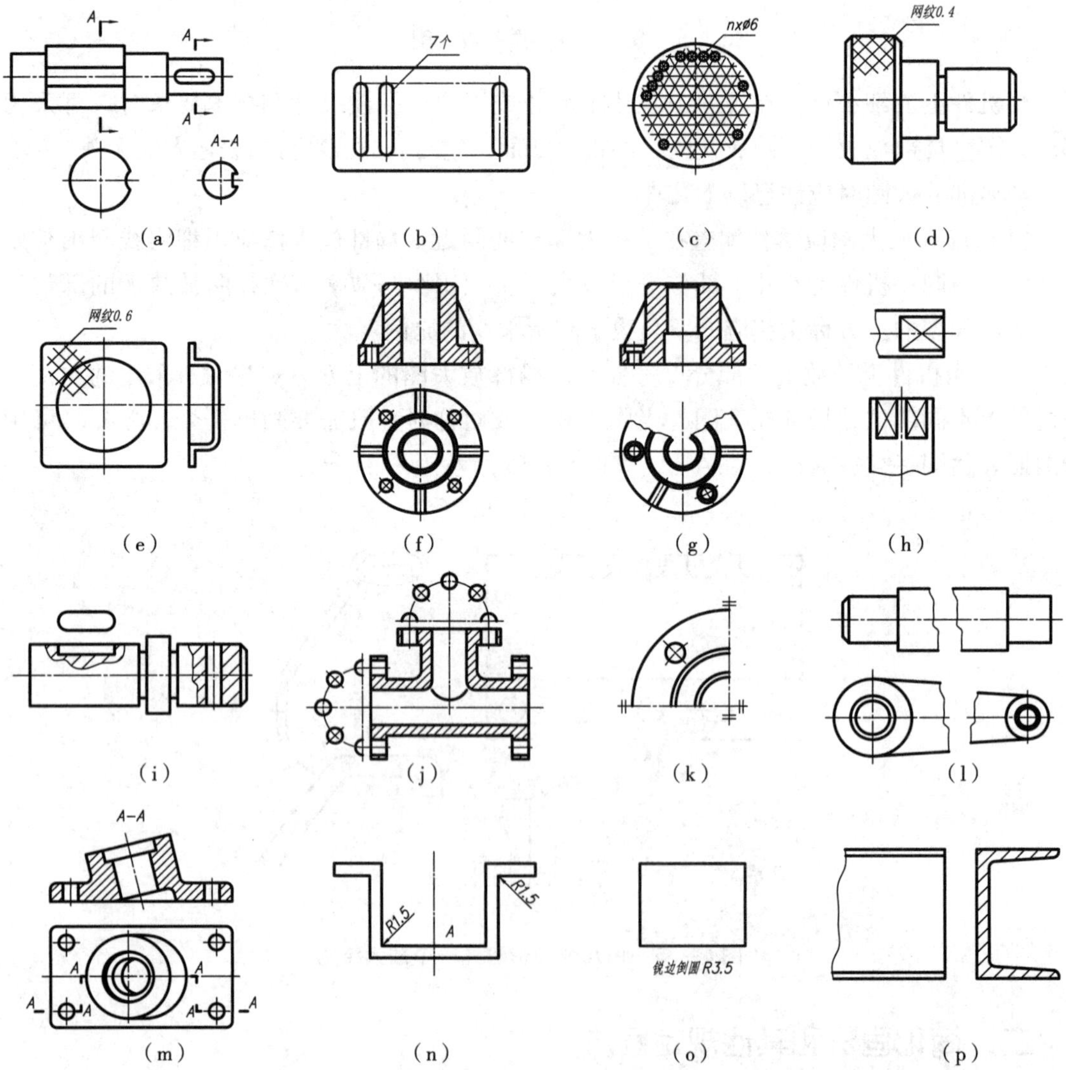

图6-36 简化画法和其他规定画法

（8）圆柱形法兰盘和类似机件上均匀分布的孔，可按图6－36（j）的方法表示。

（9）在不引起误解时，对称机件的视图可画一半或四分之一，并在对称中心线的两端画出两条与其垂直的平行细实线，如图6－36（k）所示。

（10）较长的机件沿长度方向的形状一致或按一定规律变化时，可断开后缩短绘制，如图6－36（l）所示。

（11）与投影面的倾斜角度小于或等于30°的圆或圆弧，其投影可用圆或圆弧代替，如图6－36（m）所示。

（12）在不引起误解时，零件图中的小圆角、锐边的倒圆，或45°小倒角允许省略不画，但必须在视图中注明尺寸或在技术要求中加以说明，如图6－36（m）、（n）所示。

（13）斜度不大的结构，如在一个视图中已表达清楚，其他视图可按小端画出，如图6－36（p）所示。

复习思考题

一、简答题

1. 基本视图有几个？它们是如何排列的？除基本视图外，国家规定还可以用哪几种视图表达机件？

2. 向视图、斜视图、局部视图在图中应如何配置和标注？

3. 局部斜视图和局部视图的断裂边界用什么表示？画波浪线时要注意什么？何时可省略波浪线？

4. 剖视图和断面图有何区别？

5. 剖视图有哪几种？剖面符号应如何画出？剖切面后的虚线应如何处理？

6. 剖视图应如何标注？何时可以省略标注？

7. 剖切平面纵向和横向通过机件的肋、轮辐及薄壁时，应如何画出？

8. 画旋转剖视图时应注意什么？画阶梯剖视图时应注意什么？

9. 断面图有哪几种？如何配置和标注？

二、填空题

1. 国家标准规定了各种画法：________、________、________、________、________和________等。

2. 按照GB/T 17451—1998《技术制图 图样画法 视图》的规定，视图有________、________和________等三种，画图时可以按照需要选用。

3. 六个基本视图除了主、俯、左视图之外，还有由右向左投影所得的________，由下向上投影所得的________、由后向前投影所得的________。

4. 将机件向不平行于任何基本投影面的平面投影所得的视图称为________；机件的某一部分，向基本投影面投射所得的视图，称为________。

5. 局部视图可按投影关系配置，若中间没有其他图形隔开，可________标注。

6. 局部视图布置未按投影关系布置时，应在局部视图上方标注视图名称“________”，在相应的视图附近用________指明投射方向，并标注上同样的________。

7. 局部视图的断裂面边界的投影用________绘制，但是，当局部结构完整、外形轮廓又呈封闭线框时，也可省略不画。

8. 假想用剖切面剖开机件，将处在观察者和剖切面之间的部分移去，而将其余部分向投影面投射所得的图形，称为________，简称________。

9. 剖视图按照剖切面不同程度地剖开物体的情况，可以分为________、________和________。

10. 用几个平面剖切的方法有：________、________、________。

11. 画各种剖视图时，对于机件上的肋板、轮辐及薄壁等，若按纵向剖切，这些结构都________剖面符号，而用________将它们与邻接部分分开。

12. 用假想剖切面将物体的某处切断，仅画出该剖切面与物体接触部分的图形，称为________，亦可简称________。

13. 断面图的种类分为________和________。

14. 在能够准确表示机件形状和结构的条件下，为使画图简便，可采用包括________、________、________等在内的图示方法。

第七章　标准件和常用件

扫码“学一学”

在各种设备中，除一般零件外，还经常会用到一些结构和尺寸都已标准化和系列化的零件，如螺栓、螺钉、螺母、垫圈、键、销、滚动轴承等，在机械上称这类零件为**标准件**。另有一些零件，如齿轮、弹簧等，因其结构典型、应用广泛，国家标准只对其部分结构和尺寸标准化，故称这类零件为**常用件**。为了提高绘图效率，对上述零部件的某些结构和形状不必按其真实投影画出，而是根据相应的国标所规定的画法、代号和标记进行绘图和标注。

本章主要介绍标准件及常用件的基本知识、规定画法、代号、标注等方法。

第一节　螺纹紧固件

螺纹是零件上常见的一种结构。螺纹是在圆柱或圆锥表面上，沿着螺旋线所形成的具有相同剖面的连续凸起（如图 7 - 1 所示，凸起是指螺纹两侧面间的实体部分，又称“牙”）。螺纹分外螺纹和内螺纹两种，成对使用。在圆柱或圆锥外表面上加工的螺纹，称为**外螺纹**；在圆柱或圆锥内表面上加工的螺纹，称为**内螺纹**。

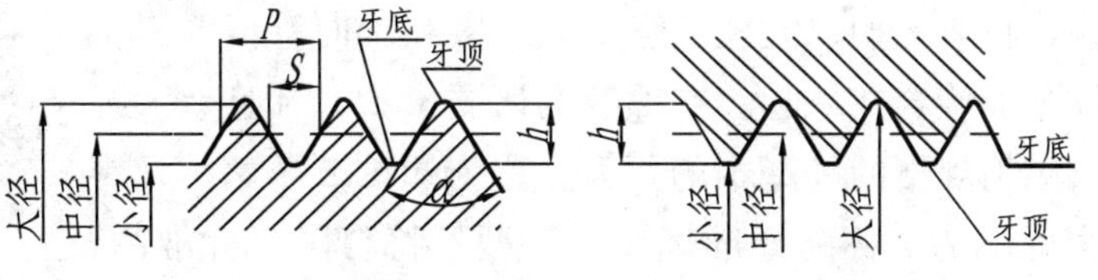

（a）外螺纹　　（b）内螺纹

图 7 - 1　螺纹的要素

一、螺纹的形成和要素

（一）螺纹的形成

形成螺纹的方法很多，如在车床上车削内、外螺纹；对于直径较小的螺杆、螺孔，可以用套扣或攻丝的方法完成。在内、外螺纹和光孔或光轴相连接的底部，为了加工时退出刀具的需要，有时要设计出退刀槽。当车削螺纹的车刀逐渐离开工件的螺纹终了处时，会出现一段牙型不完整的螺纹，称为**螺纹收尾**，简称**螺尾**，使螺纹和光孔或光轴形成渐变的过渡连接。

（二）螺纹的要素

（1）牙型　在通过螺纹轴线的剖面上，螺纹的轮廓形状称为**牙型**，如图 7 - 1 所示。常见的牙型有三角形、梯形和锯齿形等。

（2）直径　直径有大径（d、D）、中径（d_2、D_2）和小径（d_1、D_1）之分，如图 7 - 1 所示。其中外螺纹大径（d）和内螺纹小径（D_1）亦称**顶径**。与外螺纹牙顶或内螺纹牙底相切的、假想圆柱或圆锥的直径称为大径。与外螺纹牙底或内螺纹牙顶相切的、假想圆柱或圆锥的直径称为**小径**。**中径**是指一个假想圆柱或圆锥的直径，该圆柱或圆锥的母线通过牙型上沟槽和凸起宽度相等的地方。螺纹大径的基本尺寸称为公称直径，是代表螺纹尺寸的直径（管螺纹用尺寸代号表示）。

（3）线数　螺纹有单线与多线之分。沿一条螺旋线所形成的螺纹，称为**单线螺纹**；沿两条或两条以上在轴向等距分布的螺旋线所形成的螺纹，称为**多线螺纹**。线数的代号用 n 表示。

（4）螺距和导程　**螺距**（P）是指相邻两牙在中径线上对应两点间的轴向距离；**导程**（P_n）是相同一条螺旋线上的相邻两牙在中径线上对应两点间的轴向距离。螺距和导程是两个不同的概念，如图 7－2 所示。

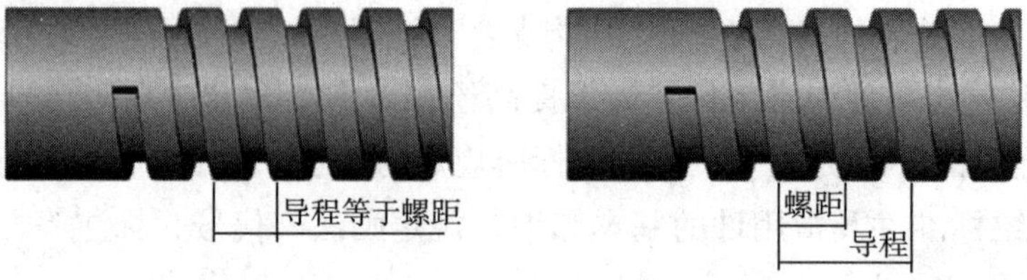

（a）单线螺纹　　（b）双线螺纹

图 7－2　螺距与导程

螺距、导程、线数之间的关系是：$P = P_n/n$；对于单线螺纹，则 $P = P_n$。

（5）旋向　内、外螺纹旋合时的旋转方向称为**旋向**。螺纹的旋向有左、右之分：顺时针旋转时旋入的螺纹，称为右旋螺纹；逆时针旋转时旋入的螺纹，称为左旋螺纹。

旋向可按下列方法判定：将外螺纹轴线垂直放置，螺纹的可见部分是右高左低者为右旋螺纹；左高右低者为左旋螺纹。如图 7－3 所示。

图 7－3　螺纹的旋向

对于螺纹来说，只有牙型、大径、螺距、线数和旋向等诸要素都相同，内、外螺纹才能旋合在一起。在螺纹的诸要素中，牙型、大径和螺距是决定螺纹结构规格的最基本的要素，称为**螺纹三要素**。凡螺纹三要素符合国家标准的，称为标准螺纹；牙型不符合国家标准的，称为非标准螺纹。

二、螺纹种类

根据螺纹的用途，可以将螺纹分成四种类型。

（1）连接和紧固用螺纹　如粗牙普通螺纹、细牙普通螺纹等。

（2）管用螺纹　如用螺纹密封的管螺纹、非螺纹密封的管螺纹等。

（3）传动螺纹　如梯形螺纹、锯齿形螺纹等。

（4）专门用途螺纹　如气瓶螺纹、灯泡螺纹、自行车螺纹等。

螺纹按用途分为连接螺纹和传动螺纹。常用标准螺纹的种类、牙型及功用等见表 7－1 所示。

表 7－1　常用标准螺纹

螺纹种类			特征代号	外形图	牙型图	用途
连接螺纹	普通螺纹	粗牙	M		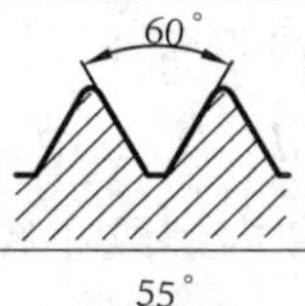	最常用的连接螺纹
		细牙				细小的精密零件或薄壁零件
	非螺纹密封管螺纹		G		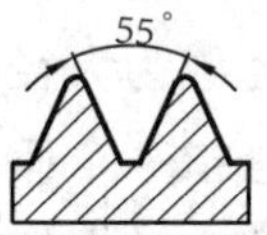	水管、油管、气管等低压管路

续表

螺纹种类		特征代号	外形图	牙型图	用途
传动螺纹	梯形螺纹	Tr		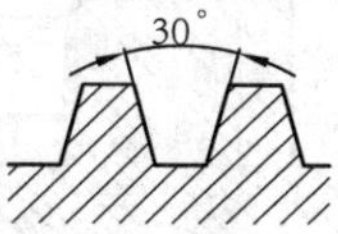	机床的丝杠
	锯齿形螺纹	B		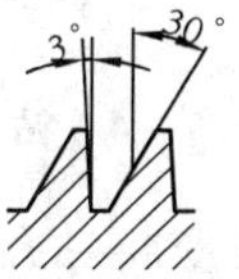	只能传递单方向力

三、螺纹的规定画法

GB/T 4459.1—1995《机械制图 螺纹及螺纹紧固件表示方法》中规定了在机械图样中螺纹和螺纹紧固件的画法。螺纹的规定画法见表 7－2。

表 7－2　螺纹的规定画法

类别	规定画法
外螺纹	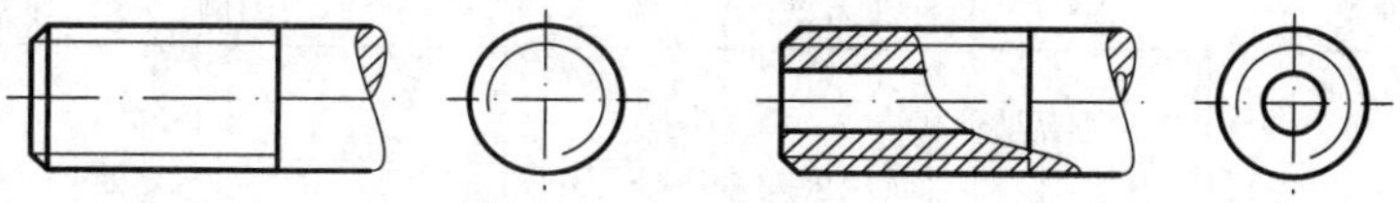
说明	牙顶圆用粗实线表示，牙底圆用细实线表示，在螺杆的倒角或倒圆部分也应画出； 在垂直于螺纹轴线的视图中，牙底圆的细实线画 3/4 圆，螺杆或螺孔上倒角圆的投影省略； 螺纹终止线用粗实线表示，剖面线必须画到粗实线处
内螺纹	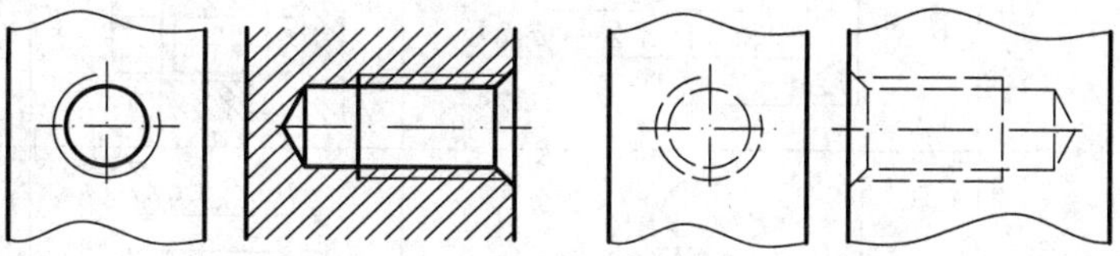
说明	剖视或断面图中，内螺纹牙顶圆和螺纹终止线画粗实线，牙底圆画细实线； 在垂直于螺纹轴线的视图中，牙底圆的细实线画 3/4 圆，倒角圆省略； 不可见螺纹的所有图线（轴线除外），均用虚线绘制
螺纹连接	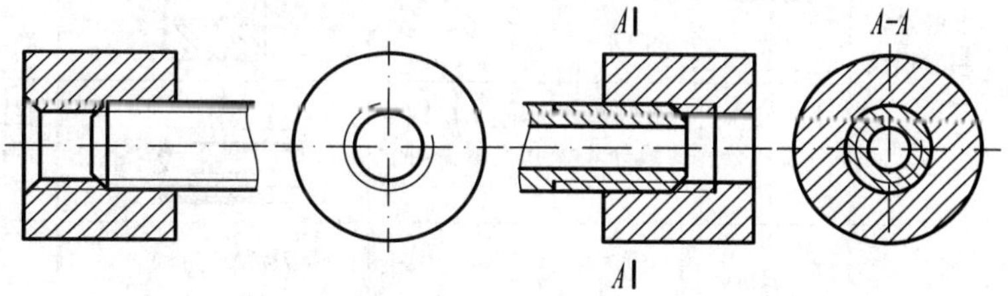
说明	剖视图中，旋合部分按外螺纹的画法绘制，其他部分仍按各自的画法表示； 画螺纹连接图时，表示内、外螺纹牙顶圆的粗实线和细实线，应分别对齐

由于钻头的尖角接近 120°，用它钻出的盲孔底部便有顶角接近 120°的圆锥面，在图中，因钻尖而成的圆锥孔，顶角要画成 120°，但不必注尺寸，如图 7－4（a）、（b）所示。

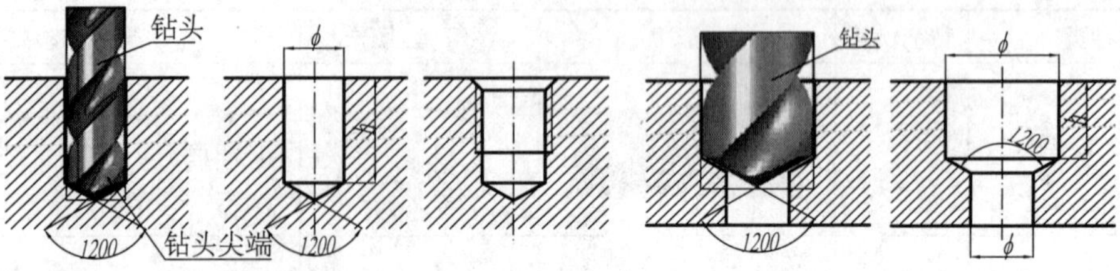

(a) (b) (c) (d) (e)

图 7－4　钻孔底部与螺纹孔的画法

绘制不穿通的螺孔时，一般应将钻孔深度与螺纹部分深度分别画出，钻孔深度应比螺孔深度大 0.2～0.5D（螺纹大径），如图 7－4（c）所示。两级钻孔（阶梯孔）的过渡处，也存在 120°的部分尖角，作图时要注意画出，如图 7－4（d）、（e）所示。

四、螺纹的标注

各种螺纹都按同一规定画法表示，为加以区别，应在图上注出国家标准所规定的螺纹标记，见表 7－3。

表 7－3　常用螺纹的规定标注

螺纹种类		标注方式	标注图例	说明
普通螺纹	粗牙	M12 5g 6g 顶径公差带代号 中径公差带代号 螺纹大径	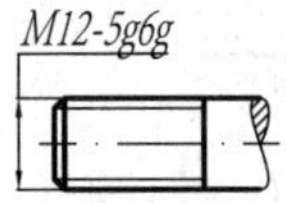 	螺纹的标记注在大径的尺寸线或其引出线上； 粗牙螺纹不标注螺距； 细牙螺纹标注螺距
		M12LH-7H-L 旋合长度 中径和顶径公差带代号 旋向（左旋）	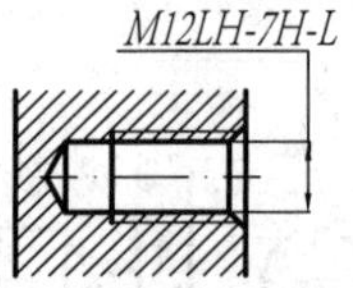 	
	细牙	M12×1.5-5g6g 螺距	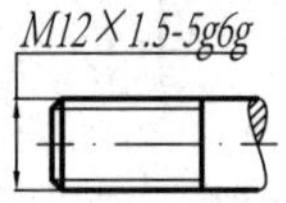 	
管螺纹单线	非螺纹密封管螺纹	非螺纹密封的内管螺纹标记：G1/2 内螺纹公差等级只有一种，不标注	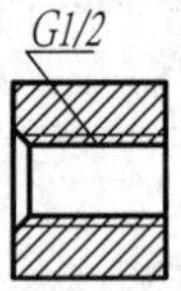 	特征代号右边的数字为尺寸代号，即管子内通径，单位为英寸。管螺纹的直径需查其标准确定。尺寸代号采用小一号的数字代写； 在图上从螺纹大径画指引线进行标注
		非螺纹密封的外管螺纹标记：G1/2A 外螺纹公差等级分 A 级和 B 级两种，需标注	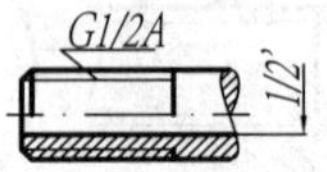 	
梯形螺纹	单线	Tr40×7-7e 中径公差带代号	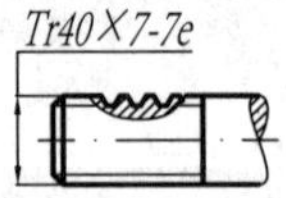 	单线螺纹只注螺距，多线螺纹注导程、螺距； 旋合长度分为中等（N）和长（L）两组，中等旋合长度可以不标注
	多线	Tr40×14(P7)LH-7e 旋向 螺距 导程	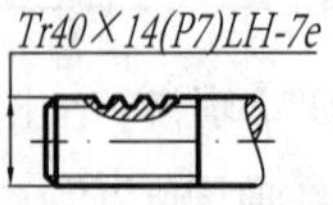 	

五、常用螺纹紧固件

螺纹紧固件是运用一对内、外螺纹的连接作用来连接和紧固一些零部件。常用的螺纹紧固件有螺栓、螺柱、螺母垫圈等，如图 7－5 所示。螺纹紧固件的标记方法可以查 GB/T 1237—2000《紧固件标记方法》，其中规定紧固件有完整标记和简化标记两种标记方法，本书省略了标记示例，应用时如遇到，可查相关参考书籍。

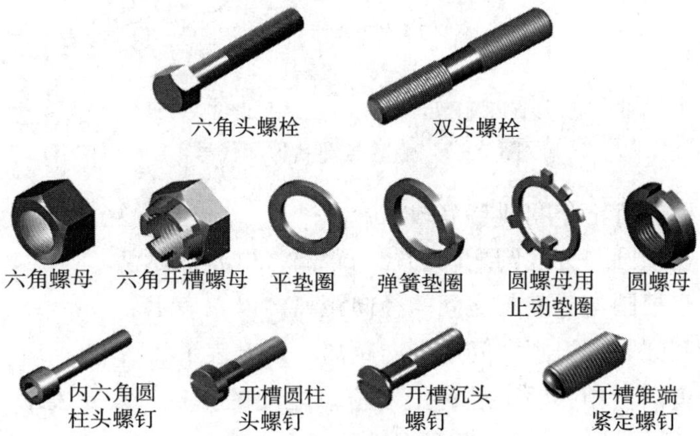

图 7－5　常用螺纹紧固件

第二节　齿　轮

在机械传动中，广泛使用齿轮传递动力或改变运动方向及速度。齿轮的种类很多，按传动轴之间的相对位置，可将其分为以下三类。

（1）圆柱齿轮　用于两平行轴间的传动，如图 7－6（a）所示。

（2）锥齿轮　用于两相交轴间的传动，如图 7－6（b）所示。

（3）蜗杆蜗轮　用于两交叉轴间的传动，如图 7－6（c）所示。

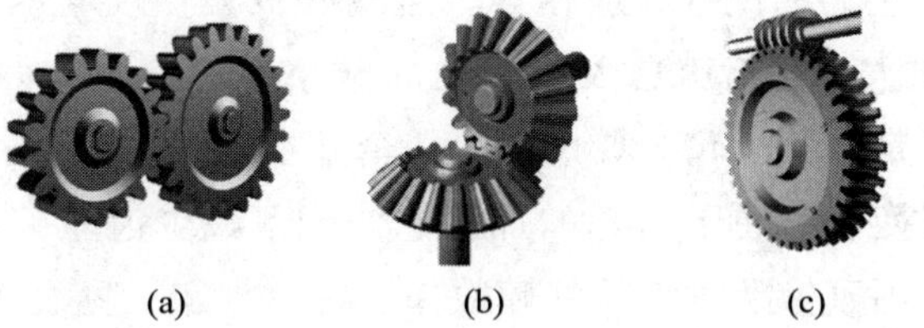

图 7－6　齿轮传动

一、直齿圆柱齿轮的各部名称及代号

图 7－7 所示是直齿圆柱齿轮及一对啮合齿轮的示意图，用字母标出了各部分的名称和代号。

（1）齿顶圆　通过轮齿顶面的圆，其直径以 d_a 表示。

（2）齿根圆　通过轮齿根部的圆，其直径以 d_f 表示。

（3）分度圆和节圆　对于标准齿轮，分度圆是指使齿厚 s 与齿间 e 相等的圆，其直径以 d 表示。节圆是指过节点 C（两啮合齿轮的齿廓在圆心 O_1、O_2 连线的接触点上）的圆，

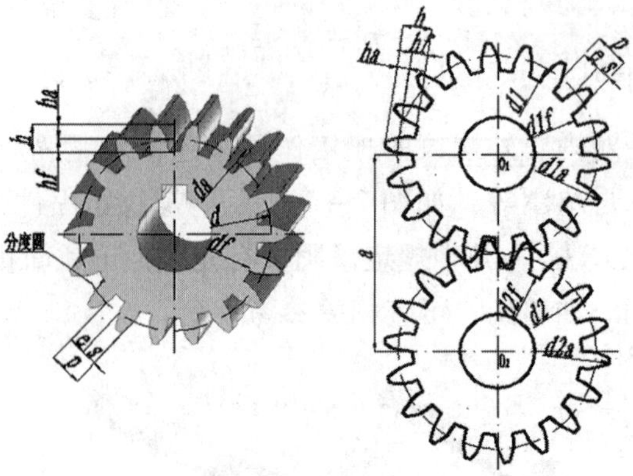

（a）直齿圆柱齿轮　　（b）齿轮啮合示意图

图 7-7　齿轮各部名称和代号

其直径以 d'表示。标准齿轮分度圆与节圆重合。

（4）齿顶高　齿顶圆与分度圆之间的径向距离，以 h_a表示。

（5）齿根高　齿根圆与分度圆之间的径向距离，以 h_f表示。

（6）齿高　齿顶圆与齿根圆之间的径向距离，以 h 表示。

（7）齿距　分度圆上相邻两个轮齿上对应点之间的弧长，以 p 表示。齿距由齿间 e 和齿厚 s 组成。在标准齿轮中，齿间和齿厚各为齿距的一半，即：$s=e=p/2$，$p=s+e$。

（8）啮合角和压力角　在一般情况下，两相啮轮齿的端面齿廓在接触点处（点 C）的公法线，与两节圆的内公切线所夹的锐角，称为啮合角，用 a 表示，对于渐开线齿轮，指的是两相啮轮齿在节点上的端面压力角。标准齿轮的啮合角采用 20°。

（9）中心距　两啮合齿轮轴线间的距离，用 a 表示，中心距为两齿轮的节圆半径之和，即：$a=d'_1/2+d'_2/2$ 。

（10）模数　由于齿轮分度圆的周长 $\pi d=pz$（z 为齿数），则 $d=zp/\pi$，式中 π 为无理数，为了计算方便，令 $m=p/\pi$，即将齿距 p 除以圆周率 π 所得的商，称为齿轮的模数，用符号“m”表示，尺寸单位为 mm。由此得出：$d=mz$，$m=d/z$。

在标准齿轮中，齿顶高 $h_a=m$，齿根高 $h_f=1.25m$。相互啮合的两齿轮，其齿距 p 应相等；由于 $p=m\pi$，因此它们的模数亦应相等。当模数 m 发生变化时，齿高 h 和齿距 p 也随之变化，即：模数 m 愈大，轮齿就愈大；模数 m 愈小，轮齿就愈小。模数是表征齿轮轮齿大小的一个重要参数，是计算齿轮主要尺寸的一个基本依据。

为了提高齿轮的互换性，便于齿轮的加工、修配，减少齿轮刀具的规格品种，提高其系列化和标准化程度，国家标准对齿轮的模数作了统一规定，见表 7-4。

表 7-4　齿轮模数系列（GB/T 1357—2008《通用机械和重型机械用圆柱齿轮 模数》）

第一系列	1　1.25　1.5　2　2.5　3　4　5　6　8　10　12　16　20　25　32　40　50
第二系列	1.75　2.25　2.75　(3.25)　3.5　(3.75)　4.5　5.5　(6.5)　7　9　(11)　14　18　22　28　36　45

注：选用模数时，应优先选用第一系列，其次选用第二系列；括号内的模数尽可能不用。本表未摘录小于 1 的模数。

二、圆柱齿轮的规定画法

1. 单个圆柱齿轮的规定画法　在 GB/T 4459.2—2003《机械制图 齿轮表示法》中规定了齿轮画法。

（1）在表示齿轮端面的视图中，齿顶圆用粗实线，齿根圆用细实线或省略不画，分度圆用点画线画出，如图 7-8（a）所示。

（2）另一视图一般画成全剖视图，而轮齿按不剖处理。用粗实线表示齿顶线和齿根线，用点划线表示分度线，如图 7-8（b）所示。

（3）若不画成剖视图，则齿根线可省略不画，如图 7-8（c）所示。

（4）轮齿为斜齿、人字齿时，按图 7-8（c）、（d）的形式画出。

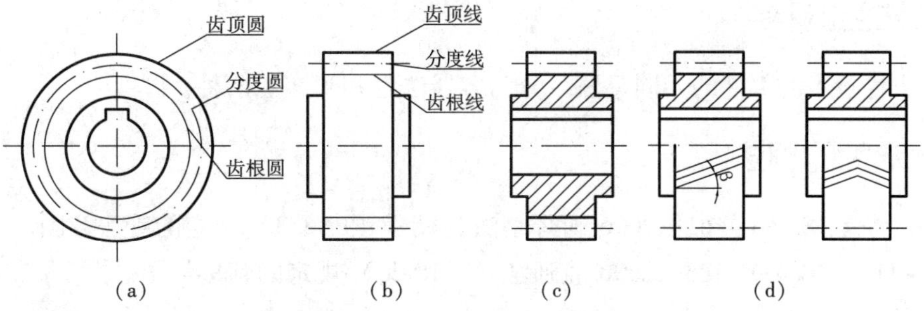

图 7-8　单个齿轮规定画法

2. 圆柱齿轮啮合的规定画法

（1）在表示齿轮端面的视图中，啮合区内的齿顶圆均用粗实线绘制，如图 7-9（a）所示。

（2）也可省略不画，但相切两分度圆须画点划线，两齿根圆省略，如图 7-9（b）所示。

（3）若不剖，则啮合区内齿顶线不必画，分度线用粗实线绘制，如图 7-9（c）所示。

（4）在剖视图中，啮合区的投影，齿顶与齿根之间应有 0.25m 的间隙，被遮挡的齿顶线（虚线）也可省略不画，如图 7-9（d）所示。

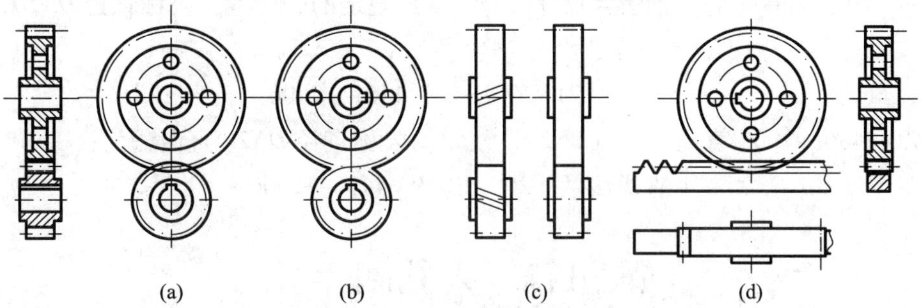

图 7-9　圆柱啮合齿轮规定画法

第三节　法　兰

法兰是由英文 flange（凸缘）音译而来，是化工制药设备中最普遍应用的一种可拆式连接结构，具有较好的强度和紧密性，适用尺寸范围广泛，在设备和管道上都能够应用，并有相应的 GB/T 9112～9124—2010《钢制管法兰》国家标准。

法兰连接就是把两个管道、管件或器材，先各自固定在一个法兰盘上，两个法兰盘之间，加上法兰垫，用螺栓紧固在一起，完成了连接。有的管件和器材已经自带法兰盘，也是属于法兰连接。

法兰分螺纹连接（丝接）法兰和焊接法兰。低压小直径有丝接法兰，高压和低压大直径都是使用焊接法兰，不同压力的法兰盘的厚度和连接螺栓直径和数量是不同的。

根据压力的不同等级，法兰垫也有不同材料，从低压石棉垫、高压石棉垫到金属垫都有。法兰连接使用方便，能够承受较大的压力。

在工业管道中，法兰连接的使用十分广泛。在家庭内，管道直径小，而且是低压，看不见法兰连接；而在锅炉房或者生产现场，到处都是法兰连接的管道和器材。

一、法兰的种类

根据法兰连接的部件的不同，法兰分为容器法兰和管法兰两种。

二、法兰的画法

图 7－10 是 JB/ZQ 4461—2006 对焊钢法兰尺寸（PN6.3）规定的管法兰图。

图 7－11 是 JB/ZQ 4486—2006 直通法兰（PN20）规定的管法兰图。

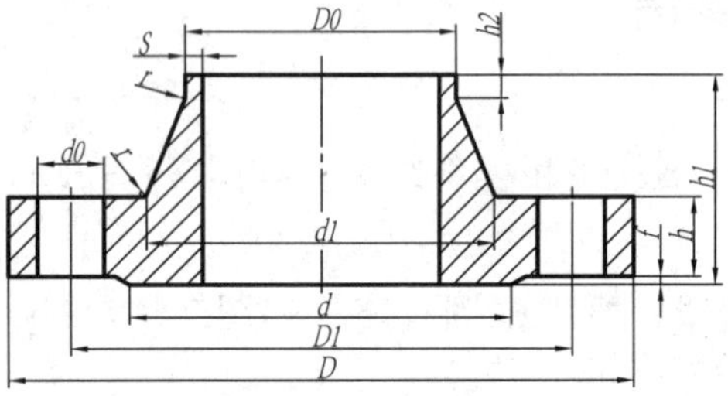

图 7－10　对焊管法兰

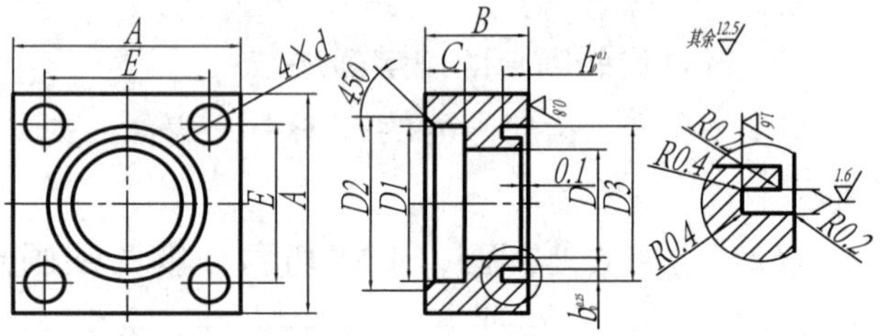

图 7－11　直通管法兰

三、法兰的标注

JB/ZQ 4461—2006 对焊钢法兰尺寸（PN6.3）规定的管法兰：公称直径 *DN50*，管子外径 *D0* =57mm，带凸面型密封面的对焊钢法兰：

法兰 50×57 JB/ZQ 4461－2006

JB/ZQ 4486—2006 直通法兰（PN20）规定的公称直径 *DN20* 直通法兰：

直通法兰　20　JB/ZQ 4486－2006

第四节　人孔和手孔

为检查压力容器在使用过程中是否产生裂纹、变形、腐蚀等缺陷，一般都开设检查孔。检查孔包括人孔（维修人员进入设备维修的出入口）和手孔（手臂可以伸入维修的口）。当容器直径在 300～500 时，开手孔两个；当容器直径大于 500 时，开人孔一个，如果无法开人孔，则开手孔两个。人孔和手孔属于标准件范畴，可直接选用。

一、人孔

在 HG/T 21515—2014《常压人孔》中规定了人孔的结构和尺寸等要求，对于非常压人孔也有相应的标准，如图 7－12 为 HG/T 21517—2014 回转盖带颈平焊法兰人孔的零件图。

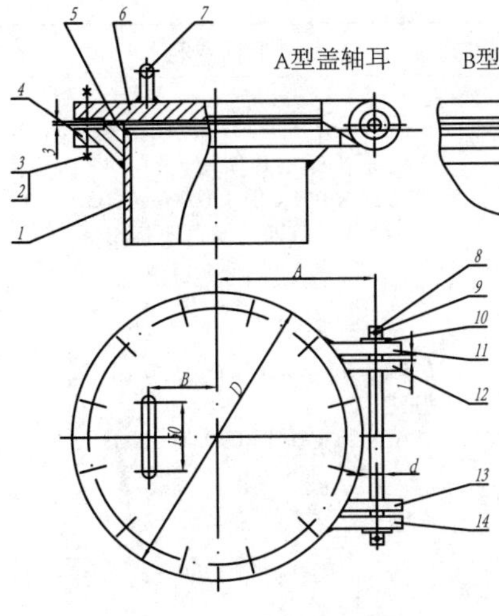

图 7－12　回转盖带颈平焊法兰人孔

1. 筒节；2. 六角头螺栓；3. 螺母；4. 法兰；5. 垫片；
6. 法兰盘；7. 把手；8. 轴销；9. 销；10. 垫圈；
11. 盖轴耳；12. 法兰轴耳；13. 法兰轴耳；14. 盖轴耳

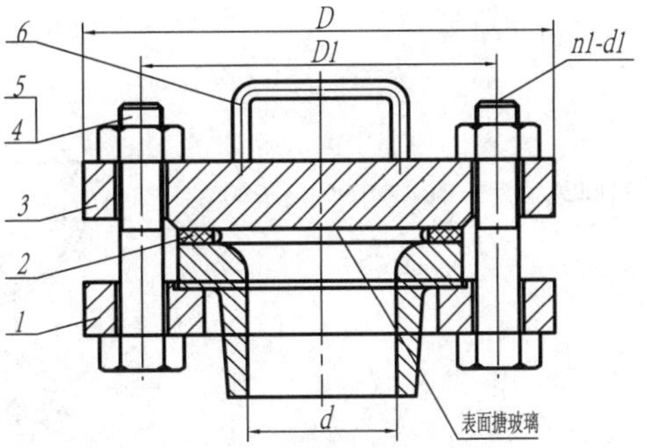

图 7－13　搪玻璃平盖手孔

1. 活套法兰；2. 垫片；3. 平盖；4. 螺栓；
5. 螺母；6. 手柄

二、手孔

手孔在尺寸上比人孔小，但基本功能和结构是一样的，也有相应的标准。如图 7－13 是 HG/T 2145. 1—2015《搪玻璃平盖手孔》规定的手孔图。

第五节　其他常用件

一、键连结

为了使齿轮、带轮等零件和轴一起转动，通常在轮孔和轴上分别切制出键槽，用键将轴、轮连结起来进行传动，如图 7－14 所示。

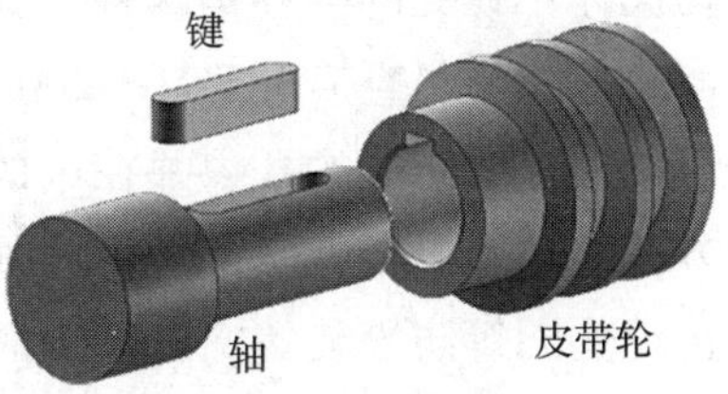

图 7－14　键联结

键的种类很多，常用的有普通平键、半圆键和钩头楔键等，如图 7－15 所示。

图 7－15　常用的几种键

平键应用最广，按轴槽结构可分圆头普通平键（A 型）、方头普通平键（B 型）和单圆头普通平键（C 型）三种型式。GB/T 1097—2003《导向型 平键》、GB/T 1099. 1—2003《普通型 半圆键》和 GB/T 1565—2003《钩头型 楔键》等标准可以查到各种键的结构形式和相应尺寸。

键已标准化，其结构型式尺寸都有相应的规定。关于键与键槽的型式、尺寸可参考相关标准。表 7－5 列举了常用键的型式和规定标记。

表 7－5　键的型式和标记示例

名称	标准号	图例	标记示例
普通平键	GB/T 1097—2003	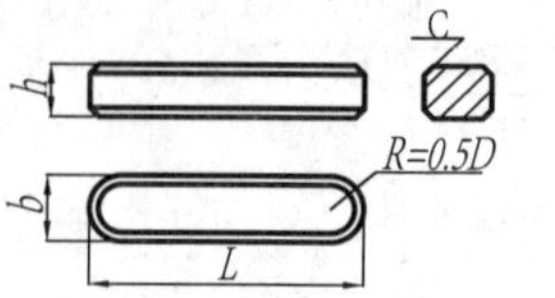	b = 18mm，h = 11mm，L = 100mm 方头普通平键（B 型） 键 B18 × 100 GB/T 1097—2003 （A 型圆头普通平键可不标出 A）
半圆键	GB/T 1099. 1—2003	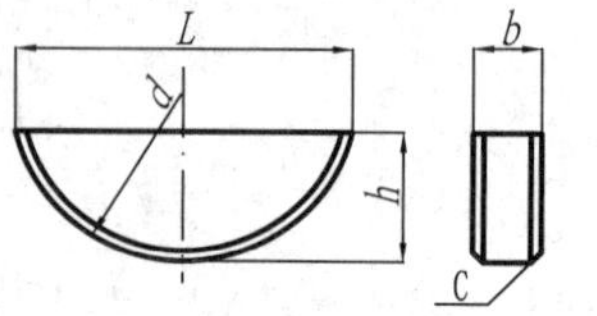	b = 6mm，h = 10mm，L = 24. 5mm 半圆键 键 6 × 25 GB/T 1099. 1—2003
钩头楔键	GB/T 1565—2003	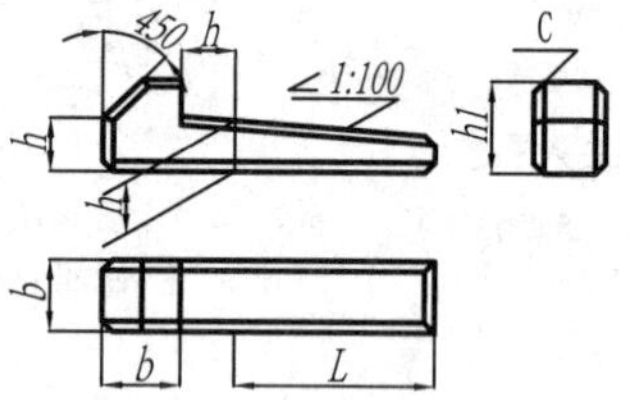	b = 18mm，h = 13mm，L = 100mm 钩头楔键（B 型） 键 18 × 100 GB/T 1565—2003

二、销连接

销是标准件，通常用于零件之间的连接和定位，常用的有圆柱销和圆锥销，它们的结构型式、规定标记和连接画法国家标准都有规定。圆锥销可查阅 GB/T 117—2000，其型式、尺寸和标记可参见表 7－6；圆柱销有由 GB/T 119. 1—2000 规定的用不淬硬钢和奥氏体不锈钢的圆柱销，和由 GB/T 119. 2—2000《圆柱销 淬硬钢和马氏体不锈钢》规定的用淬硬钢和马氏体不锈钢的圆柱销两种，其形式与尺寸见表 7－6 所示。

开口销可查 GB/T 91—2000《开口销》，在用带孔螺栓和六角开槽螺母时，将它穿过螺母的槽口和螺栓的孔，并在销的尾部叉开，使螺母与螺栓防止松脱。防止螺纹连接松脱的方法，也可以用弹簧垫圈，此外，还可以用双螺母，或螺母下用止动垫片，或用圆螺母和止动垫圈等防松装置。各种销的详细情况见表 7－6 所示。

表 7－6　常用销的形式、规定标记与连接画法示例

名称	型式	规定标记与示例	连接画法示例
圆柱销	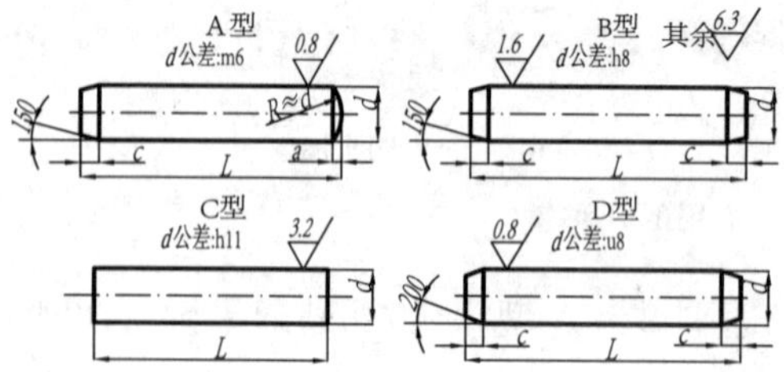	公称直径 10mm，长 50mm，公差 m6 的圆柱销： 销 GB/T 119. 1 10m6 × 50	 轴和套之间用圆柱销连接
圆锥销	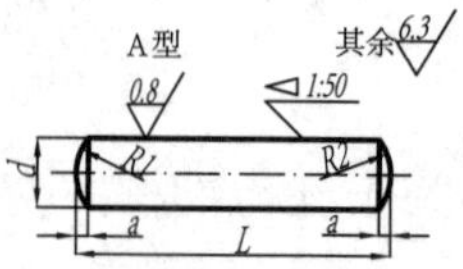	公称直径 10mm，长 60mm 的 A 型圆锥销： 销 GB/T 117 A10 × 60	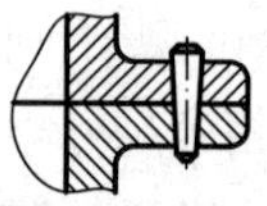 减速机的箱体和箱盖用圆锥销定位

续表

名称	型式	规定标记与示例	连接画法示例
开口销	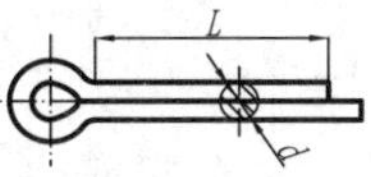	销 GB/T 91 5×50	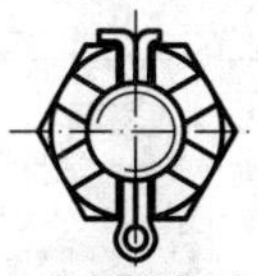 用于锁紧其他零件
轴销	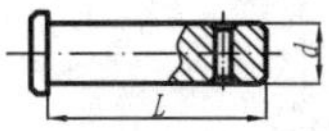	销轴 GB/T 882 B10×15	 常用于铰接处。分A型（无孔）和B型（有孔）两种

三、滚动轴承

轴承分滑动轴承和滚动轴承两种，用于支撑轴。滑动轴承承力大但应用范围窄，尚没有完全标准化，所以这里省略不讲。滚动轴承是支持轴旋转的组件，由于滚动轴承摩擦阻力小，机械效率高，是生产中广泛应用的一种标准件。

（一）滚动轴承的结构

如图 7－16 所示，滚动轴承一般由内圈、外圈、滚动体和保持架组成。内圈上有凹槽，以形成滚动体圆周运动时的滚动道。保持架把滚动体彼此隔开，避免滚动体相互接触，以减少摩擦与磨损。滚动体有球、圆柱滚子、圆锥滚子等。

使用时，一般内圈套在轴颈上随轴一起转动，外圈安装固定在轴承座孔中。

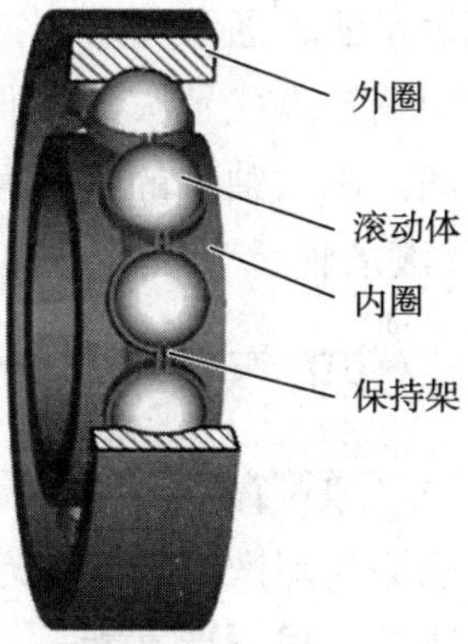

图 7－16　滚动轴承

（二）滚动轴承的类型、画法和代号

滚动轴承按其所能承受的载荷方向分为：向心轴承，主要用于承受径向载荷，如表 7－7 中的深沟球轴承；推力轴承：只承受轴向载荷，如表 7－7 中的推力球轴承；向心推力轴承：能同时承受径向载荷和轴向载荷，如表 7－7 中的圆锥滚子轴承。

表 7－7　常用滚动轴承的画法

名称、类型及标准号	规定画法 / 通用画法	类型代号	尺寸系列代号：宽（高）度系列代号	尺寸系列代号：直径系列代号	基本代号
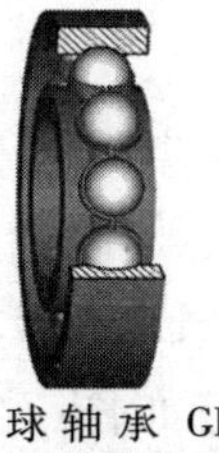 深沟球轴承 GB/T 276—2013《滚动轴承 深沟球轴承外形尺寸》60000 型	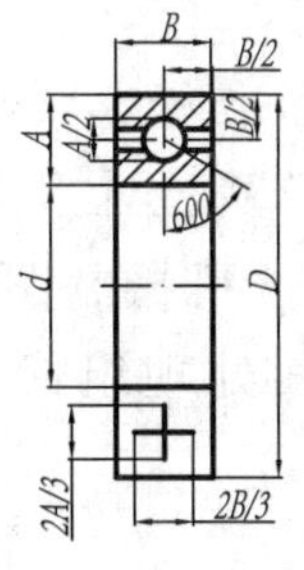	6	17 37 18 19 (1) 0 (0) 2 (0) 3 (0) 4		61700 63700 61800 61900 6000 6200 6300 6400

续表

名称、类型及标准号	规定画法 / 通用画法	类型代号	尺寸系列代号：宽（高）度系列代号	尺寸系列代号：直径系列代号	基本代号
 圆锥滚子轴承 GB/T 297—2015《滚动轴承 圆锥滚子轴承外形尺寸》30000 型	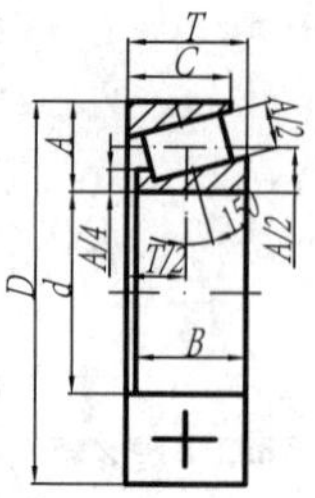	3	02 03 13 20 22 23 29 30 31 32		30200 30300 31300 32000 32200 32300 32900 33000 33100 33200
 推力球轴承 GB/T 301—2015 滚动轴承 推力球轴承外形尺寸》50000 型	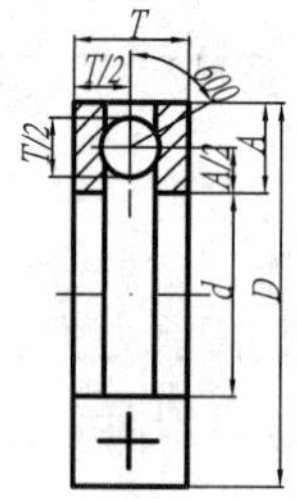	5	11 12 13 14 22 23 24		51100 51200 51300 51400 52200 52300 52400

在国家标准 GB/T 4459.7—2017《机械制图 滚动轴承表示法》中，规定了滚动轴承的表示法，通常可采用三种画法绘制，即通用画法、特征画法和规定画法。一般在画图前，根据轴承代号从其标准中查出外径 D、内径 d、宽度 B、T 后，按表 7－7 中所示的比例画图。滚动轴承的代号可查阅 GB/T 272—2017《滚动轴承 代号方法》和 GB/T 271—2008《滚动轴承 分类》。

四、弹簧

弹簧在机器和仪器中起减震、复位、测力、储能和夹紧等作用。其特点是外力除去后，能够立即恢复原状。弹簧的种类很多，常见的有螺旋弹簧、蜗旋弹簧、板弹簧，如图 7－17 所示。根据受力情况，螺旋弹簧又可分为压力弹簧、拉力弹簧和扭力弹簧等。

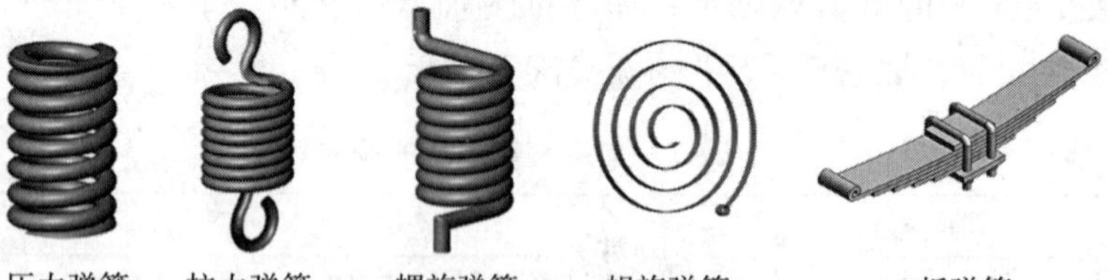

图 7－17　弹簧

弹簧为常用件，其中弹簧中径和弹簧丝直径均已标准化。圆柱螺旋压缩弹簧的尺寸及参数由 GB/T 2089—2009《普通圆柱螺旋压缩弹簧尺寸及参数（两端圈并紧磨平或制扁）》规定，表示方法见 GB/T 4459.4—2003《机械制图 弹簧表示法》。弹簧的标记由名称、型式、标准编号、材料牌号以及表面处理组成，规定如图 7－18 所示。

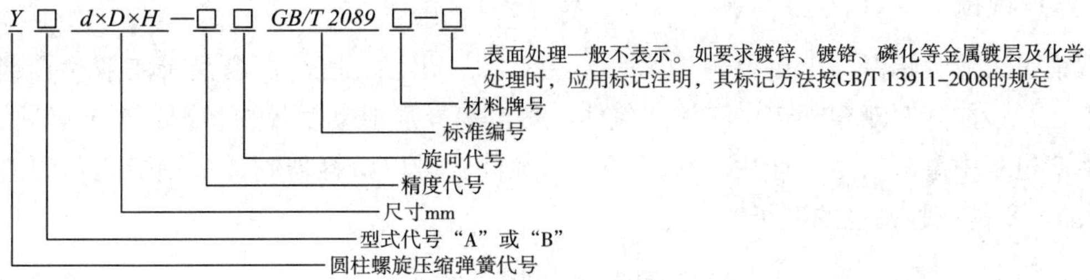

图 7－18　弹簧标记

五、液位计和视镜

（一）液位计

液面计的种类很多，常用的有玻璃板液面计和玻璃管液面计，属于标准件。玻璃板液面计主要有三种：透光式玻璃板液面计（T 型）、反射式玻璃板液面计（R 型）和透镜式玻璃板液面计（S 型），玻璃管液面计只有一种（G 型）。液面计是外购标准件，选用时可以查阅相应的液面计选用标准。

图 7－19 所示为 HG/T 2433—2016《搪玻璃液面计》。其标注形式为根据液面计形式的不同有所不同。

不保温型搪玻璃液面计，法兰公称直径 *DN*50，公称长度 *L* 为 800，则标记为：

液面计 *D*50－800　HG/T 2433－2016

保温型搪玻璃液面计，法兰公称直径 *DN*65，公称长度 *L* 为 2000，则标记为：

液面计 W65－2000　HG/T 2433－2016

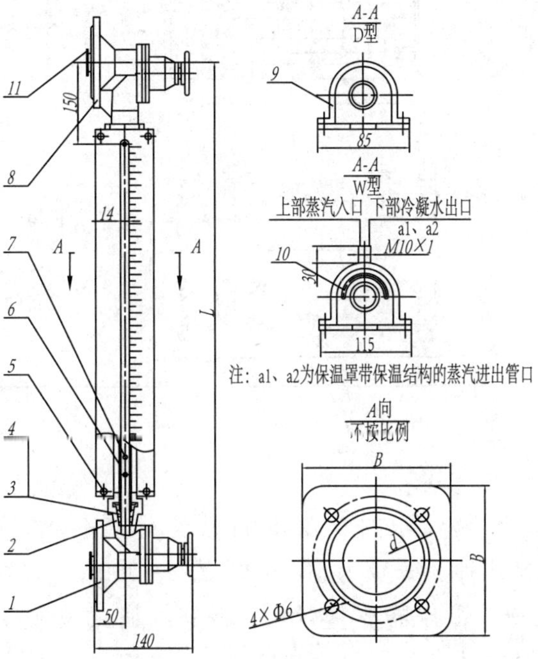

图 7－19　搪玻璃液面计

1. 下阀；2. 下垫环；3. 填料；4. 压盖；5. 压盖螺母；6. 玻璃管；7. 浮标；8. 上阀；9. 保护罩；10. 保温管；11. 止漏球

（二）视镜

视镜是工业管道装置上主要附件之一，在石油、化工、医药、食品等工业生产装置的管道中，视镜能随时观察管道中液体、气体、蒸汽等介质流动及反应情况，起到监视生产、避免生产过程中事故发生的作用。视镜属于标准件，可以由容器制造厂制造也可以直接外购。表7－8是一些视镜的例子。

表7－8　视镜举例

图片	简图	说明
 玻璃管视镜	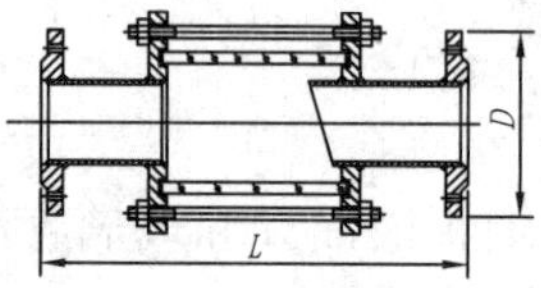	能随时观察管道中液体、气体、蒸汽等介质流动及反应情况，起到监视生产、避免生产过程中事故发生的作用
 带颈视镜	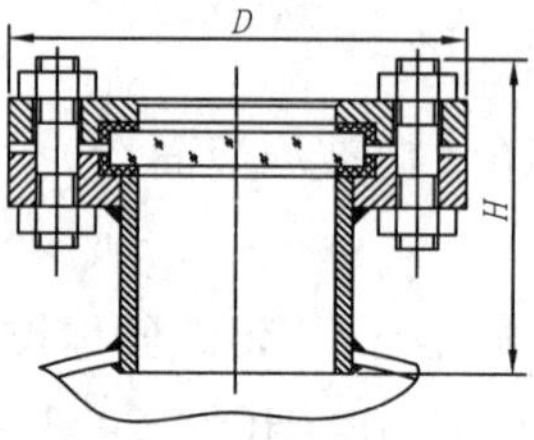	能随时观察容器中液体、气体、蒸汽等介质流动及反应情况，起到监视生产、避免生产过程中事故发生的作用
 直通视镜	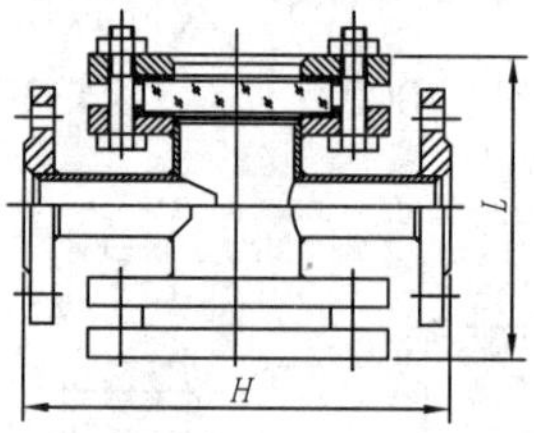	适用于高压管道上观察介质的流动及反应情况
 衬氟视镜	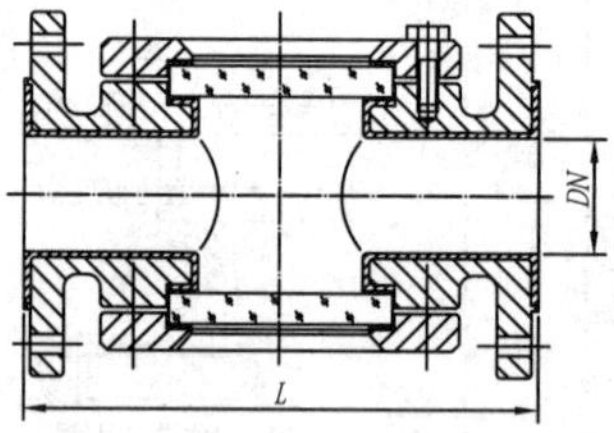	视镜体采用碳钢精铸，内衬氟塑料，镜片选用优质钢化玻璃，具有最佳的耐腐蚀性能和机械强度，是目前防腐设备的理想选择

六、支座

按照JB/T 4712—2007《容器支座》标准的规定，支座主要分鞍式支座、腿式支座、耳式支座、支承式支座等几种。分别为JB/T 4712.1—2007《容器支座 第1部分：鞍式支座》、JB/T 4712.2—2007《容器支座 第2部分：腿式支座》、JB/T 4712.3—2007《容器支座 第3部分：耳式支座》、JB/T 4712.4—2007《容器支座 第4部分：支承式支座》。

鞍式支座分重型（代号A）和轻型（代号B）两种。分固定式（代号F）和滑动式（代号S）两种。轻型（A型）鞍式支座结构和尺寸见图7－20所示。

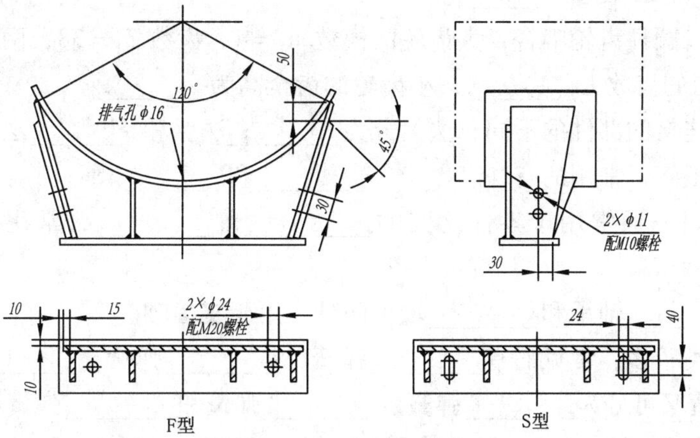

图 7－20　鞍式支座

腿式支座、耳式支座和支撑式支座的安装方式如图 7－21 所示。

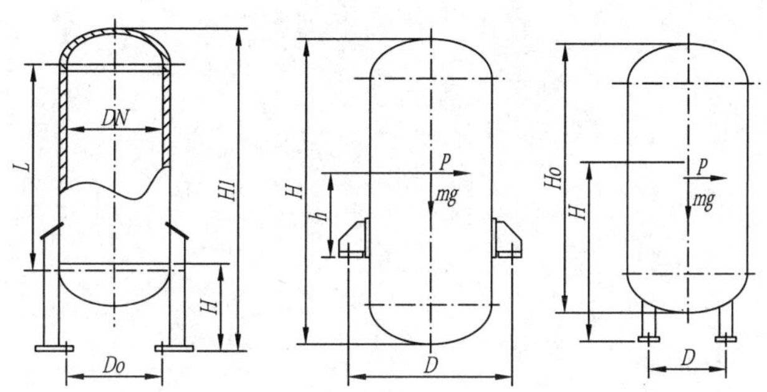

图 7－21　各类支座的安装方式

复习思考题

一、简答题

1. 为什么要对广泛使用的零件，如螺纹紧固件、键、销、滚动轴承等，实行标准化？
2. 螺纹要素有哪几个？含义是什么？相互旋合的螺纹紧固件，需要符合哪些要求？
3. 常用标准螺纹有哪几种？如何标注？
4. 直齿圆柱齿轮的基本要素有哪些？画成对啮合圆柱齿轮时，应注意什么？
5. 法兰是如何通过自身结构实现对零件的连接作用的？
6. 为什么在化工容器中常常开设人孔或手孔？
7. 键、销、滚动轴承和弹簧各有哪些种类？
8. 液位计和视镜有什么作用？
9. 支座在设备结构中主要起什么作用？

二、填空题

1. 在各种机器和设备中，除一般零件外，还经常会用到一些结构和尺寸都已标准化和系列化的零件，在机械上称这类零件为________。另有一些零件因其结构典型、应用广泛，国家标准只对其部分结构和尺寸标准化，故称这类零件为________。

2. 螺纹的要素具体包括：________、________、________、________、________。

3. 某螺纹件的标注是 M25×1.5LH，其具体含义是：M 表示________，25 代表________，

1.5 表示________，LH 表示________。

4. 已知两直齿圆柱齿轮啮合，大齿轮的模数 $m_1=4$，齿数 $Z_1=38$，两齿轮的中心距 $a=110$mm。则小齿轮的齿数为________，小齿轮的齿全高为________。

5. 根据法兰连接的部件的不同，法兰分为________法兰和________法兰两种。

6. 键的种类很多，常用的有________、________和________等。

7. 销是标准件，通常用于零件之间的________和________，常用的有________和________。

8. 轴承分________轴承和________轴承两种，用于支撑轴。

9. 弹簧的种类很多，常见的有________弹簧、________弹簧、________弹簧。根据受力情况，螺旋弹簧又可分为________弹簧、________弹簧和________弹簧等。

10. 液面计常用的有________液面计和________液面计。

11. 支座主要分________支座、________支座、________支座、________支座等几种。

第八章　零件图和装配图

任何一台机器或一个部件，都是由若干零件按一定的装配关系装配而成，表达一台机器或一个部件的图样称为**装配图**。硝化反应釜是对硝基乙苯生产过程中的一个重要设备，共由 37 个零部件组成。制造硝化反应釜时，必须有除标准件外的所有零件图，如图 8－1 就是硝化反应釜中的桨式搅拌叶的零件图。显然，机器、部件与零件之间，装配图与零件图之间，都反映了整体与局部的关系，彼此互相依赖，非常密切。

本章将以硝化反应釜的桨式搅拌叶零件图和反应釜装配图为例，简要说明零件图和装配图的表达方式和相互关系。

扫码“学一学”

第一节　零件图

一、内容

现以图 8－1 所示桨式搅拌叶零件图为例，说明零件图应包含的内容。

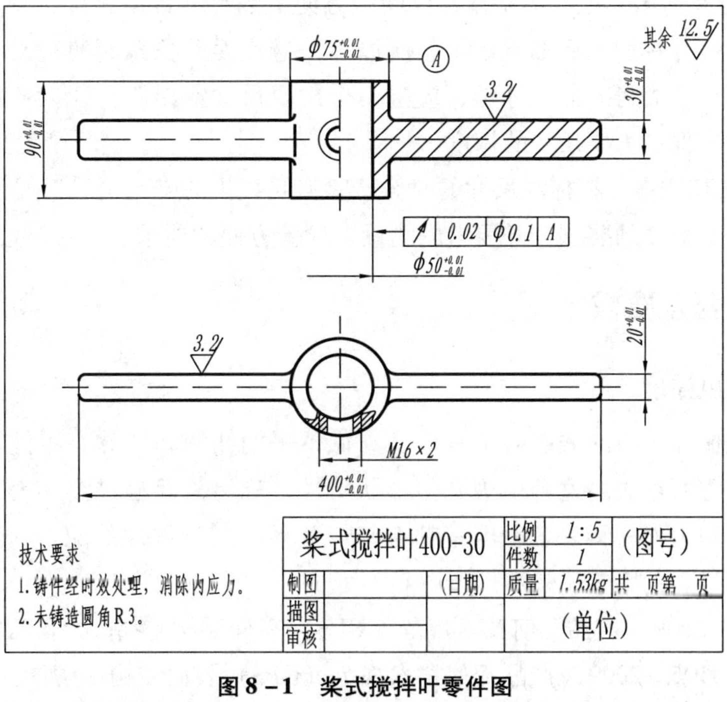

图 8－1　桨式搅拌叶零件图

1. 一组视图　用一组视图（包括在前文所讲述的视图、剖视图、断面图、局部放大图等）完整、清晰地表达零件的内外结构形状。该零件用主、俯视图表达，主视图采用半剖视，俯视图采用局部剖视。

2. 完整的尺寸　零件图中应正确、完整、清晰、合理地标注零件在制造和检验时所需要的全部尺寸。如图 8－1 所示中标注的尺寸 90 和 400 确定了搅拌叶的轮廓形状，中间轴粗 $\phi75$、轴孔为 $\phi50$，搅拌叶的形状和位置通过尺寸 20 和 30 确定。

3. 技术要求 用规定的符号、代号、标记和简要的文字表达出对零件制造和检验时所应达到的各项技术指标和要求。如图 8－1 中注出的表面粗糙度 *R*a 3.2μm、12.5μm，以及经时效处理、消除内应力的说明等。

4. 标题栏 在标题栏中一般应填写单位名称、图名（零件的名称）、材料、质量、比例、图号，以及设计、审核、批准人员的签名与日期等。

二、尺寸标注

尺寸标注既要符合设计要求，保证机器的使用性能，又要满足加工工艺要求，以便于零件的加工、测量和检验。要达到标注合理，就需要设计人员具备一定的生产实际经验和相关的专业知识。这里简单介绍标注尺寸应考虑的几个方面。

1. 主要尺寸直接标出 主要尺寸是指直接影响零件在机器或部件中的工作性能和准确位置的尺寸，如零件间的配合尺寸、重要的安装定位尺寸等。如图 8－1 中的中轴高 90 和安装孔的尺寸 ϕ50 必须直接注出。

2. 基准选择合理 尺寸基准一般选择零件上的对称中心线或对称中心面，也可以选择较长、较大的线和面。如图 8－1 中是以前后、左右、上下的对称中心面为基准的。

零件都有长、宽、高等三个方向的尺寸基准，在同一方向上还可以有一个或几个与主要尺寸基准有尺寸联系的辅助基准。

3. 尺寸链避免封闭 尺寸链是指零件同一方向上的尺寸首尾相接，排列成一条长链的形式。由于每个尺寸在加工后都有误差，所以为了避免误差积累而使得某一尺寸达不到设计要求，应该避免形成封闭的尺寸链，应选一个次要尺寸空出不注，以便所有的尺寸误差都积累到这一段，保证主要尺寸的精度。

4. 便于加工和测量 在标注尺寸的时候，除满足以上三条之外，还应该考虑到所标注的尺寸要符合加工顺序的要求，并要考虑测量、检验方便的要求。

三、工艺公差要求

（一）表面粗糙度

零件经过机械加工后的表面会留有许多高低不平的凸峰和凹谷，零件加工表面上具有的较小间距和峰谷所组成的这种微观几何形状特性，称为**表面粗糙度**。表面粗糙度与加工方法、所用刀具和工件材料等各种因素都有密切关系，对于零件的配合、耐磨性、抗腐蚀性及密封性都有显著的影响，是零件图中必不可少的一项技术要求。

GB/T 1031—2009《产品几何技术规范（GPS）表面结构 轮廓法 表面粗糙度参数及其数值》和 GB/T 3505—2009《产品几何技术规范（GPS）表面结构 轮廓法 术语、定义及表面结构参数》中规定了评定表面粗糙度的各种高度参数，表面粗糙度在零件图上的标注见 GB/T 131—2006《机械制图 表面粗糙度符号、代号及其注法》。

轮廓算术平均偏差（*R*a）是目前生产中评定表面粗糙度用得最多的参数，它是在取样长度 *Z* 内，轮廓偏距绝对值的算术平均值。一般来说，凡是零件上有配合要求或有相对运动的表面，*R*a 值就要求小。*R*a 值越小，表面质量就越高，但加工成本也越高。因此，在满足使用要求的前提下，应尽量选用较大的 *R*a 值，以降低成本。图 8－1 中标注的表面粗糙度 3.2 和 12.5 均是指 *R*a 值。

（二）公差

形状和位置公差是零件图和装配图中重要的技术要求，也是检验产品质量的技术指标。国家标准总局发布了有关极限与配合的标准：GB/T 1800.1—2009《产品几何技术规范（GPS）极限与配合 第1部分：公差、偏差和配合的基准》、GB/T 1800.2—2009《产品几何技术规范（GPS）极限与配合 第2部分：标准公差等级和孔、轴极限偏差表》、GB/T 1800.3—1998《极限与配合 基础 第3部分：标准公差和基本偏差》、GB/T 1800.4—1999《极限与配合 标准公差等级和孔、轴的极限偏差表》和GB/T 1182—2008《产品几何技术规范（GPS）几何公差 形状、方向、位置和跳动公差标注》。

零件在制造过程中，由于加工或测量等因素的影响，完工后的实际尺寸总存在一定的误差。为保证零件的互换性，必须将零件的实际尺寸控制在允许变动的范围内，这个允许的尺寸变动量称为尺寸公差。以图8-1圆柱孔尺寸$\phi 50^{+0.02}_{-0.01}$为例，对尺寸公差的一些名词简要说明如下。

1. 基本尺寸　设计给定的尺寸：$\phi 50$。

2. 极限尺寸　允许尺寸变动的两个极限值：

最大极限尺寸 $50+0.02=50.02$

最小极限尺寸 $50-0.01=49.99$

3. 极限偏差　即极限尺寸减基本尺寸所得的代数差。即最大极限尺寸和最小极限尺寸减基本尺寸所得的代数差，分别为上偏差和下偏差，统称极限偏差。孔的上、下偏差分别用大写字母ES和EI表示；轴的上、下偏差分别用小写字母es和ei表示。

上偏差 $ES=50.02—50=+0.02$

下偏差 $EI=49.99—50=-0.01$

4. 尺寸公差　允许尺寸的变动量，即最大极限尺寸减最小极限尺寸，也等于上偏差减下偏差所得的代数差。尺寸公差是一个没有符号的绝对值。

公差：$50.02-49.99=0.03$

或　　$0.02-(-0.01)=0.03$

5. 公差带、公差带图和零线　公差带是表示公差大小和相对零线位置的一个区域。为简化起见，一般只画出上、下偏差围成的方框简图，称为公差带图，此处略。在公差带图中，零线是表示基本尺寸的一条直线。零线上方的偏差为正值，下方的偏差为负值。

6. 极限制　经标准化的公差与偏差制度。

（三）零件结构的工艺性

零件的结构形状，主要是根据它在部件（或机器）中的作用决定的。但是，制造工艺对零件的结构也有某些要求，因为零件的结构往往会影响到零件加工过程中的难易程度。零件的工艺性就是指零件的加工难易程度。因此，在画零件图时，应使零件的结构既能满足使用上的要求，又要方便制造。常见的工艺结构有如下几种。

1. 铸造零件的工艺结构

（1）拔模斜度　用铸造的方法制造零件的毛坯时，为了便于从砂型中取出模样，一般沿模样起模方向做成约1∶20的斜度，叫作拔模斜度。因此，在铸件上也有相应的拔模斜度，但这种斜度在图样上可不画出、不标注，必要时也可以在技术要求中用文字说明。

（2）铸造圆角　在铸件毛坯各表面的相交处，都有铸造圆角，这样既能方便起模，又能防止浇铸铁水时将砂型转角处冲坏，还可避免铸件在冷却时产生裂缝或缩孔。铸造圆角在图样上一般不予标注，常集中注写在技术要求中，如图 8－1 在技术要求中就做了统一的说明。

（3）铸件壁厚　在浇铸零件时，为了避免因各部分冷却速度的不同而产生缩孔或裂缝，铸件壁厚应保持大致相等或逐渐过渡。

2. 加工面的工艺结构

（1）倒角和倒圆　为了去除零件的毛刺、锐边和便于装配，在轴或孔的端部，一般都加工成倒角；为了避免因应力集中而产生裂纹，在轴肩通常加工成圆角的过渡形式，称为倒圆。倒角和倒圆的尺寸可参阅相关规定的尺寸系列。

（2）螺纹退刀槽和砂轮越程槽　在切削加工中，特别是在车螺纹和磨削时，为了便于退出刀具或使砂轮可以稍稍越过加工面，通常在零件待加工面的末端，先车出螺纹退刀槽或砂轮越程槽，其尺寸系列，也可查阅相关规定的尺寸系列。

（3）钻孔结构　用钻头钻出的盲孔，在底部有一个 120°的锥角；在阶梯形钻孔的过渡处，也存在锥角 120°的圆台。用钻头钻孔时，要求钻头轴线尽量垂直于被钻孔的端面，以保证钻孔准确和避免钻头折断。

（4）凸台和凹坑　零件上与其他零件的接触面，一般都要加工，为了减少加工面积，并保证零件表面之间有良好的接触，通常在铸件上设计出凸台、凹坑。

第二节　装配图

一、内容

图 8－2 是硝化反应釜的装配图，关于硝化反应釜的功用和工作原理在此略去。现以此图为例说明装配图的内容。

1. 一组视图　用一组视图表达机器或部件的工作原理、零件间的装配关系、连接方式，以及主要零件的结构形状。如图 8－2 硝化反应釜装配图中的主视图采用局部剖视，反映硝化反应釜的工作原理和各主要零件间的装配关系；俯视图主要表示进出管口的沿顶部椭圆封头的分布状况，并采用局部放大图表示了主进料口的结构形式。

2. 必要的尺寸　包括机器或部件的规格（性能）尺寸、零件间的配合尺寸、外形尺寸、机器或部件的安装尺寸以及设计时确定的其他重要尺寸。在图 8－2 中也标示了一些这样的尺寸。

3. 技术要求　用文字或符号说明机器或部件的装配、安装、调试、检验、使用与维护等方面的技术要求。如图 8－3 所示的技术要求。

4. 序号、明细表和标题栏　在装配图中，必须对每个零件编写序号，并在明细栏中依次列出零件序号、名称、数量、材料等。标题栏中写明装配体名称、图号、绘图比例以及设计、制图、审核人员的签名和日期等，如图 8－3 所示的标题栏和明细表。在 GB/T 10609.1—2008《技术制图 标题栏》对标题栏作了规定。而学生作业的标题栏建议按前面有关章节的格式绘制；装配图中采用的明细栏的内容、格式与尺寸等，则应按 GB/T 10609.2—2009《技术制图 明细栏》的规定编绘。

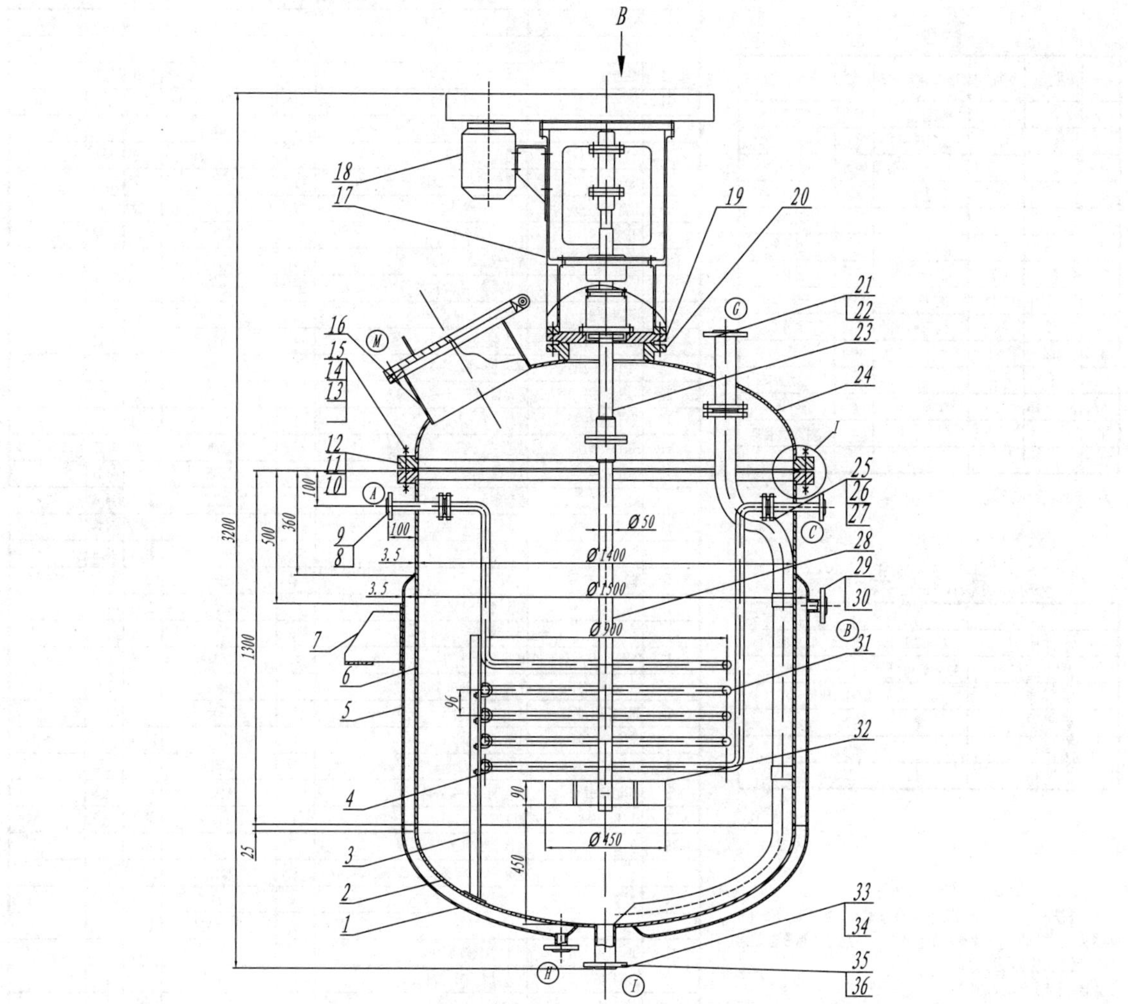

图 8－2　硝化反应釜总装图一

管口表

符号	公称尺寸	公称压力	连接标准	连接面形式	用途或名称
A	25	0.25	HG20593-97	突面	蛇管出口
B	40	0.25	HG20593-97	突面	冷却水出口
C	25	0.25	HG20593-97	突面	蛇管入口
D	65	0.25	HG20593-97	突面	进料管
E_{1-2}	100				视镜
F	65	0.25	HG20593-97	突面	进料管
G	65	0.25	HG20593-97	突面	出料管
H	40	0.25	HG20593-97	突面	冷却水入口
I	65	0.25	HG20593-97	突面	放净口
M	400	0.6		突面	人孔
PI					压力表口
SV					安全阀口
TC					自控温度接口

技术特性表

	釜内	夹套与蛇管内
设计压力	0.25MPa	0.25MPa
设计温度	20-40° C	-15-100° C
传热面积	6.00m²+1.26M²	
有效容积	2.40m	
搅拌转数	200r/min	
腐蚀裕度	1mm	1mm

技术要求：

1. 本设备按GB 150-1998《钢制压力容器》和HG 20584-1998《钢制化工容器制造技术要求》进行制造、试验和验收，并接受劳动部颁发《压力容器安全技术监察规程》的监督。
2. 焊接采用电弧焊，焊条牌号A032。
3. 设备制造完成后，以0.32MPa进行压力试验（介质用水），合格后再以 0.25MPa的氮气进行气密性实验。
4. 管口及支座方位见B向视图。
5. 设备组装后，在搅拌轴上端密封处测定径向跳动量不得大于2mm；搅拌轴轴向串动量不得大于1mm，搅拌轴下端径向跳动量不大于2mm。
6. 设备组装完毕后，以水代料，进行试运转，时间不少于4h，在试运转过程中不得有不正常的噪音和振动等不良现象。
7. 搅拌装置不得空转或反转。

件号	图号或标准号	名称	数量	材料	单重量(kg)	总重量(kg)	备注
37	HGJ501-86-17	视镜II pN0.6 DN100	2	1Cr18Ni9Ti	12.0	24.0	
36	JB/T17395-98	接管 45×2.5 L60	1	Q235	0.16	0.16	
35	HG20592-97	法兰 PL 40-0.6 RF	1	16Mn	1.38	1.38	
34	JB/T17395-98	接管 76×3 L150	1	Q235	0.81	0.81	
33	HG20592-97	法兰 PL 65-0.6 RF	1	16Mn	1.85	1.85	
32	HG/T2125-1991	开启涡轮搅拌器 d=450, b=90, Z=6	1	0Cr13	1.9	1.9	
31	JB/T17395-98	蛇管 32×2.5 L=12.5m	1	0Cr13	22.75	22.75	
30	JB/T17395-98	接管 45×2.5 L60	1	Q235	0.16	0.16	
29	HG20592-97	法兰 PL 40-0.6 RF	1	16Mn	1.38	1.38	
28	HG/T3167-1986	搅拌轴 50 L1400	1	0Cr13	85.8	85.8	
27		六角螺栓 M10×70	16	A2-50	0.7	11.2	
26	HG20606-97	垫片 RF 25-0.6	4	G-3510	0.02	0.08	
25	HG20592-97	法兰 PL 25-0.6 RF	4	16Mn	0.73	2.92	
24	JB/T4746-2002	封头 DN1400×3.5	1	317L	78.0	78.0	
23	HG21568-95	传动轴 ASC 250-50/350	1	0Cr13	42.5	42.5	
22	JB/T17395-98	接管 76×3 L300	1	Q235	1.62	1.62	
21	HG20592-97	法兰 PL 65-0.6 RF	1	16Mn	1.85	1.85	
20	HG21564-95	法兰 R 250	1	16Mn	11.5	11.5	
19	HG21565-95	安装底盖 RS 250-50	1	16Mn	25.5	25.5	
18	电机		1		43	43	
17	HG21566-95	机架 A 250-50	1	Q235	83.0	83.0	
16	HG20593-95	人孔 400-0.6	1	16MnR	45.5	45.5	组合件
15		螺栓 M20×160-B	40	Q235-A	0.33	13.2	
14		垫片 M20	40		0.01	0.4	
13		螺母 M20	40	Q235-A	0.05	2.0	
12	JB/T4701-2000	法兰-M 1400-0.25	1	16MnR	103.4	103.4	
11	JB/T4704-2000	垫片 1400-0.25	1	Q235	32.5	32.5	
10	JB/T4701-2000	法兰-FM 1400-0.25	1	16MnR	103.4	103.4	
9	JB/T17395-98	接管 32×2.5 L200	2	0Cr13	0.27	0.54	
8	HG20592-97	法兰 PL 25-0.6 RF	2	16Mn	0.73	14.6	
7	JB/T4725-92	耳座B3	4	Q235-A	8.3	33.2	
6		筒体 DN1400×3.5, H1300	1	317L	157.5	157.5	
5		夹套筒体 DN1500×3.5, H850	1	0Cr13	125.8	125.8	
4		U形螺栓 M10	12	0Cr13	0.21	2.52	
3	蛇管支架		3	1Cr19Ni9	2.18	6.54	
2	JB/T4746-2002	封头 DN1400ϕ3.5	1	317L	78.0	78.0	
1	JB/T4746-2002	夹套封头 DN1500ϕ3.5	1	0Cr13	87.5	87.5	

标记	处数	分区	更改文件号	签名	年月日	317L			沈阳药科大学
设计		2006.06.15	标准化			阶段标记	重量	比例	硝化釜 DN1400, H1300 装配图
							1450	1:10	
审核									ZG-69K01-BS-04
工艺			批准			共1张 第1张			

图 8－3　硝化反应釜总装图二

二、视图表达方法

第五章所讲述的机件常用的基本表示法，在装配图中同样适用。但由于部件是由若干零件组成，装配图主要用来表达部件的工作原理和装配、连接关系，因此与零件图比较，装配图还有一些特殊的表示法。

1. 拆卸画法和沿结合面剖切　在装配图中，当某些零件遮住了所需表达的内容时，或者为了减少不必要的绘图工作量，有的视图可假想将一个或若干零件拆卸后绘制。

如果是沿某些零件的结合面剖切，在零件的结合面上不画剖面线，但被剖切到的其他零件如齿轮轴、螺钉和销等仍需画剖面线。

2. 假想画法　为了表示运动零件的极限位置，部件和相邻零件或部件的相互关系，可以用双点画线画出其轮廓。

3. 夸大画法　对薄片零件、细丝弹簧、微小间隙等，若按它们的实际尺寸在装配图中很难画出或难以明显表达时，都可不按比例而采用夸大画法，如图 8－2 所示的封头与筒体相接部位的垫片厚度，就是用夸大画法画出的。

4. 规定画法和简化画法　在装配图中，零件的工艺结构，如倒角、圆角、退刀槽等可以不画出。对于若干相同的零件组，如螺栓连接等，可详细地画出一组或几组，其余只需用点画线表示其装配位置即可。在图 8－2 中就大量地应用了规定画法和简化画法。常用的简化画法如表 8－1 所示。

表 8－1　化工设备图中的简化画法

项　目	图　　例	说　　明
标准零部件	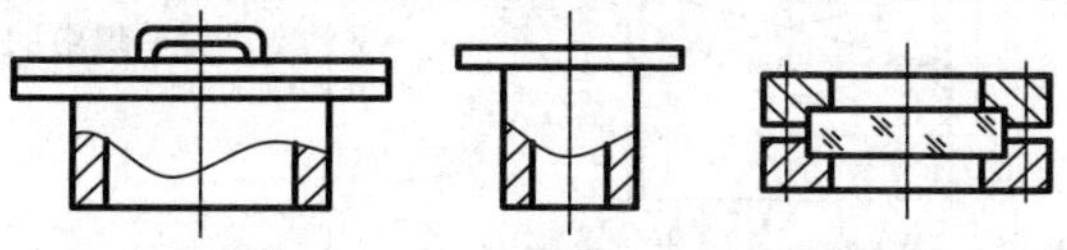 人手孔　接管　视镜	标准件可按比例用粗实线画出外形特征简图，并在明细表中注写其名称、规格、标准号
外购部件	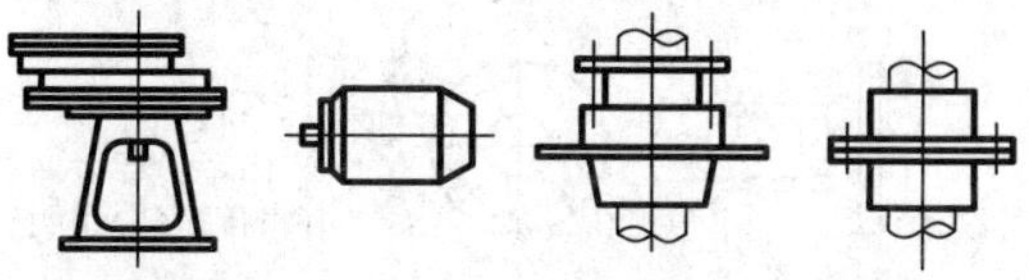 减速机　电极　填料箱　连轴器	只根据主要尺寸按比例用粗实线画出其形状轮廓简图，并在明细表中注写其名称、规格、主要性能参数和“外购”字样
示意画法	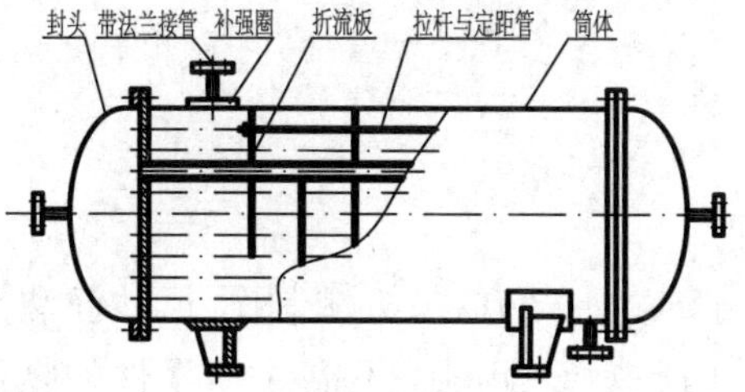 示意画法	对已在其他图中表达清楚的零部件或标准件，或一些简单结构，可用粗实线画出其单线条示意图
液位计	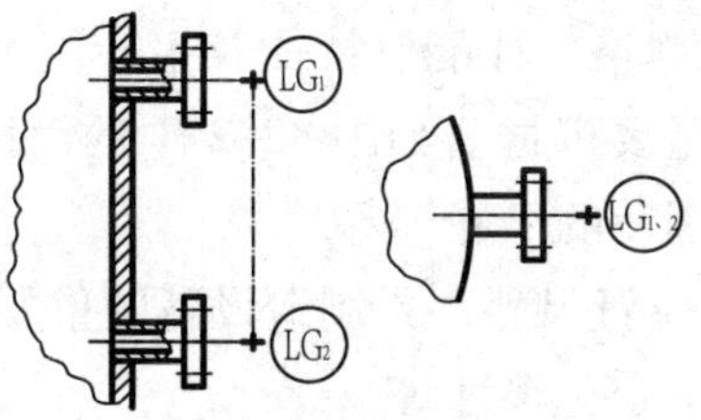 液位计的简化画法	需要在明细表中注写其名称、规格、数量和标准号
重复结构　螺纹连接件组	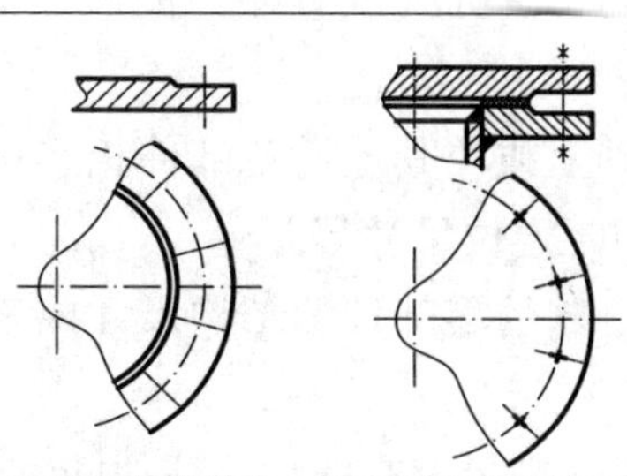 零件图中的螺栓孔　装配图中的螺栓连接	用中心线和轴线表示，可省略圆孔的投影
重复结构　管束	如示意画法中的管束画法	只画一根，其余的用点划线表示其安装位置

续表

项目		图例	说明
重复结构	多孔板	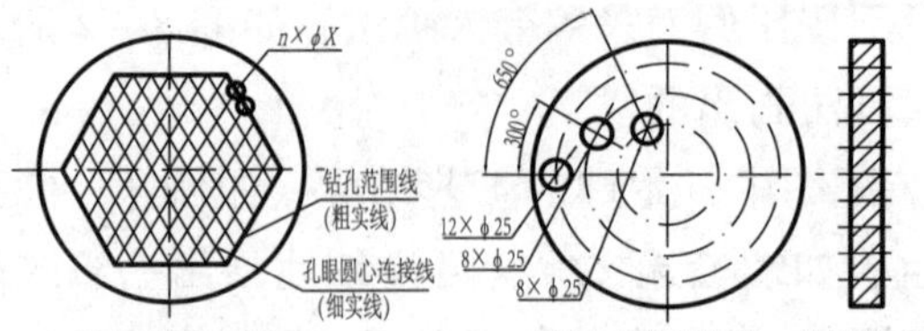 按角度排列　按同心圆排列　剖视画法	仅画数孔，需注明孔径和个数
	填料	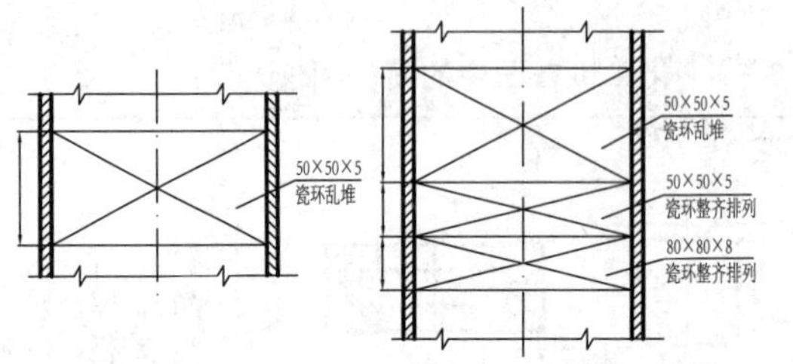 相同材料、规格、堆放方式　不同材料、规格、堆放方式	以相交细实线表示，注明尺寸、文字，说明填料的规格和堆放方式
管法兰		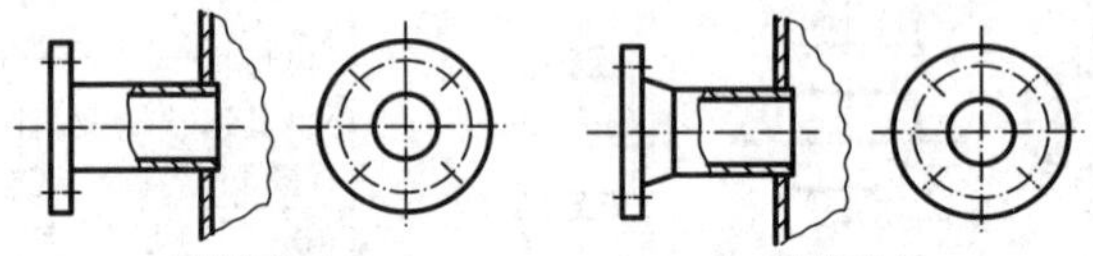 平焊法兰　对焊法兰	不同法兰的连接面型式，统一简化。但连接面型式和焊接型式需在明细表中注明

三、尺寸标注

（一）尺寸标注

装配图的尺寸标注应遵守 GB/T 4458.4－2003《机械制图 尺寸注法》中的规定，但由于装配图不是制造零件的直接依据，因此，装配图中不需注出零件的全部尺寸，而只需标注出一些必要的尺寸。这些尺寸按其作用的不同，大致可以分为以下几类。

1. 规格性能尺寸 反映化工设备的规格、性能、特征及生产能力的尺寸，是设备设计时确定的，是了解化工设备工作能力的重要依据。如图 8－2 中的筒体内径 ϕ1400、夹套直径 ϕ1500、蛇管直径 ϕ1000 以及封头与圆筒的尺寸等等。

2. 装配尺寸 是反映零部件间相互位置尺寸，是制造设备的重要依据。如图 8－2 中的接管定位尺寸、伸出长度，罐体与支座的定位尺寸等。

3. 外形尺寸 是表示设备总长、总高、总宽（或直径）的尺寸，对于设备的包装、运输、安装及厂房设计等是十分重要的。

4. 安装尺寸 是化工设备安装在基础上或与其他设备部件相连接时所需的尺寸，如图中的支座、裙座的地脚螺栓的孔径及孔间距定位尺寸等。

5. 其他尺寸 如零部件尺寸、不另绘制的零部件的结构尺寸或某些重要尺寸、设计计算确定的尺寸、焊缝的结构型式尺寸等。

上述五类尺寸之间并不是孤立无关的。实际上有的尺寸往往同时具有多种作用。

（二）典型结构尺寸注法

在化工设备的装配图中，经常应用的典型结构尺寸注法主要有以下几种。

（1）钢板卷焊成的筒体一般标注内径、厚度和高（长）度，无缝钢管焊接的筒体一般标注外径、厚度和高（长）度。

（2）椭圆封头和碟形封头标注内直径、厚度、总高、直边高度；大端折边锥形封头标注锥壳大端直径、厚度、总高、直边高度、锥壳小端直径；半球封头应标注内直径、厚度。

（3）接管一般标注外径×厚度。

（4）填料一般只标注总体尺寸，并注明堆放方法和填料规格尺寸。

四、其他文字资料

（一）标题栏

标题栏：GB/T 10609. 1—2008《技术制图 标题栏》对标题栏有单独的规定，标题栏内填写的一些项目应注意以下几点。

（1）装配图的“图样名称”分三行填写　第一行写“部件名称”，如图 8 –3 中的“硝化反应釜”；第二行写“设备主要规格”，如图 8 –3 中的“*DN* 1400”；第三行写“图样或技术文件名称”，如图 8 –3 中的“装配图”。

（2）装配图的“图样代号”栏的填写格式　××—××××—××。前两项“××—××××”是“设备文件号”，其中“××”是有关单位编制的设备设计“文件分类号”，即将所有化工工艺设备、机械及其他专业专用设备施工图设计文件分成 0 ~9 的十大类，每类又分为 0 ~9 的十种，此处略。

（二）明细表

用于装配图或部件图中，说明设备上所有零部件的名称、材料、数量、重量等内容，是工程技术人员看图及图样管理的重要依据。其线型是左、右、下边框粗实线，其余细实线，明细表位于标题栏上方，如图 8 –3 所示。

明细表的填写，除和机械制图的相同要求（如按零件序号由下向上填写）外，还应注意以下几点。

（1）“图号或标准号”　应填写零、部件所在图纸的图号。对于不绘制图样的零件，此栏空着不填；若零、部件为标准件，则填写标准号；若材料与标准件不同，则空着不填；若有通用图，则填写通用图号。

（2）“名称”　应填写零、部件或外购件名称，应简单明了，采用公用术语及主要规格。

（3）“数量”　应填写装配图、部件图中所属零、部件及外购件的数量。

（4）“材料”　应填写材料名称。

（5）“重量”　应填写零、部件的重量，以 kg 为单位，准确至小数点后两位。

（6）“备注”　仅栏对需要说明的零、部件加以简单说明，如“外购”等。

（三）其他表格

化工设备图中除以上的标题栏、明细表外，还有管口表、技术特性表、修改表等表格，在反映设备的技术特性、技术要求及图样的管理规范上起着各自的作用。除此之外，还有图纸目录、设备重量等内容。

1. 管口表　如图 8 –3 所示，管口表是说明设备上所有管口的用途、规格、连接面型式等内容的一种表格，供备料、制造、检验、使用时参考。在化工设备图中，管口表一般画在明细表的上方。管口表线型为边框粗实线，其余细实线。

2. 技术特性表 如图8-3所示，技术特性表是表明设备重要技术特性指标的表格，一般画在管口表的上方，线型为边框粗实线，其余是细实线。技术特性表包括设备的设计压力、工作压力、工作温度、设计温度、物料名称、焊接头系数、腐蚀裕度、容器类别等。对于专用化工设备所接触的物料如果为有毒、易燃、易爆、腐蚀性强等特性应详细填写。

3. 设备的净重 设备净重注写在明细表的上方，如图8-3所示的"设备总重：2457kg"。一般情况设备净重取整数，对于贵重金属如实填写，对于标准零部件则准确到小数点后两位。

（四）技术要求

技术要求是用文字说明在图中不能（或没有）表达出来的内容，包括设备在制造、试验和验收时须遵守的标准、规范或规定，以及对于材料表面处理及涂饰、润滑、包装、运输等方面的要求，作为制造、装配、验收等方面的技术依据。其基本内容主要有以下几项。

（1）通用技术规范 是同类设备在加工、制造、焊接、装配、检验、包装、防腐、运输等方面较详细的技术规范，已形成标准，在技术要求中直接引用。除国家质量监督局颁发的《压力容器安全技术监督规程》等，常用的有以下几项。

HG 20581—1998《钢制化工容器材料选用规定》

HG 20584—2011《钢制化工容器制造技术要求》

GB 150—2011《压力容器》

GB 151—2014《热交换器》

GB/T 11345—2013《焊缝无损检测 超声检测 技术、检测等级和评定》

GB/T 3323—2005《钢熔化焊对接接头射线照相及质量分级》

GB/T 985. 1 -2008《气焊、焊条电弧焊、气体保护焊和高能束焊的推荐坡口》

GB/T 985. 2—2008《埋弧焊的推荐坡口》

JB/T 4711—2003《压力容器涂敷与运输包装》

NB/T 47104 -2011《承压设备焊接工艺评定》

（2）焊接要求通常遵守HG 20581—1998、HG 20583—1998、GB/T 985. 1—2008、GB/T 985. 2—2008、GB/T 324—2008等规范。

（3）设备检验要求进行水压试验和气密性试验，对焊缝进行仿射探伤、超声波探伤、磁粉探伤等，通常遵守GB 11345—2013、GB/T 3323—2005等规范。

（4）其他要求还有机械加工和装配的规定和要求、设备油漆、防腐、保温、运输和安装等。

复习思考题

一、简答题

1. 零件图应包含哪些内容？
2. 标注尺寸应考虑哪几个方面的内容？
3. 什么是表面粗糙度？目前生产中用得最多的参数是什么？
4. 什么是尺寸公差？规定公差有什么实际意义？
5. 什么是拔模斜度？为什么有时要设计拔模斜度？

6. 铸造圆角是怎么产生的？

7. 装配图的内容有哪些？

8. 装配图的视图表达方法有哪些？

9. 装配图的尺寸标注有哪些特色？

10. 化工设备图中常用的表格有哪些？

11. 以化工设备图为例，说明装配图的其他文字资料有哪些？

二、填空题

1. 零件图应包含________、________、________、________等内容。

2. 常见的工艺结构有以下几种：________、________和________。

3. 加工面的工艺结构主要有以下几种：________、________、________和________。

4. 如果一个圆柱孔尺寸标注为$\phi 50^{+0.02}_{-0.01}$，则其基本尺寸为________，最大极限尺寸为________，最小极限尺寸为________，上偏差为________，下偏差为________。

5. 装配图相对于零件图还有一些诸如________、________、________、________等的特殊表示法。

6. 装配图中只需标注出一些必要的尺寸，按作用的不同大致可以分为：________、________、________、________、________。

7. 装配图中零件序号由________向________填写。

扫码"学一学"

第九章　药厂车间工艺设计图

第一节　简　介

本章不仅包括车间设备的平、立面设计，还纳入了车间的工艺设计。由品种的工艺条件开始，绘制工艺框图、带控制点的工艺流程图，再根据工艺的要求，绘制车间厂房设计图、设备图、车间设备平立面布置图，还就药厂车间的GMP等非工艺条件的要求设计进行了介绍，简要讲解了药厂车间设计中涉及到的构思、规范和要求。

药厂车间设计所涉及的图纸种类比较多，各类图纸侧重表达的内容及对绘制的要求不尽相同。通过本章的学习，可以使读者对药厂车间设计的各种类图纸按照设计的程序有一个系统的了解，对医药化工类产品的生产设计有极强的针对性，特别是对医药类学生的毕业设计，将提供一份系统的有指导性的参考依据。

具体的设计程序包括以下几步。

首先，选定工业生产对象进行车间工艺设计：根据查阅的文献和目前工业生产的实际情况，分析各种制药方法的特点，综合考虑各种工业生产的影响因素，选择生产对象的工艺路线，绘制工艺流程框图。根据工业生产的需要，确定控制点，选择合适的控制仪表进行自动控制，绘制带控制点的工艺流程图。

其次，按照已定的工艺路线，根据设计任务对有物料或能量变化的设备进行物料、热量衡算，确定设备类型、大小、数量，列出《设备一览表》。依据物料和热量衡算的结果，按照工艺设计的标准，对设备的类型、材料、尺寸等方面进行设计计算，绘制单体设备图。

最后，按照流程及车间布置的基本原则，根据设备设计情况进行车间厂房设计，合理规划厂房、安放设备，绘制厂房车间的平、立面图。同时，考虑药厂GMP、三废治理、安全卫生、环境绿化等内容，进行非工艺条件设计。

第二节　工艺流程图

化工工艺图是表达化工生产过程与联系的图样，化工工艺图的设计绘制是化工工艺人员进行工艺设计的主要内容，也是进行工艺安装和指导生产的重要技术文件。化工工艺图主要包括工艺流程图、设备布置图和管道布置图。

工艺流程图用于表达化工生产工艺流程，属于此性质的图样主要有工艺方案流程图（工艺流程框图）、物料流程图和施工流程图（带控制点的工艺流程图）。这几种图的要求不同，其内容和表达的重点也不同。

工艺流程图的绘制分三个阶段进行：第一步，当生产方法确定后，即开始绘制工艺流程框图，由框图绘制方案流程图。第二步，根据方案图进行物料衡算和热量衡算，然后绘制物料流程图。第三步，在设备设计计算结束后，绘制带控制点的工艺流程图，待车间布置设计完成后，再进一步修改完善。绘制出的带控制点的工艺流程图，可编入设计文件中。

一、方案流程图

（一）方案流程图的作用和内容

工艺方案流程图简称**方案流程图**，用于表达物料从原料到成品或半成品的工艺过程，及所使用的设备和机器。方案流程图可用于设计开始时的工艺方案讨论，也可作为下一步施工流程图的设计基础。方案流程图主要包含以下两个方面的内容。

1. 设备 用示意图表示生产过程中所使用的机器、设备；用文字、字母、数字注写设备的名称和位号。

2. 工艺流程 用工艺流程线及文字表达物料由原料到成品或半成品的工艺流程。

工艺流程框图是简单的方案流程图，在图中只描述物料经历的工艺过程，不画出涉及的设备，物料经历的物理过程和化学过程用细实线的方框和圆表示，主要物料的流向用带箭头的粗实线表示，辅助物料用带箭头的细实线表示。图 9－1 是对硝基苯乙酮的工艺流程框图示例。

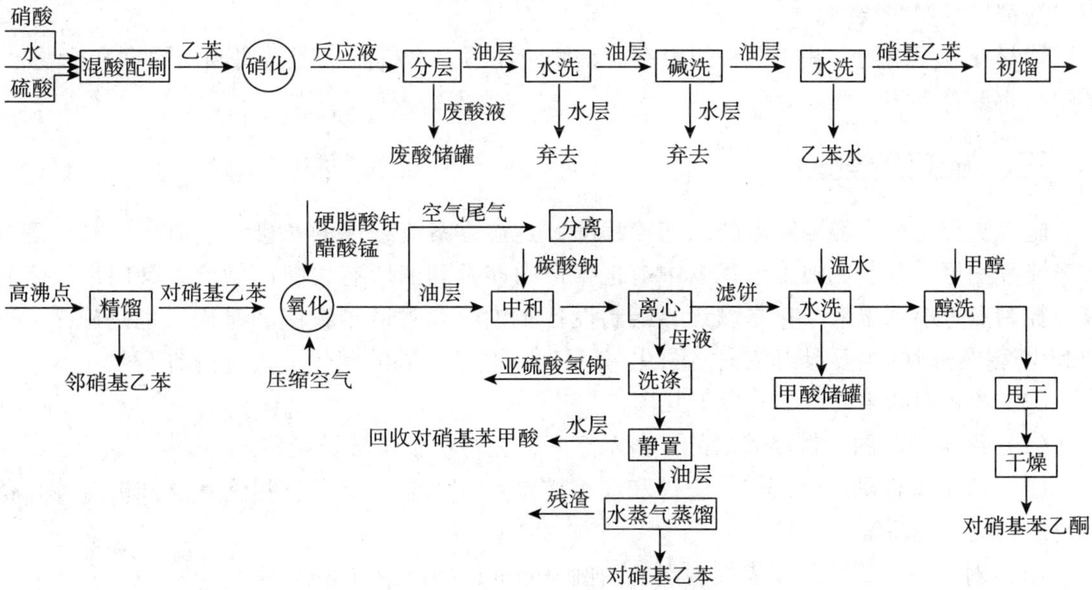

图 9－1 对硝基苯乙酮的工艺流程框图

（二）方案流程图的画法

方案流程图是一种示意性的展开图，它按照工艺流程的顺序，把设备和工艺流程线自左向右展开画在一个平面上，并加以必要的标注和说明。方案流程图的绘制主要涉及：设备画法、设备位号及名称的注写、工艺流程线的画法。

1. 设备画法 设备、机器按照流程顺序用细实线画出其大致轮廓或示意图，一般不按比例，但应保持它们的相对大小。各设备的高低位置及设备上重要接口的位置基本符合实际情况，各设备之间应保持适当距离以布置流程线。

2. 设备位号及名称的注写 在流程图的上方或下方靠近设备图形处要列出设备的位号和名称，并在设备图形中注写其位号。

3. 工艺流程线的画法 在方案流程图中用粗实线来绘制主要物料的工艺流程线，用箭头标明物料的流向，并在流程线的起始和终了位置注明物料名称、来源和去向。

在方案流程图中一般只画出主要的工艺流程线，其他辅助流程线则不必都画出。如果遇到流程线之间或流程线与设备之间发生交错或重叠而实际并不相连时，应将其中的一条线断开或曲折绕过，断开处的间隙应为线宽的5倍左右。

方案流程图一般只保留在设计说明书中，施工时不用，因此，方案流程图的图幅没有统一的规定，图框和标题栏也可以省略。

二、物料流程图

物料流程图是在方案流程图基础上，用图形与表格相结合的方式，反应设计中物料衡算和热量衡算结果的图样。物料流程图为审查提供资料，又是进一步设计的依据，同时它还可以为实际生产操作提供参考。

物料流程图中设备的画法、设备位号及名称注写方式、流程线画法与方案流程图中基本一致，只是增加了以下内容。

（1）在设备位号即名称的下方加注了设备特性数据或参数。

（2）在流程的起始处以及使物料产生变化的设备后，列表注明物料变化前后其组分的名称、流量、摩尔分率等参数及各项的总和，实际书写项目依据具体情况而定，表格线和指引线都用细实线绘制。

物料在流程中的一些工艺参数可在流程线旁注写。物料流程图需要画出图框和标题栏，图幅大小要符合相关标准。

三、施工流程图

施工流程图也称**带控制点的工艺流程图**，是在方案流程图的基础上绘制的，其内容比方案流程图更详尽。在施工流程图中应把生产中涉及到的所有设备、管道、阀门以及各种仪表控制点等都画出来。它是设计、绘制设备布置图和管道布置图的基础，也是施工、安装和生产操作时的主要参考依据。图9－2是对硝基苯乙酮的硝化工艺流程图。

施工流程图的主要内容有以下几项。

（1）设备示意图　带接管口的设备示意图，注写设备位号及名称。

（2）管道流程图　带阀门等管件和仪表控制点（测温、测压、测流量及分析点等）的管道流程线，注写管道代号。

（3）对阀门等管件和仪表控制点的图例符号的说明以及标题栏等。

（一）设备的画法与标注

在带控制点的工艺流程图中，设备的画法与工艺流程图基本相同，不同之处在于，对于两个或两个以上的相同设备要全部画出。

在带控制点的工艺流程图中，每个设备都应编写设备位号并注写设备名称，标注方法与方案流程图相同，且两图中的设备位号应保持一致。可参见图8－2和图8－3的标注。

（二）管道流程线的画法及标注

在施工流程图中，起不同作用的管道用不同规格的图线表示，如表9－1所示。

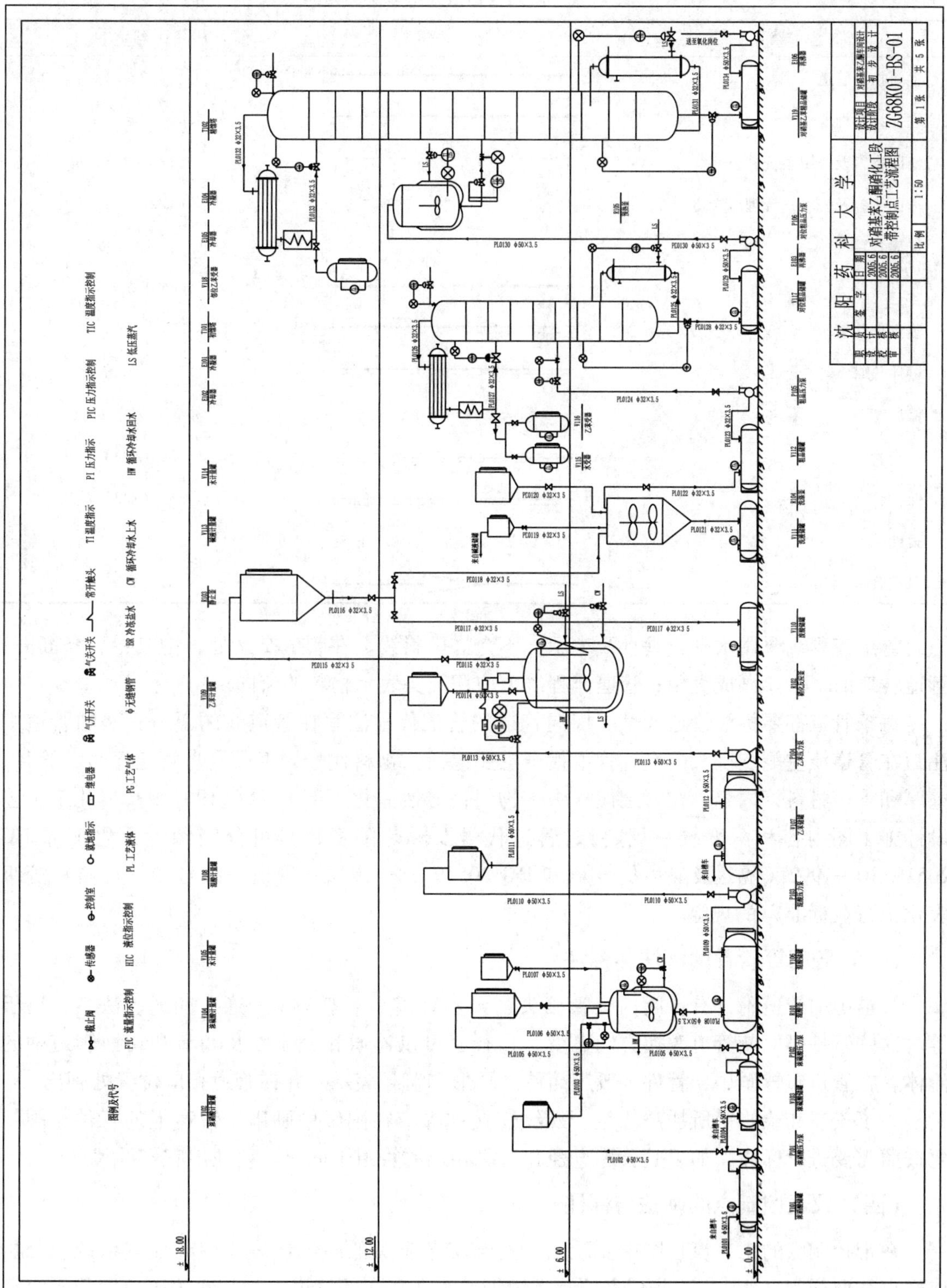

图 9－2　对硝基苯乙酮的硝化工艺流程图

表 9－1　常用管道线路的表达方法

名　称	图　例	线宽
主要物料管道		b
主要物料埋地管道		b
辅助物料及公用系统管道		（1/2～2/3）b
辅助物料及公用系统埋地管道		（1/2～2/3）b
仪表管路		（1/3）b
原有管路		b
蒸汽伴热管		b，1/3b
电伴热管		b，1/3b
保温管		（1/3）b
夹套管		b，（1/3）b
保护管		b，（1/3）b
柔性管		（1/3）b
异径管		b，（1/3）b

管道流程线要用水平或垂直线表示，不允许用斜线。在管道交叉处，把其中一条断开；管道转弯时，一律画成直角；管道流程线上应用箭头表示物料的流向。

每条管道都要标注管道代号。横向管道的管道代号注写在管道线的上方，竖向管道则注写在管道线左侧，字头向左。管道代号主要包括：物料代号、工段号、管道序号、管径、壁厚和管道材料等内容。在管道代号中，物料代号按原化工部 HG 20519—1992《化工工艺设计施工图内容和深度统一规定》，管道代号及隔热隔音代号可分别参考原化工部 HG 20519. 30—1992《隔热及隔声代号》和 HG 20519. 38—1992《管道等级号及管道材料等级表化工行业标准》的规定。

（三）阀门等管件的画法和标注

管道上的管道附件有：阀门、管接头、异径管接头、弯头、三通、四通、法兰、盲板等。这些管件可以使管道改换方向、变化口径，可以连通和分流以及调节和切换管道中的流体。在管道布置图中，管件一般用简单的图形和符号表示，并在管道相应位置处画出。

为了安装和检修等所加的法兰、螺纹连接件等应在图纸中画出。管道上的管件、阀门要按照需要进行标注，如果其公称直径和与之相连的管道不同时，要注出它们的尺寸。

（四）仪表控制点的画法与标注

在带控制点的工艺流程图中要画出所有与工艺有关的检测仪表、调节控制系统、分析取样点和取样阀（组），这些仪表控制点用细实线在相应的管道上的大致按照位置用规定符号画出（包括图形符号和字母代号），它们组合起来表达工业仪表所处理的被测变量和功能，或表示仪表、设备、元件、管线的名称。

检测、显示、控制等仪表的图形符号是一个细实线圆，其直径约 10mm，圈外用一细实线指向工艺管线或设备轮廓线上的检测点。在检测系统中，构成一个回路的每个仪表都有自己的仪表号，仪表位号由字母代号组合与阿拉伯数字编号组合而成，其中第一个字母表示被测变量，后续字母表示仪表的功能，数字编号表示工段号和回路顺序号，一般用三位或四位数字表示，如图 9－3 所示。仪表位号的标注方法是把字母代号填写在圆圈的上半圆中，数字编号填写在圆圈的下半圆中，如图 9－4 所示。

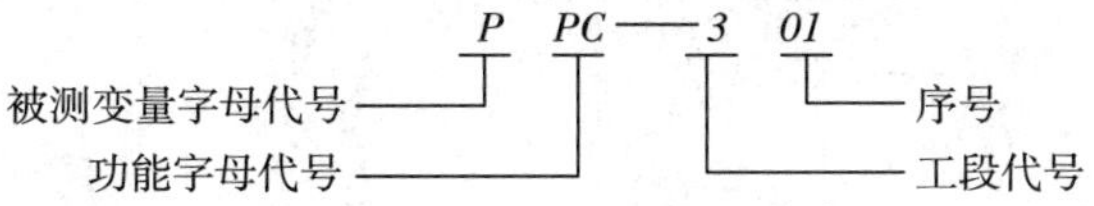

图 9－3　仪表位号的组成

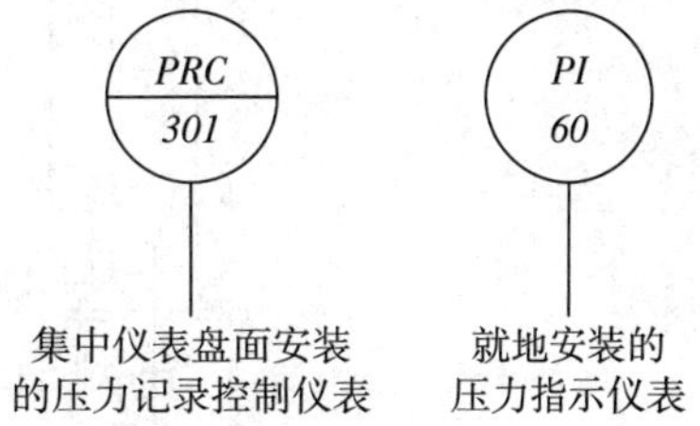

图 9－4　仪表位号的标注方法

（五）图幅和附注

带控制点的工艺流程图一般采用 A1 图幅，特别简单地用 A2 图幅，不宜加宽和加长。附注的内容是对流程图上所采用的除设备外的所有图例、符号、代号做出的说明。

（六）自动控制系统

自动控制系统由被控对象、传感器及变送器、控制器、执行器等四部分组成。化工生产过程常见的被控对象有温度（T）、压力（P）、液位（H）、流量（F）等，相对的传感器有温度传感器、压力传感器、液位传感器、流量传感器等，一般控制器用计算机，执行器用阀门，常用电动、气动阀门。

1. 需求分析　在设计自动控制系统时，首先要对设备进行需求分析，确定被控变量及控制形式。如氧化塔需要对温度和压力进行控制，对于温度要进行分程控制，用阀门定位器来调节执行器的输入信号。

2. 控制方案的确定　自动控制系统的设计与工艺流程设计、工艺设备设计、机泵设备选型等的关系很密切。在进行设计之前，设计人员必须熟悉工艺，以便能正确地决定自动调节的方案和变送器、调节器及调节阀的选型。

3. 仪表、执行器的形式及控制规律的选择

（1）仪表的选择　选择仪表时，要注意仪表的量程、精度和类型。例如：温度 <100℃时，适宜选用热电阻，而不选用热电偶。

（2）执行器气开、气关形式的选择　气动调节阀有气开（有压力信号时阀开）和气关（有压力信号时阀关）两种，调节阀的气开关形式主要决定于生产中的安全要求。一般选择原则是在调节阀气源中断，既控制器无输出信号时，能保证人员及设备的安全。如硝化反应中，冷却水的流量控制应选气关阀，即当控制器无输出信号时不中断冷却水的输送，以免硝化反应釜温度过高发生爆炸。

（3）控制规律的选择　控制规律包括比例控制（P）、积分控制（I）、微分控制（D）。比例控制调节及时但有余差，积分控制可以消除余差但调节缓慢且易振荡，微分控制可以克服滞后但不能克服干扰常量。

常用控制规律搭配有 P、PI、PD、PID 调节四种。P 调节适用于液位调节等允许有误差的控制对象；PI 调节适用于流量等无余差的控制对象；PD 调节适用于有容量滞后较大的二阶对象；PID 调节适用于容量滞后较大，干扰变化较大的控制对象如温度的控制。如图 9－5 所示，此图是带控制点的工艺流程图局部图例。

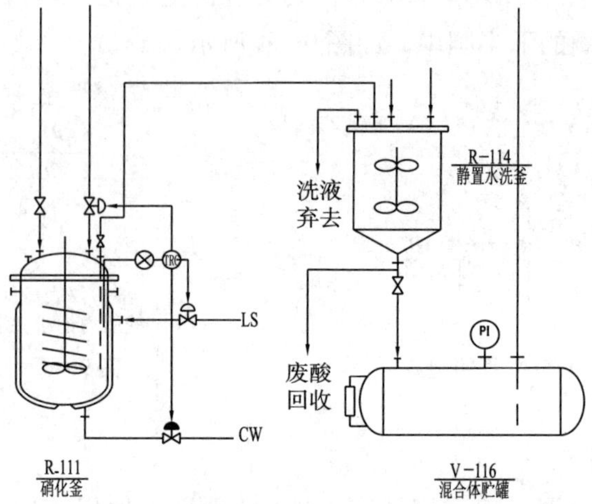

图 9-5　带控制点的工艺流程图（局部）

第三节　车间厂房设计和设备布置

一、车间厂房设计概述

（一）车间厂房设计的重要性和任务

工艺流程设计和车间厂房设计是车间工艺设计的两个重要环节，也是工艺专业向其他非工艺专业提供开展车间设计的基础资料之一。一个布置不合理的车间，基建时工程造价高，施工安装不方便；车间建成后又会带来生产和管理的问题，造成人流和物流紊乱，设备维护和检修不便，增加输送物料的能耗，容易发生事故。因此，车间厂房设计时应遵循设计程序，按照布置设计的基本原则，进行细致周密的考虑。

车间厂房设计的任务：第一是确定车间的火灾危险类别，爆炸与火灾危险性场所等级及卫生标准；第二是确定车间建筑物和露天场所的主要尺寸，并对车间的生产、辅助生产和行政-生活区域的位置做出安排；第三是确定全部工艺设备的空间位置。

（二）制药车间设计的特殊性

制药工业设备包括原料药工业和制剂工业。前者包括化学合成药、抗生素、中草药和生化药品的生产；后者包括针剂、片剂、胶囊和冲剂等的生产。原料药作为精细化学品，属于化学工业的范畴，在车间设计上与一般化工车间具有共同要求。但制药产品是一种防治人流疾病、增强人体体质的特殊商品，其质量好坏直接影响到人体健康、药效和安全。为了保证药品的质量，必须在严格控制洁净的环境中生产，以防异物、灰尘及细菌等污染药品。所以，原料药生产的产品工序（精、烘、包工序）与药剂生产的灌封、制粒、干燥、压片等工序一样，它的新建、改造必须符合《药品生产管理规范》（简称 GMP 制度），这是医药品生产特殊性的一个方面。

（三）车间组成

车间一般由生产部分、辅助生产部分和行政-生活部分组成。生产部分包括生产部分和精烘包工序、控制室、贮罐区等。辅助生产部分包括动力室（真空泵和压缩机等）、配电室、化验室、实验室、机修室、通风空调室、原辅料和成品仓库等。行政－生活部分包括办公室、会议室、工人休息室、更衣室、浴室、厕所和女工保健室等。

（四）车间设计内容

根据生产过程中使用、产生和贮存物质的火灾危险性按照《建筑设计防火规范》和《炼油化工企业设计防火规定》（石油化工篇）确定车间的火灾危险性类别，属于甲、乙、丙、丁中哪一种；按照生产类别、层数和防火分区的占地面积确定厂房的耐火等级。

按照《药品生产管理规范》确定精烘包工序的洁净级别。

在满足工艺生产、厂房建筑、设备安装和检修、安全和卫生等项要求的原则指导下，确定生产、辅助生产、生活－行政等部分的布局，决定车间场地与建筑物的平面尺寸和高度，确定工艺设备的平、立面布置，决定人流和管理通道，物流和设备运输通道，安排管道电力照明，自控电缆廊道等。

（五）车间设计成果

车间布置设计的成果是平、立面布置图、剖面图和布置说明。

车间平、立面布置图和剖面图及设备一览表还要提供给土建、设备安装、采暖通风、上下水道、电力照明、自控和工艺管道等设计工种，作为设计条件。

二、制药车间设计的图纸

（一）平面图

建筑平面图是在建筑物的门窗、洞口处水平剖切形成的俯视图。即，假想用一个水平面把一栋房屋的窗台以上部分切掉，切面以下部分的水平投影就叫作**平面图**。平面图包括以下基本内容。

（1）表明建筑物形状、内部布置及朝向。包括建筑物的平面形状，各种房间的平面布置及相互关系，入口、走道、楼梯的位置等。一般平面图中均注明房间的名称和编号。首层平面图还标有指北针，标明建筑物的朝向。

（2）表明建筑物的尺寸。在建筑平面图中用轴线和尺寸线表示各部分的长宽尺寸和准确位置。外墙尺寸一般分三道标注：最外一道是表明建筑物的总长度和总宽度；中间一道是轴线尺寸，表明开间和进深尺寸；最里一道是表示门窗洞口、墙垛、墙厚等详细尺寸。

（3）表明建筑物的结构形式及主要建筑材料。

（4）表明各层的地面标高。

（5）表明门窗及其过梁的编号、门的开启方向。

（6）表明剖面图、详细图和标准配件的位置及其编号。

（7）综合反映各工种对土建的要求。

（二）立面图

房屋建筑的**立面图**，就是一栋房子的正立投影图和侧立投影图。立面图包括以下基本内容。

（1）表明建筑物的外形，以及门窗、台阶、雨蓬、阳台、烟囱、雨水管等的位置。

（2）用标高表示出建筑物的总高度、各楼层高度、室内外地坪标高等。

（3）表明建筑物外墙所用材料及饰面分格和做法等。

（三）剖面图

房屋建筑的剖面图为假想用一平面把建筑物沿垂直方向切开，切开后的部分的正立投影图就叫作**剖面图**。剖面图的切割部位，应根据图纸的用途或设计深度，在剖面图上选择能够反映全貌、构造特征以及有代表性的剖切部位。剖面图的基本内容如下。

（1）表明建筑物各部位的高度。剖面图中用标高及尺寸线表明建筑物总高、室内地坪标高、各层标高、门窗及窗台高度。

（2）表明建筑物主要承重构件的相互关系，各层梁板的位置及其与墙柱的关系，屋顶的结构型式。

（3）剖面图中不能够详细表达的地方，有时引出索引号另画详图表示。

平、立、剖面图相互之间既有区别，又紧密联系。平面图可以表示建筑物各个部分的水平尺寸和位置，却无法表明它们的高度；立面图能够说明建筑物的外形尺寸，却无法表明它们的内部关系；而剖面图则能够说明建筑物内部高度方向的布置情况。因此，只有通过平、立、剖三种图相互配合，才能够完整地说明建筑物从内到外，从水平到垂直的全貌。

在以上三种图例中，凡是被剖切到的墙、梁、板、柱，其截面轮廓和地面线用粗实线表示，其余可见结构用细实线表示，图形中其他表示还应符合建筑制图国标的规定。

三、建筑制图有关国标规定

在 GB/T 50001－2017《房屋建筑制图统一标准》中对建筑图样的图幅、图线、字体、比例以及常用建筑材料、符号等作了统一规定。建筑制图有特色的内容如下。

（一）定位轴线

定位轴线是施工定位、放线以及设备安装定位的重要依据。凡是承重墙、柱子等主要承重构件都应画上轴线来确定其位置，并进行编号。平面图上定位轴线的编号，宜标注在图样的下方与左侧。横向编号应用阿拉伯数字从左至右顺序编号，竖向编号应用大写阿拉伯字母从下至上顺序编号。

（二）符号

（1）索引符号　当图中某一局部或构件需另画详图时，应以索引符号索引。索引符号如图 9－6 所示。

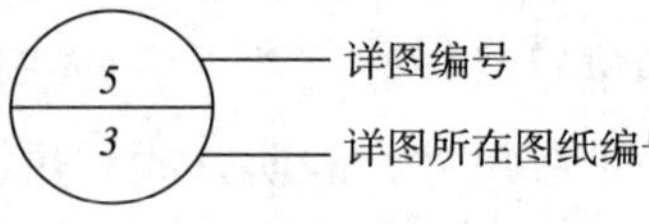

图 9－6　索引符号画法

（2）其他符号　对称符号、连接符号和指北针画法，如图 9－7 所示。

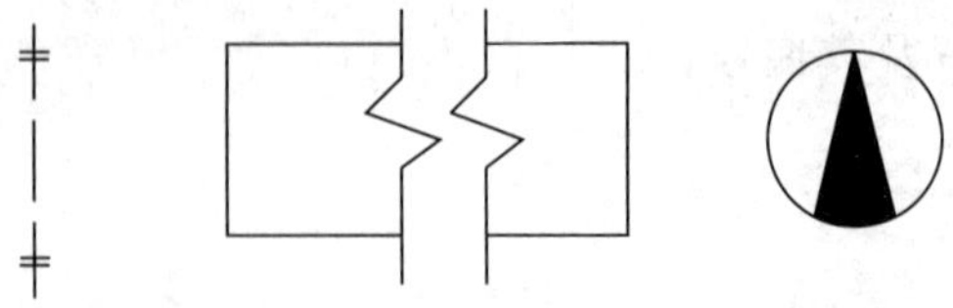
（a）对称符号　（b）连接符号　（c）指北针

图 9－7　其他常用符号画法

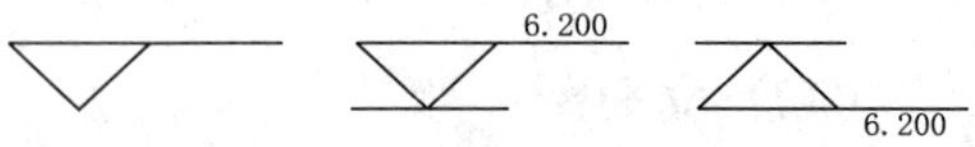

（a）标高符号画法　（b）标高数值注写方法

图 9－8　标高标注

（三）标高的标注

建筑物各层楼、地面和其他构筑物相对于某一基准面的高度称为**标高**。标高符号采用细实线绘制的等腰直角三角形，将斜边放置成水平位置，直角的顶点与对边的距离为3mm，如图9－8（a）所示。标高数值以米为单位，一般标注至小数点后第三位。零点标高注为±0.00，正标高前可以不加正号（＋），负标高前必须加注负号（－）。标高数值的标注方式如图9－8（b）所示。

（四）常见图例

由于房屋的构件、配件和材料种类较多，为作图方便，国家工程建设标准规定了一系列的图形符号来代表建筑物的构件、配件和材料，常用的建筑图例如表9－2所示。

表9－2　常用的建筑图例

名称		图例	说明
建筑材料	自然土壤		包括各种自然土壤
	夯实土壤		
	普通砖	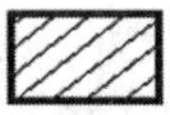	1. 包括砌体、砌块 2. 断面较窄、不宜画出图例线时，可涂红
	钢筋混凝土	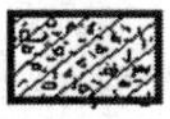	断面较窄、不宜画出图例线时，可涂黑
卫生器具及水池	化验盆、洗涤盆	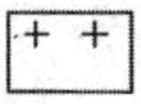	
	盥洗槽	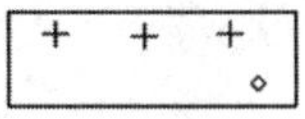	
	污水池		

名称		图例	说明
建筑构造及配件	单扇门	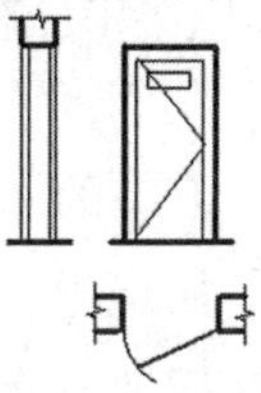	1. 门的代号为M；窗的代号为C 2. 在剖面图上，左为外，右为内；在平面图上，下为外，上为内 3. 立面图上的开启方向线，仅在制作图上表示 4. 立面形式应按实际绘制
	单层外开平开窗	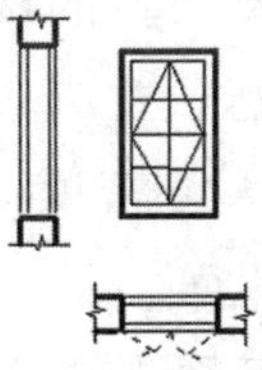	
	孔洞	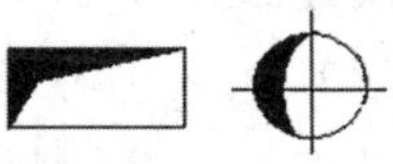	
	坑槽	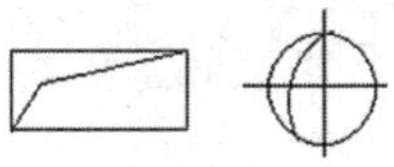	
其他	指北针		

四、车间布置概述

车间布置设计是车间工艺设计的一个重要环节，其布置的合理性直接影响工程造价、施工安装、生产管理、设备维护等诸多方面。因此，车间布置设计时应遵循设计程序，按照布置设计的基本原则，进行细致而周密的考虑。

车间布置设计的主要任务有三个：确定车间的火灾危险类别，爆炸与火灾危险性场所等级及卫生标准；确定车间建筑（构筑）物和露天场所的主要尺寸，并对车间的生产、辅助生产和行政－生活区域做出安排及确定全部工艺设备的空间位置。

车间布置设计的原则是最大限度地满足工艺生产包括维修的要求，有效地利用车间建筑面积和土地，为车间的技术经济指标、先进合理以及节能等要求创造条件，考虑到车间的发展和厂房的扩建，与其他车间中所采取的劳动保护及安全卫生是否符合要求，力求本车间与其他车间在总平面图上的输送管线最短，联系最方便，同时还要考虑到建厂的气象、地质、水文等条件，人流和物流不能交错。

车间一般由生产部分、辅助生产部分和生活部分组成，车间设计是以工艺为主导，并在其他专业如总图、土建、设备、安装、电力、采暖通风和外管等密切配合下完成的。

生产部门包括原料工段、生产工段、成品工段、回收工段和控制室；辅助部门包括压缩空气、真空泵房、变电配电室、通风空调室、车间化验室、机修室和储藏室。生活部门包括办公室、工人休息室、更衣室、浴室和厕所等。

辅助生产和行政－生活部分统称非生产部分，布置上应做到与生产部分相互呼应，方便生产，便于管理。根据车间的性质和规模，非生产部分可以与车间同置一栋厂房，也可独立设置于另一栋厂房中。行政生活室可以在车间中设置，也可以不设置，而由全厂统一考虑。

每一间非生产用房的布置既要考虑车间总体布局，又要考虑自身的用途，使之放在最合适的位置。如配电室应尽量靠近车间电力负荷最大的地方；真空泵室应邻近用真空频繁、对真空度要求高的设备；空调室应紧邻使用空调的房间；分析仪器室不能布置在有震动的动力室的楼上；仓库、机修室应布置在底层等。行政－生活室与生产部分要有通道相连，并应布置在车间上风方向，减少灰尘、毒害气体的污染。办公室、化验室、试验室人流密度高，宜布置在南面，以充分利用太阳能采暖。厕所、浴室、库房等可布置在北面。

车间的布置还要考虑以下问题：最大限度地满足工艺生产包括设备维修的要求；有效地利用车间建筑面积和土地；要为车间的技术经济指标先进合理以及节能等要求创造条件；了解其他专业对车间布置的要求；要考虑车间的发展和厂房的扩建；车间中所采取的劳动保护、防腐措施是否符合要求；本车间与其他车间在总平面图上的位置，力求使它们之间输送管线最短，联系最方便；建厂地区的气象、地质、水文等条件；人流货流不要交错。

五、车间总体布置

（一）厂房的布置及结构

以对硝基苯乙酮的合成车间为例，考虑到硝化及氧化车间都有防火防爆的要求，所以厂房采用框架结构，设备分两层布置，柱网按6－3－6布置。如图9－9所示是某车间厂房的平面布置图，图9－10是某车间厂房的立面布置图。

（二）辅助生产和行政、生活部分的布置

行政、生活部分不在车间内设置，非生产部分独立设置于另一栋厂房之中，与车间厂房相邻。考虑到采暖问题，将仪表室、配电室和控制室布置在南面，更衣室及厕所布置在北面。

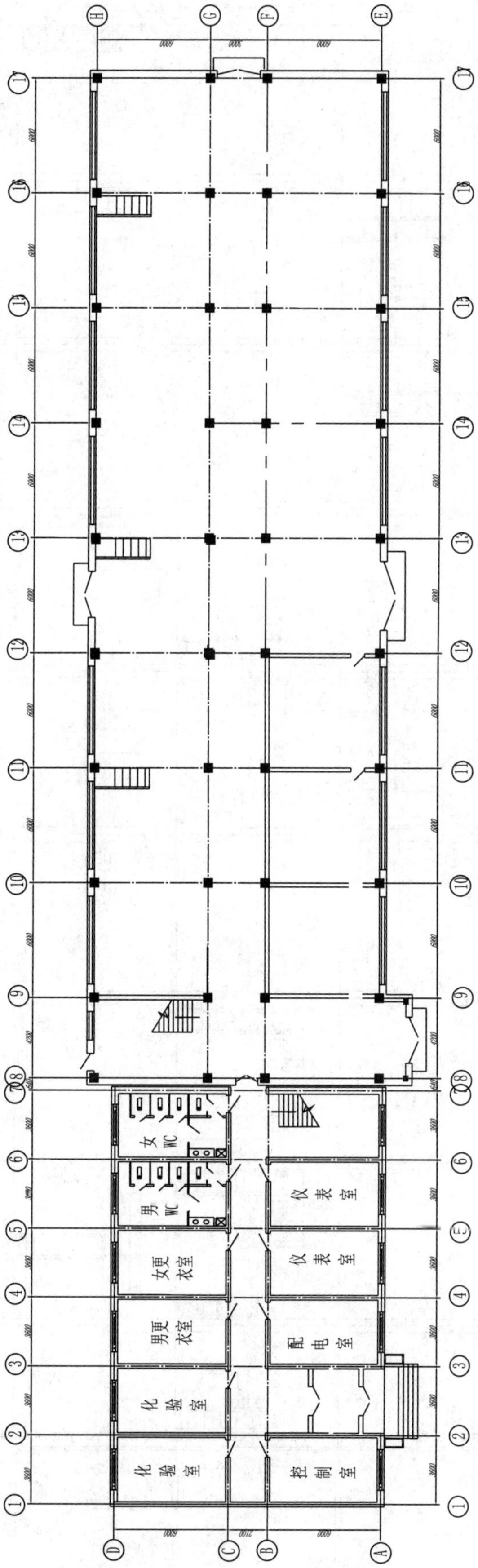

图 9-9 车间厂房平面图

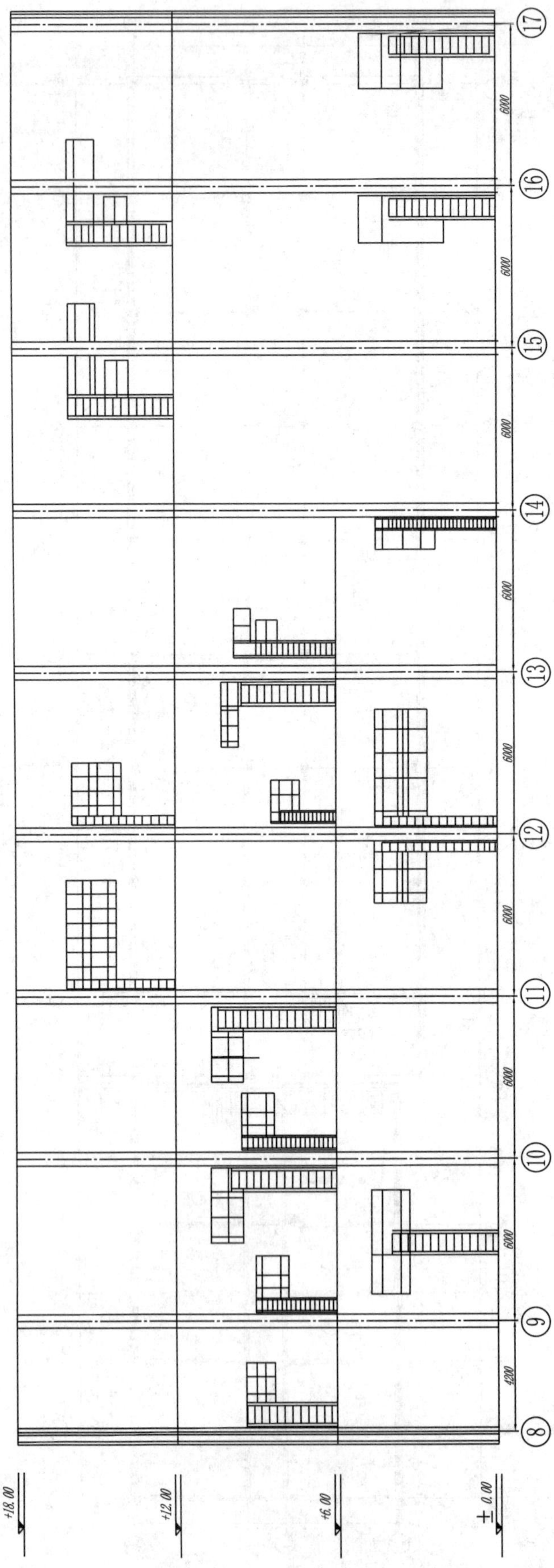

图 9-10　车间厂房立面图

六、设备的布置

工艺设备的布置应满足生产工艺、建筑、安装检修和安全卫生等要求，使之便于操作和安装检修，经济合理，节约投资，美观整齐。

相同设备、同类型设备、性质相似及操作有关的设备，尽可能的彼此靠近，布置在一起，以便集中管理，统一操作。根据设备大小，考虑到机器安装、检修和拆卸的方式，留出设备安装、检修及拆卸需要的空间。

（一）设备和通道的布置

设备布置的任务是决定工艺设备的空间位置；决定设备的露天与否；决定车间生产部分的通道；确定管道、电气仪表管线及采暖通风管道的走向和位置。这些就是确定车间生产部分建筑物的平立面具体尺寸的基本依据。

（二）设备和通道布置的基本要求

工艺设备的布置应满足生产工艺、建筑、安装检修和安全卫生等要求，使之便于操作和安装检修，经济合理，节约投资，美观整齐。

1. 满足生产工艺的要求

（1）保证设备在水平方向和垂直方向的连续性。

（2）设备的排列方法按厂房的宽度来考虑。

（3）凡属相同设备，或同类型、性质相似及操作相关设备，尽可能彼此靠近、布置在一起，以便集中管理，统一操作。一般采用背光操作，使操作者位于设备和窗户之间。

2. 满足设备安装和检修要求

（1）要根据设备大小，考虑到机器安装、检修和拆卸的方式，留出设备安装、检修及拆卸需要的面积和空间。

（2）要考虑设备水平的运输通道，保证设备能顺利进出车间，并能使设备到达安装的位置。

（3）要考虑设备垂直运输的通道，通过楼层的设备，楼面上要留吊装空间。

3. 满足土建要求 略。

4. 满足安全卫生和防腐蚀的要求 略。

图 9－11 和图 9－12 分别是某车间管道的平面布置图和立面布置图。

第四节 制药车间 GMP

车间设计是由工艺设计和非工艺设计组成，工艺设计人员在车间设计中处于核心地位，有责任向非工艺人员提出设计条件和要求，以使非工艺设计的各个项目能满足生产工艺的要求。所以，本章主要讲述药厂 GMP 要求、防火防爆、安全卫生和环境保护、三废处理等几方面的要求。

GMP（Good Practice in the Manufacturing and Quality Control of Drugs，或称为 Good Manufacturing Practice），最早是美国制定的。美国国会在 1963 年第一次将它作为法令颁布，随后为世界卫生组织（WTO）所采纳。至今，世界上已经有 100 多个国家采用，成为药品生产和质量管理在国际上的通用标准，许多国家都已经制定了本国的 GMP 制度。我国原卫生部颁布的《药品生产和质量管理规范》和中国医药工业公司颁布试行的《药品生产管理规范》都是 GMP 在我国译名。

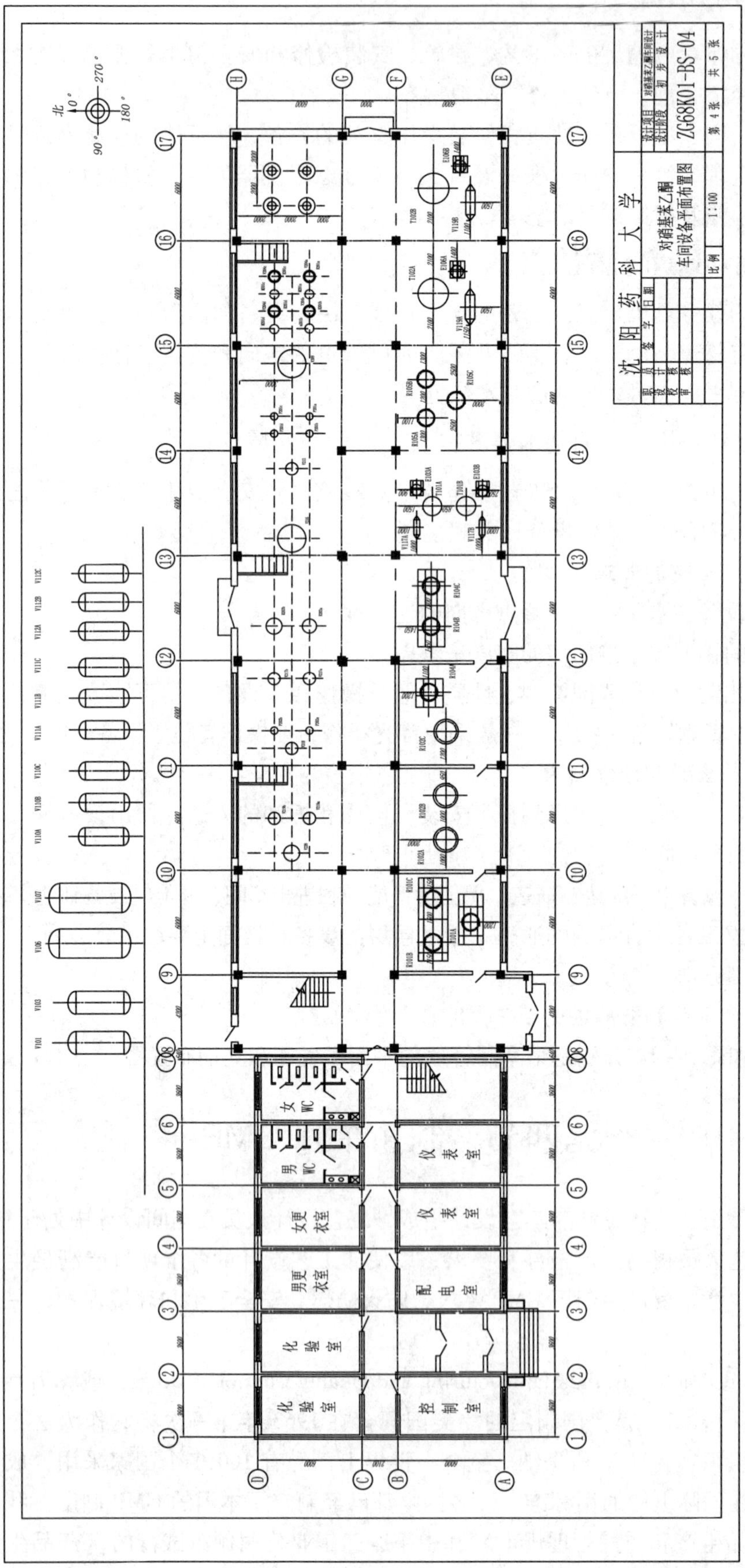
沈阳药科大学
对硝基苯乙酮
车间设备平面布置图
ZG68K01-BS-04
1:100
化验室
男更衣室
女更衣室
男WC
女WC
控制室
配电室
仪表室

图 9-11 平面布置图

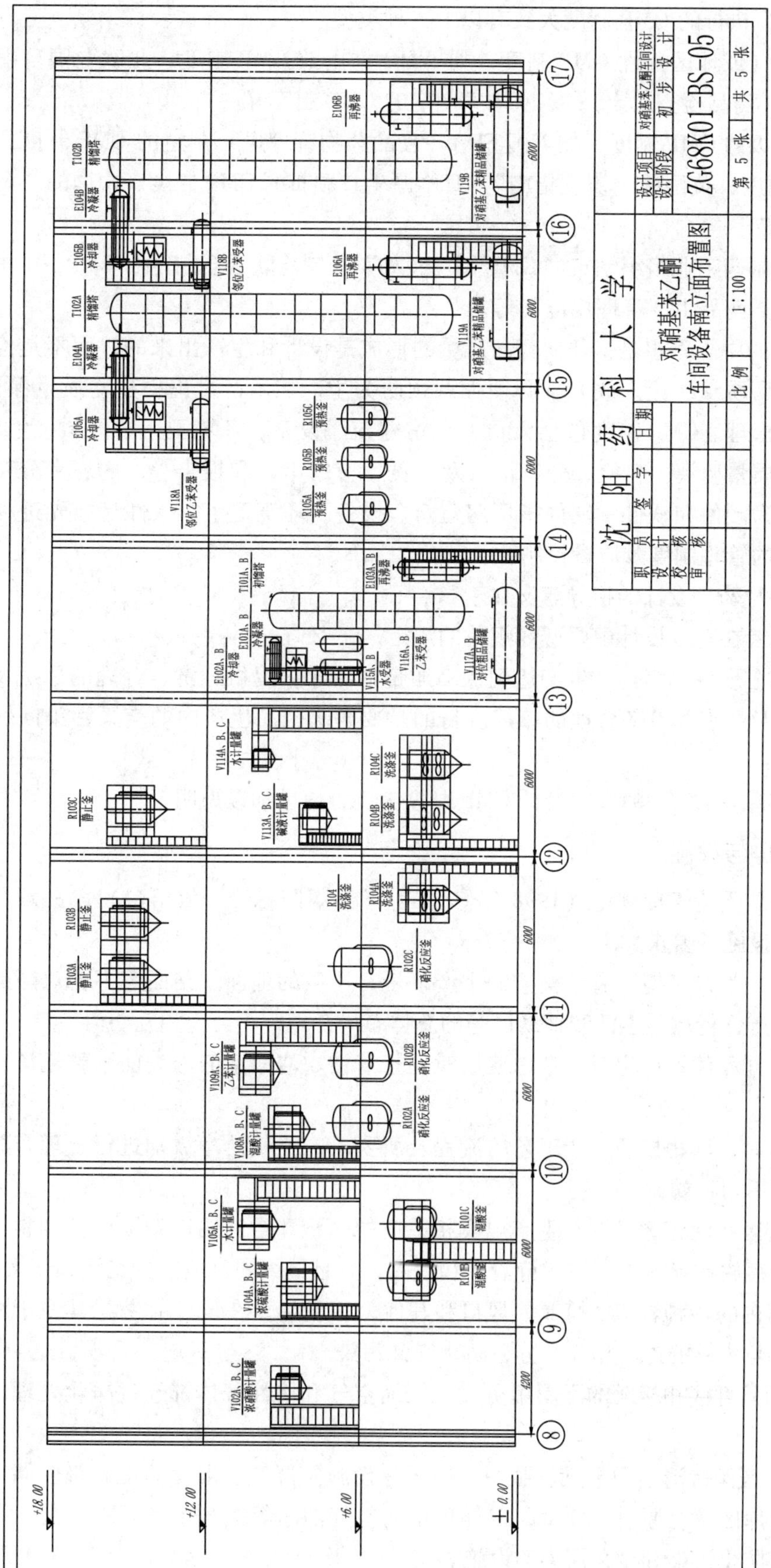
沈阳药科大学
对硝基苯乙酮
车间设备南立面布置图
比例
1:100
设计项目
对硝基苯乙酮车间设计
设计阶段
初步设计
ZG68K01-BS-05
第 5 张
共 5 张
+18.00
+12.00
+6.00
± 0.00

图 9-12　立面布置图

目前世界上执行的GMP制度大致有以下三种类型。

（1）国际（或地区）性GMP制度，如WHO推出的GMP制度；北欧七国自由贸易联盟制度的PIC（药品检查协定）；东欧国家制定的GMP制度等。

（2）国家级的GMP制度，如美国FDA（食品药物管理局）制定的GMP制度，加拿大制定的GMP制度，英国的“黄皮指南”，日本厚生省颁布的GMP制度，中国的“药品生产和质量管理规范”等。

（3）各国制药工业组织制定的GMP制度，如美国制药联合会制定的GMP，中国医药工业公司制定的“药品生产管理规范”等。

GMP制度的中心思想是：任何药品质量的形成是设计和生产出来的，而不是检验出来的。要确保药品质量，让人放心，必须强调预防为主，在生产过程中建立质量保证体系，实行全面质量管理。GMP制度包括人员、厂房建筑、设备、环境卫生、原料、生产操作、标签和包装、质量监视、自检、分发记录及不良反应的申诉和报告等，内容十分广泛。这些内容可概括为硬件和软件。硬件指厂房建筑、设备、环境卫生，软件是指先进可靠的生产工艺、严格的管理制度及质量控制。

GMP制度对药厂设计的指导意义在于：

（1）设计者在药厂设计中要遵守规范的规定；

（2）主要在硬件上为药品生产达到保障质量的要求，提供经济、合理的厂房及设备和环境条件，以及厂房和设备合理的布局。目的是要解决药品生产中的交叉污染问题和混杂问题。

下面以对硝基苯乙酮的车间设计GMP制度为例，简单加以说明。

（一）厂房与设施

根据《药品质量管理规范（1998年修订）》（新版即将于今年出台）第三章，对药厂设计的厂房与设施的要求如下。

（1）整洁的生产环境。有了整洁的生产环境，厂区的地面、路面等不会对药品的生产造成污染；生产、行政、生活和辅助区等的总体布局合理，不至于相互妨碍。

（2）在设计和建设厂房时，考虑使用时便于清洁。洁净室的内表面平整光滑，并耐受清洗和消毒。

（3）设计时，厂房按照生产工艺的流程及所要求的空气洁净级别进行合理布局，厂房内的生产操作不相互妨碍。

（4）生产区和储存区设有与生产规模相适应的面积和空间用以安置设备和物料，便于生产和操作，存放物料、中间体、待验品和成品，并且最大限度地减少交错和交叉污染。

（5）厂房内的各种管道、灯具、风口和其他公用设施，在设计时考虑其便于清洁；且各工段的人员与物料的进出相互区分，防止交叉污染。

（6）与药品直接相接触的干燥用空气、压缩空气和惰性气体都经过净化处理，符合生产要求。

（7）仓库区保持清洁和干燥。照明、通风等设施及温度、湿度的控制符合储存要求并定期监测。仓库区设有原料取样室，取样环境的空气洁净等级与生产要求一致，不在取样室取样时设有防止污染和交叉污染的设施。

（二）设备

（1）与药品直接接触的设备表面光滑平整，易于清洁和消毒，且耐腐蚀，不与药品发生化学变化后吸附药品。

（2）用于生产和检验的仪器、仪表、量具等，其适应的范围及精密度符合生产和检验要求，且有明显的合格标志，并且定期检验。

（3）与设备连接的主要固定管道都标明管内的物料名称、流向，便于识别，不致于造成交叉污染。

（三）物料

（1）药品生产所用的物料的购入、储存、发放、使用等按照要求制定管理制度，生产所用的物料从符合规定的单位购进，并按规定入库；对待验、合格、不合格的物料进行严格管理，不合格的物料专区存放，有易于识别的明显标志，并按有关规定严格处理。

（2）物料按规定的使用期限储存，无规定使用期限的，其储存期限不超过3年，期满后要经过复验。

（四）防火防爆

本车间为甲级防爆车间，生产所用原料及中间体，大多是具有挥发、易燃、易爆的物质，特别是大量的有机溶媒，极易酿成火灾和爆炸，为保障操作安全及保证车间正常生产，现将车间防火防爆措施介绍如下。

（1）厂房采用框架式结构，以避免厂房倒塌造成严重损失。硝化反应、氧化反应等具有爆炸危险的设备设有防爆墙将其与其他设备隔开，且设有避雷装置。

（2）本车间为一级防爆车间，职工及外宾一律禁止带火柴、打火机或其他任何发火的东西进入作业场所，禁止吸烟。

（3）禁止在车间内随意烧焊动火，需要在车间内进行烧焊动火时，需有关人员批准，并有防范措施。在车间外动火烧焊时，必须远离厂房及易燃10m以上；凡通过有机粉尘的设备，需动火时必须在彻底清扫后，方可动火。

（4）送风机和排风机应经常开动，使车间内部的空气每小时更换8次，以保持车间内部的空气清洁。

（5）车间内部应设置足够的防火设备及工具，并设专人保管，定期检查，不得乱作他用或丢失。

（6）车间内部的电器设备及线路应定期检查，保证绝缘良好，所有电器设备应符合防爆要求，机械设备应经常加油，并保持清洁。

（7）为了防止因静电放电引起的火花，所有的受压容器（包括压缩管路）及易燃物料，如有机溶媒等输送管道，必须要有良好的接地。

（8）储存压缩气体的钢瓶，不得放置或使用在暴露于日光或有热源的地方。氧气瓶的阀门不得加油或被油腻的手或布碰到。

（9）反应设备发生故障，必须进釜内检修时，首先清洗干净，并除掉传动角带或切断设备电源，在监护人的保护下，进釜拆装设备。

（10）硝化混酸釜、容器、反应设备的搅拌等部分不得用有机润滑剂润滑，以免发生爆炸。

（11）易燃易爆或危险品在车间内部只能储放连续生产所需的最少量，超过的物料必须分别储放在库内。

（12）储装原料、中间体或母液的容器，不得任意乱用，特别是铝制容器不得盛装氢氯化钠等碱性液体，以免产生氢气引起爆炸。

（13）操作人员禁止空腹进行操作，工作后禁止酗酒，车间内禁止饮食。

（五）安全卫生

1. 厂房的走向 与该地区的常年主导风向垂直。如沈阳地区常年主导风向为南风，则厂房的走向为东西走向。

2. 采光与照明 采用天然采光和人工照明相结合的方式。天然采光方式：混合采光，即侧面采光和顶部采光相结合，屋顶开设天窗，天窗玻璃面垂直于屋顶，易于防水，厂房的走向为东西走向，窗扇朝向南北。人工照明：照明采用光源一般为白炽灯和荧光灯。

3. 排风 利用自然通风和机械通风相结合的方式。

（六）环境保护与三废的处理

1. 废水的处理 乙苯硝化和对硝基乙苯氧化两个岗位产生的废水中含有大量芳香硝基化合物及硝基酚类化合物、这些废水如不进行处理而直接排放，将严重污染环境。

废水的常用处理方法有物理法、化学法和生物法三种。

（1）物理法 通常用于废水的一级处理，主要是分离或回收废水中的悬浮物质及油类，适用于处理废水中泥沙、油类、悬浮物多，有机污染物少的场合。经过物理法处理能够达到国家排放标准的，可以直接排放，不必进行二级处理。常用的物理法有隔截、沉淀、气浮、过滤等。

（2）化学法 主要分离废水中的胶体物质和溶解物质，以达到回收有用物质、降低废水中的酸碱度、还原金属离子、氧化某些有机物的目的。一般用于有毒有害单一废水的预处理，使废水达到不影响生化处理的条件，再送污水处理站进行生物处理。常用的化学法有凝聚、中和、氧化、还原等。

（3）生物法 是常用的二级处理法，适用于处理各种受有机污染的气体，其中好氧法多用于处理各种有机废水，厌氧法用于处理含碳氢化合物比较单一的废水，好氧法分活性污泥法和生物膜法两类，前者是微生物群在水中悬浮，使有机物氧化分解，后者是微生物群固定在支撑体上进行处理的方法。

好氧生物处理法：分为活性污泥法、生物接触氧化法、生物流化床和深井曝气四种。

①活性污泥法：在装满污水的曝气池中鼓入空气，维持水中有足够的溶解氧一段时间后就会产生絮花状活性污泥，里面充满各种微生物。这种污泥有很大的表面积，很强的吸附和氧化分解有机物的能力。

②生物接触氧化法：与活性污泥法不同的是在曝气池中加装了波纹填料或软性、半软性填料，使微生物有一个附着栖息的场所，在填料表面形成一种生物膜。在向池中不断供氧的情况下，水中的有机物在生物膜表面不断进行生物氧化使污水得到净化，随着微生物的繁殖，生物膜不断加厚，向膜内传氧困难，底层逐步厌氧发酵脱落，新的生物膜又接着滋生、繁殖，不断更新。这种处理方法因为生物膜比较固定，不易随波逐流，性能和效果比较稳定，污泥容易沉淀，氧的利用率比活性污泥法高。

③生物流化床：在曝气池中加入废活性炭、木炭末、粉煤灰、砂等作载体，使池内的微生物有栖息的场所，在载体的表面形成生物膜，在池内水、气、固三相流化状态下进行生物氧化，将有机污染物代谢成简单的无机物，使污水得到净化。

④深井曝气：利用地下深井作曝气池，井深 50 ~ 100m，纵向被分割为下降管和上升管两

部分，在深井中混合液沿下降管和上升管反复循环过程中，污水得到处理，由于井深大，静水压高，大大提高了氧传递的推动力，氧的利用率高，可处理高浓度的污水，且节约用地。

如对硝基苯乙酮的设计采用了生物接触氧化法，其采用的废液处理方法如下。

废水组成：硫酸、硝酸、硫酸钠、硝酸钠及少量的乙苯、对硝基乙苯、邻硝基乙苯、间硝基乙苯、对硝基苯乙酮。

废液酸碱度：酸性居多。

治理方法：经物理化学法处理后，废水中悬浮物、泥沙、油类或胶态物质沉淀下来，废水的酸碱度也趋于中性，然后采用好氧生物氧化法处理。经处理后，废水中可被微生物分解的有机物一般可被除去90%左右，固体悬浮物可除去90%～95%。水质大大改善，一般能达到国家排放标准。

硝化副产物邻硝基乙苯，是重要的污染源之一，可将其制成杀草胺。这是一种优良的除草剂，稻田用量0.5～1kg/ha（$1ha=10^4m^2$），除草效果在8%以上。

2. 废气的处理　硝化反应中产生的氮氧化物气体，可用水或碱吸收，但处理往往不够彻底，易造成二次污染（当稀硝酸水溶液直接排放时），可使其在催化剂的作用下分解为氮和二氧化碳等无害气体，既避免了二次污染，又可将气体直接排放到大气中。

复习思考题

一、简答题

1. 工艺流程图有哪几种？分别具有怎样的特点？

2. 工艺流程框图、物料流程图以及带控制点的工艺流程图，在画法和标注方面各有哪些特点？

3. 自动控制系统由哪几部分组成？常见的控制对象有哪些？

4. 仪表、执行器的形式及控制规律是怎样的？

5. 化工设备图的种类、基本规定有哪些？标题栏和明细表的画法应注意什么？

6. 化工设备图有怎样的表达特点？绘制化工设备图应遵循怎样的方法和步骤？

7. 车间厂房设计图纸有哪几种？各有何内容？

8. 车间布置设计的主要任务有哪些？工艺设备的布置应满足怎样的条件？

9. 车间非工艺条件设计应注意哪几方面的问题？

10. 目前世界上执行的GMP制度大致有哪几种类型？举例说明。

二、填空题

1. 化工工艺图主要包括________、________和________。

2. 工艺方案流程图用于表达物料从________到________或________的工艺过程，及所使用的________和________。

3. 在施工流程图中应把生产中涉及到的所有________、________、________以及各种________等都画出来。

4. 自动控制系统由________、________、________、________等四部分组成。常见的控制对象有________、________、________和________等，相对应的传感器有________传感器、________传感器、________传感器、________传感器等，一般控制器用________，执行器用________。

5. 制药车间设计的图纸包括________、________、________等三种。

扫码“学一学”

第十章　药厂常见设备

一、药厂设备种类

在现代药厂的实际生产中，所应用的设备种类非常多，大体有：饮片机械、原料药设备及机械、制药用水设备、药用粉碎机械、制剂机械、药物检测设备、制冷设备、备品备件、其他制药机械及设备等九个种类。

二、药厂常见设备举例

鉴于药厂常见设备的种类非常多、类型各异、品种繁杂，所以，下面只从常用设备中选择一部分加以简单介绍。

1. 高速压片机　高速压片机结构示意图和实际设备如图 10－1 所示，包括精密的片重控制系统，高精度微应变压力传感器和高增益、低漂移、低噪声并带有温度补偿和自检功能的放大器，实现了准确、可靠的压片压力测量；配有专用的工业控制计算机硬件和软件系统，采用人机对话模式，具有批量、单片剔废功能。

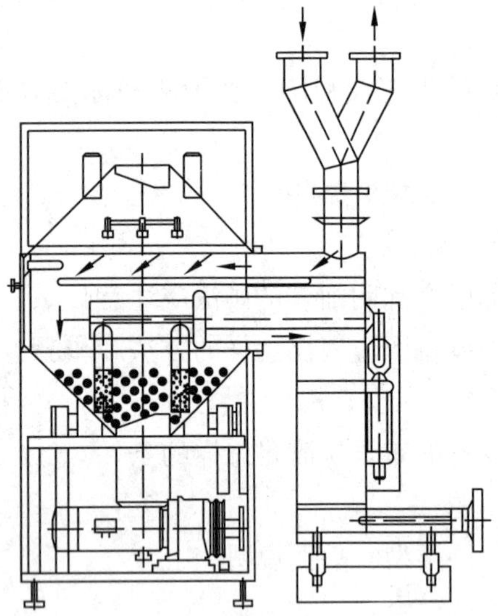

结构示意图

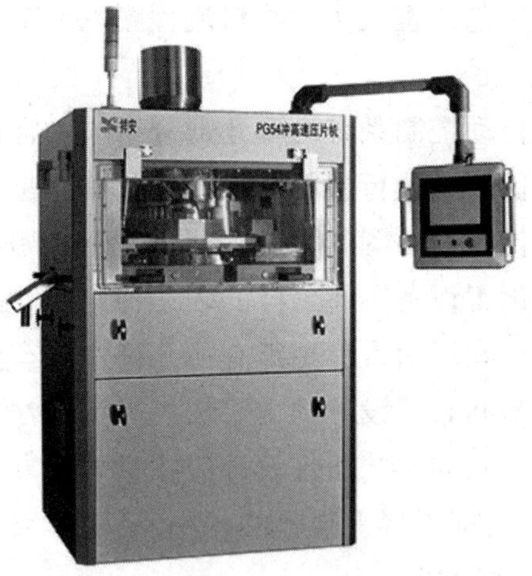

高速压片机实物图

图 10－1　高速压片机

压片系统：两次压力成型、窄间距、大压轮、框架式结构设计，具有承重载时不变形、药片受压时间长、工作稳定的能力。可以保证在压制大型片剂时的片重精度和片剂的硬度。

中心润滑系统：间隙式微小流量定量自动压力润滑系统，高精度微量分配阀及中心润滑泵，解决了冲头、导轨的充分润滑，和甩油污染药片的问题。采用递进密封式半自动中心脂润滑系统，脂润滑清洁方便。

GMP 设计：封闭式剂量，将药粉经五次压实成药柱，计量精确。与产品接触部分为不锈钢材料，封闭结构可使产品免受污染，符合 GMP 规范。

侧挂式操作平台：十工位全封闭间歇转台，上下模板单向运动，封闭结构阻隔污染，符合 GMP 规范要求的安全规范。

2. 硬胶囊充填机　图 10－2 所示为硬胶囊充填机结构示意图和 NJP 系列全自动硬胶囊充填机，选用高速、精密凸轮分度机构，槽轮分度机构体积缩小，分度精度高，高速性能好，定位时自锁，结构紧凑，具有体积小、重量轻、产量大的特点。

控制系统：使用“触摸屏”“触摸板”式全电脑控制，控制可靠。与 PLC 连接，具有运行瞬时状态自动显示功能，工作状态自动巡察功能，故障自动搜索、显示、报警和限时停车功能。

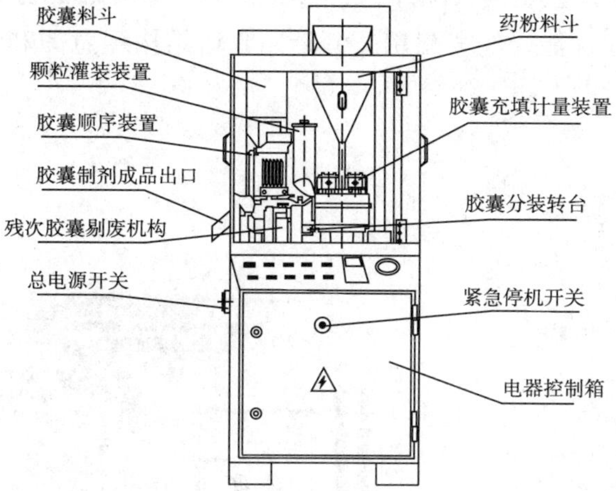

结构示意图

全自动硬胶囊充填机实物图

图 10－2　硬胶囊充填机

工作台：具有散落药粉和废胶囊回收系统，工作过程中保持工作台面洁净。传动系统与装药部分各自进行了独立的封闭，使药粉与传动机构实现了完全的隔离，有效地保证了装药的卫生质量，符合 GMP 规范要求。

选择功能：自动计数、打印、通信接口，稳定、准确、可靠。

3. 过滤机　带式过滤机结构示意图和水平叶片过滤机设备实物如图 10－3 所示，SYB 系列水平叶片过滤机是一种高效、节能、自动密闭过滤的精密澄清设备。它广泛应用于化工、石油、食品、制药等行业，具有以下特点。

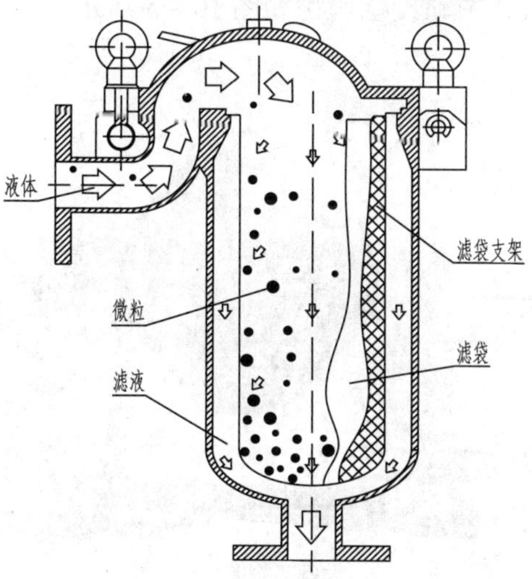

带式过滤机结构示意图

水平叶片过滤机实物图

图 10－3　过滤机

（1）完全密封过滤，无泄漏，无任何环境污染。

（2）滤盘水平设计，滤饼形成稳定，过滤效果好。

（3）离心排渣，卸渣干净迅速，适应多种黏度物料的过滤和卸渣。

（4）滤网清洗容易，不用拆卸，可在机内进行。

（5）占地面积小，操作方便简单。

（6）整个过滤过程可实现全自动化。

4. 酒精回收塔 酒精回收塔由塔釜、塔身、冷凝器、冷却器、缓冲罐、高位贮罐六个部分组成，可用于制药、食品、化工等行业的稀酒精回收，设备与物料接触部分采用0Cr18Ni9不锈钢制造，具有良好的耐腐蚀性能，经久耐用。酒精回收塔结构示意图和设备实物图见图10－4。

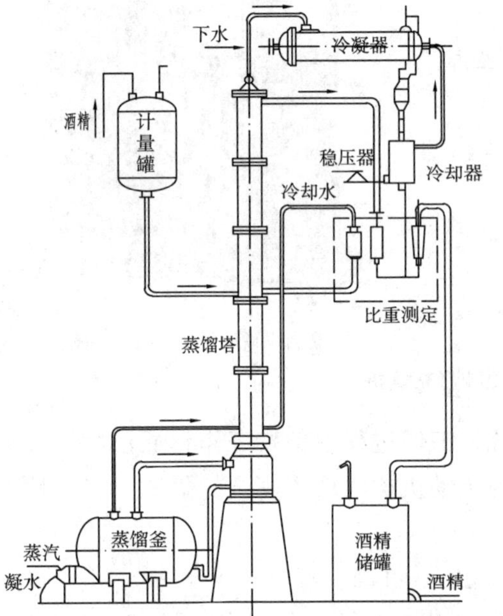

结构示意图

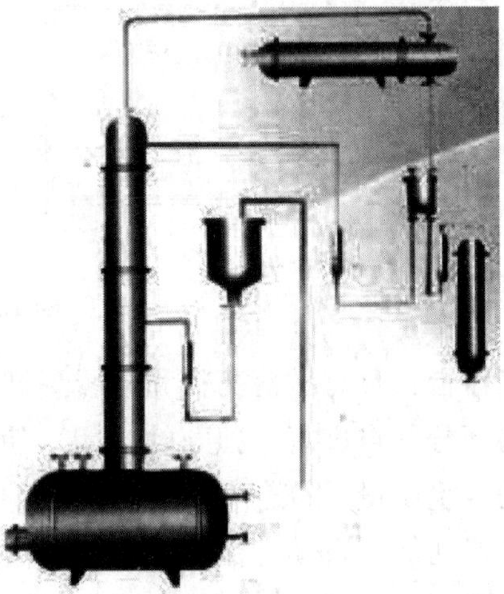

设备实物图

图10－4 酒精回收塔

5. 真空干燥机 双锥回转真空干燥机结构示意图和设备实物如图10－5所示。

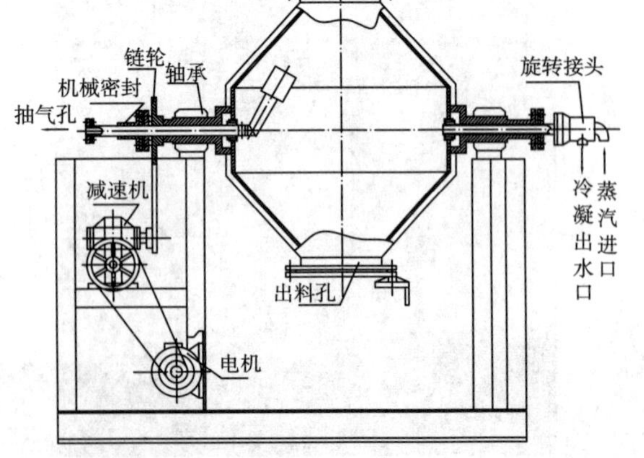

结构示意图

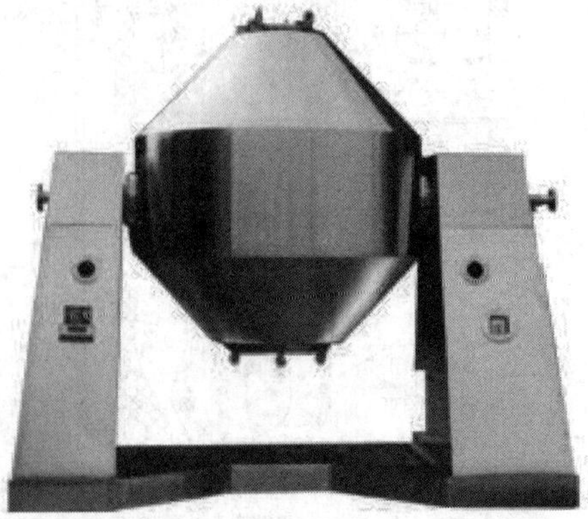

设备实物图

图10－5 双锥回转真空干燥机

应用领域：适用于高温下易分解、聚合或变质的热敏性物料的干燥。在干燥前可进行消毒处理。属于静态式真空干燥器，放干燥物料的形体不会损坏，在制药、食品、化工、电子等行业广泛应用。

真空干燥，就是将被干燥物料处于真空条件下，进行加热干燥，它是利用真空泵进行抽气抽湿，加快了干燥速率。当加热温度恒定，提高真空度，能加快干燥速率。当夏空度恒度，提高加热温度，能加快干燥速率。既提高真空度，又提高加热温度，则大大加快干燥速率。如果采用冷凝器，物料中的溶剂可通过冷凝器加以回收。如果采用水环真空泵或水力喷射真空泵机组，可不用冷凝器。

6. 反应釜　反应釜广泛应用于石油、化工、食品、医药、农药、科研等行业，是工业完成聚合、缩合、硫化、烃化、氢化等化学工艺过程，及有机染料和中间体许多工艺过程的反应设备。

图 10－6 所示为美国 ACE GLASS 反应釜，带夹套的型号 Filter Reactor 6386。惰性反应物可以进行多步实验反应，反应可以在正常环境和压力条件下进行，真空和压力过滤器，可以更换多孔的过滤器，机械搅拌，底部放料阀。反应釜坚固的玻璃壁，夹套为反应物提供冷却和加热，夹具把釜盖和釜体相连接，底部有 ACE－Thred（内部玻璃螺纹）可以安装 5838－83 或 5857－86 底部适配器、过滤器和泄料阀。釜体的夹套上有管道连接器，夹套是密封的，可以更加高效的循环。完整的配置包括：反应釜的釜体和釜盖，连接夹具，挡圈，过滤器，底部适配器，关闭阀。

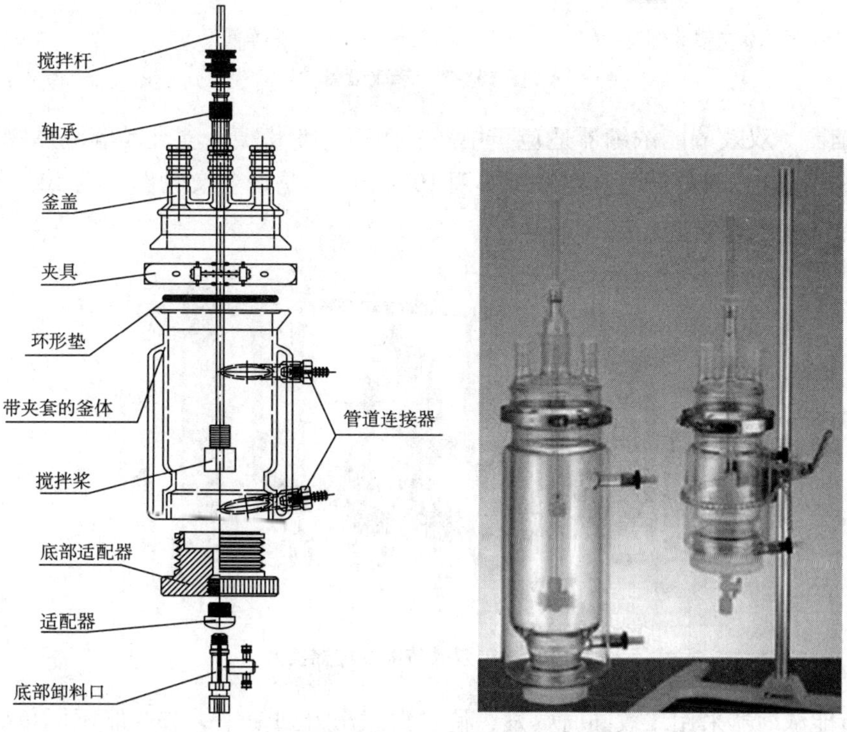

结构示意图　　设备实物图

图 10－6　ACE GLASS 反应釜

7. 萃取设备　萃取是向液体混合物中加入某种适当溶剂，利用组分溶解度的差异使溶质 A 由原溶液转移到萃取剂的过程。在萃取过程中，所用的溶剂称为萃取剂。混合液中欲分离的组分称为溶质。混合液中的溶剂称稀释剂，萃取剂应对溶质具有较大的溶解能力，与稀释剂应不互溶或部分互溶。适用于脂溶性、高沸点、热敏性物质的提取，同时也适用于不同组分的精细分离，即超临界精馏。用超临界 CO_2 作溶剂对生物、食品、药物等许多产物进行提取和纯化。

图 10－7 所示为转盘萃取塔结构示意图和萃取车间设备图。萃取设备的主要应用领域是中药及天然植物提取。

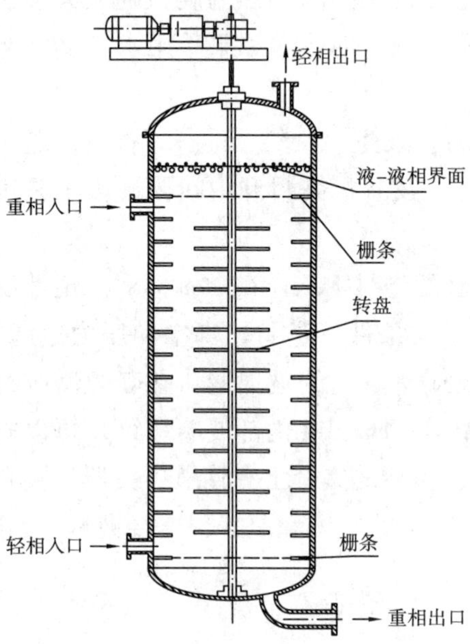

转盘萃取塔结构示意图

车间设备实物

图 10－7　萃取设备

8. **浓缩器**　双效节能浓缩器适应于中药、西药、淀粉糖、食乳品等液体物料的浓缩，尤其适用于热敏性物料的低温真空浓缩。图 10－8 所示是设备实物图，图 10－9 是双效节能浓缩器结构示意图。

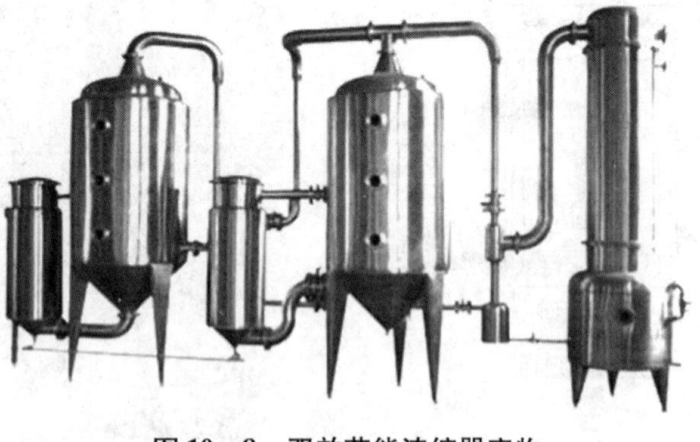

图 10－8　双效节能浓缩器实物

双效节能浓缩器采用二效同时蒸发，使二次蒸汽得到使用，节约能源同单效浓缩器相比降低 50%，而且其结构紧凑，操作简单，清洗方便，安装方便，蒸发能力速度快，浓缩比重大，物料均匀，不易跑料，不易结焦，防腐性能好，并符合制药食品卫生要求。还适用于酒精回收，能力大，回收浓度可达 68°～78°。可以实现全自动化生产，智能化系统管理，符合 GMP 标准要求。

9. **履带式计数机**　履带式计数机的计数机构结构示意图和设备实物图如图 10－10 所

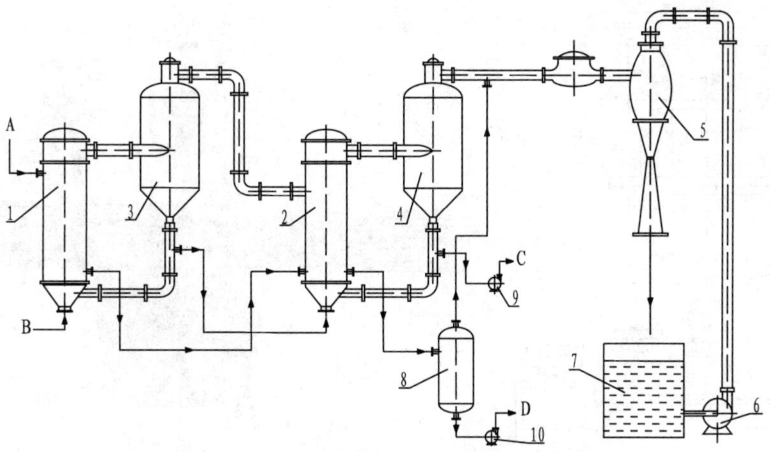

图 10－9　双效节能浓缩器结构示意图

1. 第一效加热器；2. 第二效加热器；3. 第一效分离器；4. 第二效分离器；5. 水力喷射泵；6. 多级离心泵；7. 循环水箱；8. 水冷凝水罐；9. 出料泵；10. 水冷凝水泵；A. 生蒸汽进口；B. 进料口；C. 出料口；D. 冷凝水出口

示，主要由料斗、振荡机构、计数板、撞击机构、上下毛刷、下片斗、传动装置等组成。

料斗 1 可以翻转；计数板上的片模条和光板可以是一组，也可是几组；电磁振荡机构 2（装在入片区的机架上）的作用是帮助药品进入计数模孔，其振荡强度以保证药品自由滚动为宜；上部毛刷 3 用于刷去计数模孔上多余的药品；撞击机构 8（装在机架内）的作用是撞击带撞块的计数器 4，帮助药品落入下片斗；吸粉前罩 9 的作用是吸掉药品中的粉末；下部毛刷 15 用于刷去计数板上的残留粉末。

由片模条和光板组成的计数板（履带）在传动链作用下通过料斗下的片堆，在电磁振荡机构作用下，药品落入片模条的模孔后并随之上移，然后经毛刷、撞击机构、吸粉装置等，最终药品落入下片斗进入分装容器。

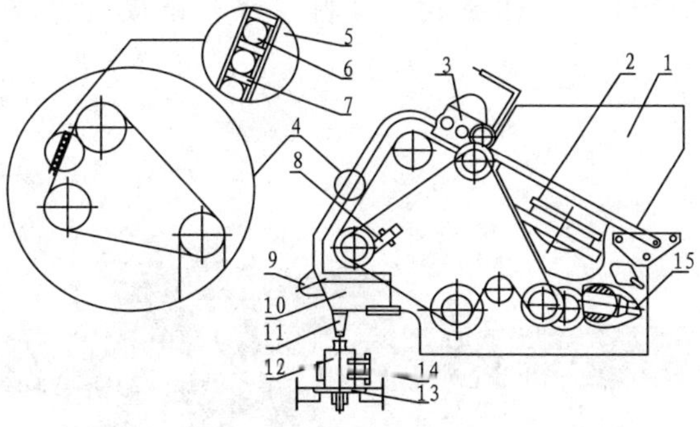

计数机构结构示意图

设备实物图

图 10－10　履带式计数机

1. 料斗；2. 振荡机构；3. 上部毛刷；4. 计数器；5. 片模条；6. 药品；7. 光板；8. 撞击机构；9. 吸粉前罩；10. 隔板箱；11. 下片斗；12. 分装容器；13. 输送带；14. 挡瓶板；15. 下部毛刷

光滑条板在下片斗上方运行的时间即是输送带将容器送到下片斗下方并进行定位的时间；产品规格更换时，须调换片模条和光板；履带式计数机构可进行多瓶同时计数分装；适应性广：平片、糖衣片、软硬胶囊均适用；需多规格模条，更换不太方便。

10. 轧盖机　轧盖机的结构示意图和设备实物图如图 10－11 所示：该轧盖机由理盖机构和轧盖（滚压）机构组成；转盘 4 和轧头 1 均由主轴带动同步旋转；转盘上四个半圆槽与四个轧头一一对正；每个轧头上装有三个轧轮和一个定位套。

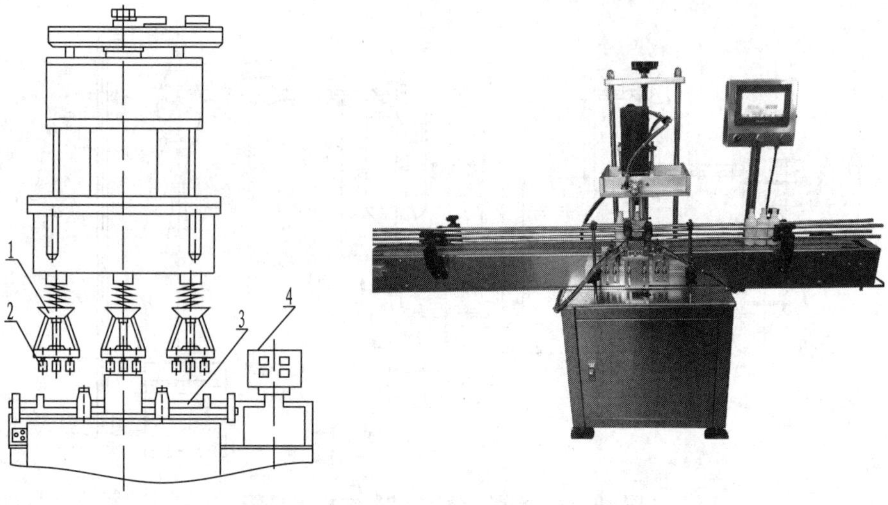

压盖机构结构示意图　　　　　　设备实物图

图 10－11　ZG250/500－Ⅱ型轧盖机

1. 轧头；2. 轧轮；3. 控制箱；4. 转盘

整理后的铝盖经输盖轨道扭曲 180°变成盖口朝下（输盖轨道出口高度与传送带上输液瓶高度相对应）；传送带上输液瓶经过输盖轨道时铝盖落到瓶口中的胶塞上，经进瓶装置送入轧盖机转盘 4 并随转盘转动，其上方轧头上的定位套下降将输液瓶与轧头对正，轧头受其上方的轨道控制逐渐下降到位，三个轧轮 2 受凸轮机构控制而收紧，同时在轧头自转带动下转动将瓶盖轧紧在瓶外凸缘处；轧轮受凸轮控制放开，随轧头受轨道控制上升退出，轧好盖的输液瓶离开转盘被送走。

11. 不干胶贴标机　不干胶贴标机结构示意图和设备实物如图 10－12 所示。不干胶标签随卷料从卷筒支架经多个导辊进行输送，到达打码装置处进行印码，继续输送到达揭标处（送标），经突然转向，使标签与卷料分离（取标），标签粘于由送瓶装置送来的瓶子上（贴标），在压辊作用下，瓶子一边随输送带前移一边旋转，使标签平整舒展（整平），完成不干胶贴标。

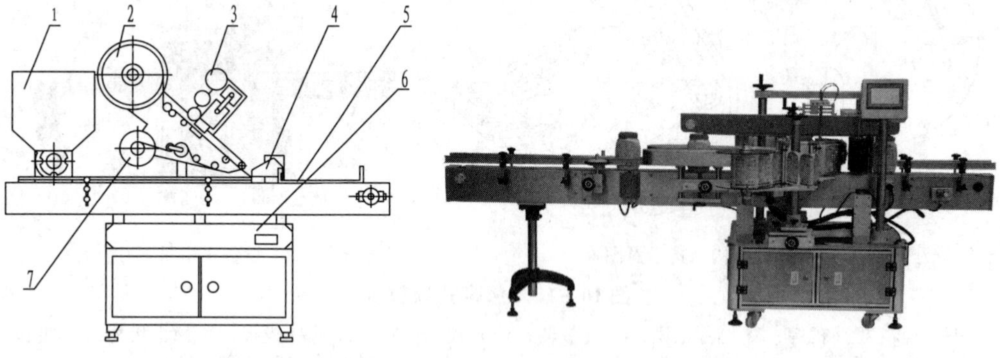

结构示意图　　　　　　设备实物

图 10－12　JTB 型卧式不干胶贴标机

1. 进瓶装置；2. 标签卷筒；3. 打码装置；4. 压辊；5. 输送带；6. 控制箱；7. 卷料

该机能完成口服液瓶、西林瓶或其他各类瓶子的不干胶贴标；微电脑全程控制，无瓶不出签，抗干扰性强，性能稳定；生产能力为 80～120 瓶/分，贴签率为 99%。

12. 连续制袋封口包装机　图 10－13 为卧式间歇制袋包装机结构示意图和水平制袋包

装机设备实物图。

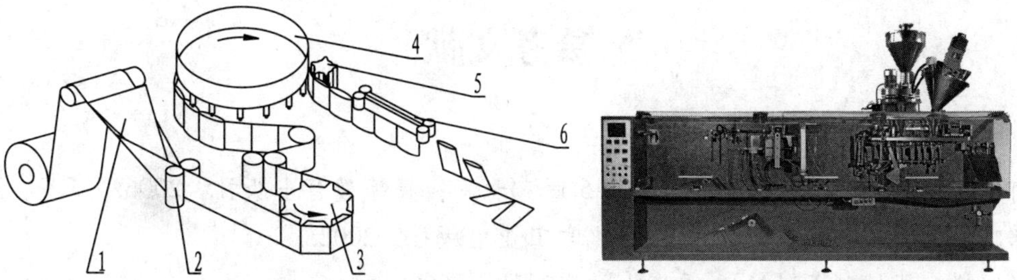

卧式间歇制袋包装机结构示意　　水平制袋包装机设备实物图

图 10－13　卧式间歇制袋包机示意图

1. 三角形成形器；2. 立辊；3. 纵封器；4. 充填转盘；5. 切刀盘；6. 横封器

平张卷的塑膜经导向经三角形成形器 1、立辊 2 而对折，经与塑料膜同速回转的纵封器 3 热封，隔成一个个连续开口向上的包装袋（纵封），再经同速回转的充填转盘 4，在回转中完成充填，连续转动的切刀盘 5 的刀刃与充填盘下的包装袋相遇，将未封口的塑料袋切断分离，一个个包装袋被导入横向热封器 6 进行横封（横向热封器由两条连续反向回转的金属带组成，它们夹住充填袋上部）。一边封口，一边移动，直至落入输送带进行集装。适用于小剂量物料的连续，其生产效率在每分 100 袋以上。

参考文献

[1] 何铭新，钱可强．机械制图［M］.5 版．北京：高等教育出版社，2006.

[2] 郑晓梅．化工制图［M］. 北京：化学工业出版社，2002.

[3] 唐储建．机械制图［M］. 重庆大学出版社，2003.

[4] 金大鹰．机械制图［M］. 机械工业出版社，2002.

[5] 李绍珍．机械制图［M］. 机械工业出版社，1998.

[6] 刘力．机械制图［M］. 高等教育出版社，2000.

[7] 冯开平．画法几何与机械制图［M］. 华南理工大学出版社，2001.

[8] 董祥国．现代工程制图［M］. 南京：东南大学出版社，2003.

[9] 孙怀远．药物制剂机械设计［M］. 上海：东华大学出版社，2003.

[10] 董大勤．化工设备机械基础［M］. 北京：化学工业出版社，2003.

[11] 国家医药管理局上海设计院．化工工艺设计手册［M］. 北京：化学工业出版社，1994.

[12] 蒋作良．药厂反应设备及车间工艺设计［M］. 北京：中国医药科技出版社，1998.

[13] 韩静．制药工程制图［M］. 北京：中国医药科技出版社，2011.

[14] 韩静．化工制图［M］. 北京：人民卫生出版社，2014.

附录　引用的各种标准

GB/T 91 - 2000 开口销

GB/T 117 - 2000 圆锥销

GB/T 119. 1 - 2000 圆柱销　淬硬钢和奥氏体不锈钢

GB/T 119. 2 - 2000 圆柱销　淬硬钢和马氏体不锈钢

GB/T 131 - 2006 机械制图　表面粗糙度符号、代号及其注法

GB/T 271 - 2008 滚动轴承　分类

GB/T 272 - 2017 滚动轴承　代号方法

GB/T 276 - 2013 滚动轴承　深沟球轴承　外形尺寸

GB/T 297 - 2015 滚动轴承　圆锥滚子轴承　外形尺寸

GB/T 301 - 2015 滚动轴承　推力球轴承　外形尺寸

GB/T 324 - 2008 焊缝符号表示法

GB/T 882 - 2008 轴销

GB/T 985 - 2008 气焊、手工电弧焊及气体保护焊焊缝焊缝坡口的基本型式与尺寸

GB/T 985. 1 - 2008 气焊、焊条电弧焊、气体保护焊和高能束焊的推荐坡口

GB/T 985. 2 - 2008 埋弧焊的推荐坡口

GB/T 985. 3 - 2008 铝及铝合金气体保护焊的推荐坡口

GB/T 985. 4 - 2008 复合钢的推荐坡口

GB/T 1031 - 2009 产品几何技术规范（GPS）　表面结构　轮廓法　表面粗糙度参数及其数值

GB/T 1097 - 2003 导向型　平键

GB/T 1099. 1 - 2003 普通型　半圆键

GB/T 1182 - 2008 产品几何技术规范（GPS）几何公差　形状、方向、位置和跳动公差标注

GB/T 1237 - 2000 紧固件标记方法

GB/T 1357 - 2008 通用机械和重型机械用圆柱齿轮　模数

GB/T 1565 - 2003 钩头型　楔键

GB/T 1800. 1 - 2009 产品几何技术规范（GPS）极限与配合　第 1 部分：公差、偏差和配合的基础

GB/T 1800. 2 - 2009 产品几何技术规范（GPS）极限与配合　第 2 部分：标准公差等级和孔、轴极限偏差表

GB/T 1800. 3 - 1998 极限与配合　基础　第 3 部分：标准公差和基本偏差

GB/T 1800. 4 - 1999 极限与配合　标准公差等级和孔、轴的极限偏差表

GB/T 2089 - 2009 普通圆柱螺旋压缩弹簧尺寸及参数

GB/T 3323 - 2005 钢熔化焊对接接头射线照相及质量分级

GB/T 3505 - 2009 产品几何技术规范（GPS）　表面结构　轮廓法　术语、定义及表面结构参数

GB/T 4457. 4 - 2002 机械制图　图样画法　图线

GB/T 4457. 5－2013 机械制图　剖面区域的表示法

GB/T 4458. 1－2002 机械制图　图样画法　视图

GB/T 4458. 4－2003 机械制图　尺寸注法

GB/T 4458. 6－2002 机械制图　图样画法　剖视图和断面图

GB/T 4459. 1－1995 机械制图　螺纹及螺纹紧固件表示法

GB/T 4459. 2－2003 机械制图　齿轮表示法

GB/T 4459. 4－2003 机械制图　弹簧表示法

GB/T 4459. 7－2017 机械制图　滚动轴承表示法

GB/T 9112～GB/T 9124－2010 钢制管法兰

GB/T 10609. 1－2008 技术制图　标题栏

GB/T 10609. 2－2009 技术制图　明细栏

GB/T 11345－2013 焊缝无损检测　超声检测　技术、检测等级和评定

GB/T 12368－1990 锥齿轮模数

GB/T 13911－2008 金属镀覆和化学处理标识方法

GB/T 14689－2008 技术制图　图纸幅面及格式

GB/T 14690－1993 技术制图　比例

GB/T 14691－1993 技术制图　字体

GB/T 14692－2008 技术制图　投影法

GB/T 15752－1995 圆弧圆柱齿轮基本术语

GB/T 16675. 1－2012 技术制图　简化表示法　第 1 部分：图样画法

GB/T 16675. 2－2012 技术制图　简化表示法　第 2 部分：尺寸注法

GB/T 17450－1998 技术制图　图线

GB/T 17451－1998 技术制图　图样画法　视图

GB/T 17452－1998 技术图样　图样画法　剖视图和断面图

GB/T 17453－2005 技术制图　图样画法　剖面区域的表示法

GB/T 50001－2017 房屋建筑制图统一标准

GB 150－2011 压力容器

GB 151－2014 热交换器

GB 324－2008 焊缝符号表示法

GB 883－1986 锥销锁紧挡圈

GB 895. 1－1986 孔用钢丝挡圈

GB 895. 2－1986 轴用钢丝挡圈

GB 896－1986 开口挡圈

HG/T 2145. 1－2015 搪玻璃平盖手孔

HG/T 2433－2016 搪玻璃液面计

HG/T 21515－2014 常压人孔

HG/T 21517－2014 回转盖带颈平焊法兰人孔

HG 20519－2009 化工工艺设计施工图内容和深度统一规定

HG 20581－2011 钢制化工容器材料选用规定

HG 20583－2011 钢制化工容器结构设计规定

HG 20584－2011 钢制化工容器制造技术要求
NB/T 47003．1－2009 钢制焊接常压容器
NB/T 47104－2011 承压设备焊接工艺评定
JB/ZQ 4461－2006 对焊钢法兰
JB/ZQ 4486－2006 直通法兰
JB/T 4711－2003 压力容器涂敷与运输包装
JB/T 4712－2007 容器支座